知识产权出版社
全国百佳图书出版单位

图书在版编目（CIP）数据

鸟鸣花落/冯永锋著；王景和摄， —北京：知识产权出版社，2014.7

ISBN 978-7-5130-2854-7

Ⅰ．①鸟… Ⅱ．①冯… ②王… Ⅲ．①鸟类—研究②鸟类—中国—现代—摄影集 Ⅳ．①Q959.7②J429.5

中国版本图书馆CIP数据核字（2014）第162093号

内容提要

本书是两位自然观察者的初级鸟类观察记录，共有几十篇文章和近百幅照片。它相对忠实地记录了当前中国自然观察尤其是鸟类观察的现实状态。每一个人都可能成为博物学家，但不管从哪条路径与自然相遇，都得由持续而缓慢的积累方能达成。于文字如此，于照片也是如此。鸟类观察是非常美好的自然体验课。相信这本书能给那些愿意关注自然界的美好与伤痛的人们，带来一点点启示。

责任编辑：龙 文 **责任出版：**刘译文

图片摄影：王景和 **装帧设计：**品序文化

鸟鸣花落

Niaoming Hualuo

冯永锋 著 王景和 摄

出版发行：	知识产权出版社有限责任公司	网　　址：	http://www.ipph.cn
社　　址：	北京市海淀区马甸南村1号	邮　　编：	100088
发行电话：	010-82000860转8101/8102	传　　真：	010-82000270/82005070/82000893
责编电话：	010-82000860转8123	责编邮箱：	longwen@cnipr.com
印　　刷：	北京科信印刷有限公司	经　　销：	各大网络书店、新华书店及相关销售网点
开　　本：	720mm×1000mm　1/16	印　　张：	16.75
版　　次：	2014年8月第1版	印　　次：	2015年7月第2次印刷
字　　数：	330千字	定　　价：	48.00元

ISBN 978－7－5130－2854－7

目　录

前言：贫穷更远，还是森林更远

1997年夏天，我在西藏日报驻林芝记者站工作，恰遇第二期“大学生绿色营”到藏东南调查天然林砍伐情况。蒙唐锡阳先生不吝，将我这半路汉吸纳为绿色营成员，此后，我也就一直将绿色营成员的隐形身份证压在枕边脑后，时时地拿起来晃一晃，发出会心的笑。

有时候难免羞愧，因为一直没有做太多环保方面的工作，于心不安。在西藏林芝农牧学院，晚上唐先生与我在校园里瞎转，他说：“你是记者，又年轻，有很好的条件，可以做不少环保方面的事，其他的很多事情，没什么意思，如果专精一点，就职业而言，也许会成为很好的环保记者；就个人而言，也许会成为较符合生态规范的人。”

我确实是愚钝得可以，对这几句浅显易懂的话，也理解了好多年才略有领悟；而真正准备用行动来实践它，也不过是这一两年才明确的事。而此时，我像许多人一样，遭遇到一个质问：你们谈论环保的人，是不是喜欢看到我们贫困？是不是我们一谈要发展，你们就要反对？

关注环保的人是我见过最善良的人

2005年4月的一天，我参加了北京地球村环境教育中心的九周年庆典活动，回来之后，我写了一篇文章，叫《请爱护环保主义者》，里面说环保主义者在中国仍旧属于“稀有动物”，他们可能情绪激烈，可能能力笨拙，但他们有一个直觉，就是很多事情不应当粗暴发生；他们的存在是社会最好的警醒。中国社会要想发展得健康，就必须爱护他们。

当时正好又是第六届北大诗歌节前后，因为与北大诗歌节的诸多渊源，又

应邀为一家报纸写了篇谈诗歌节的稿件，里面我说："诗人胡续东在他的那篇《脱去隐身衣的诗歌》中，提出一个'亚黑社会'的观点，把当今诗坛描摹得如江湖黑道一般。我认为他有夸张和错位的嫌疑，诗人相对来说还是纯洁的，他们会干出糟糕事、傻事、蠢事、遭人讥笑事、引人哄堂的事，但是他们很难干出真正意义上的坏事。我从来不为所谓'诗人间的纷争'而担忧，我也不在乎谁属于什么流派，对于作品不成熟（更谈不上经典）的人来说，'慷慨谈流派'再借诸互相谩骂，是件既可笑又极肮脏的事。"

我把这段话借用到中国的环保主义者身上也可能恰当。中国的环保主义者有什么特点？一是他们中有部分人本身就出身于贫穷，他们后来的学养又让他们深知贫困与环境之间存在着什么样的关系，他们更知道贫困的真正定义：资源贫困、生态贫困、心灵贫困、视野贫困、制度贫困等等，他们最希望能够改善中国的贫困，只是他们觉得，改善贫困不应该以破坏环境作为代价，更不应该成为破坏环境的制度理由。二是未必穷人才能理解穷人，即使某些关注环保的人生活优裕，他们身上也仍旧有良好的"文学感应能力"，因此，他们能够迅速地对自然界所受的创伤"感同身受"，这是他们经常忍不住掉泪忍不住痴狂的主要原因。三是环保主义者是我见过的最善良的人，他们可能不善于控制钱财的使用，也不太懂得如何调动各种资源，因为他们这种"有文学力的人"在中国本身就属于无力者，他们不太习惯去通过控制他人而达到目的，他们更习惯通过"以身作则"来形成影响，因此，一旦他们组织化，他们身上的诸多弱点会在初期毕现无遗，因此，他们需要社会其他精明力量的辅助。四是搞环保的人原本都有些悲愤，也有些天生的害羞，他们是被迫奋起的，所以有时候他们不擅长面对大众，更不擅长与人对骂或者辩论；作为一个集体的代表出现时，他们甚至容易被攻击者找到太多的"不规范"的瑕疵，而被恶意地丑化和罪恶化。可是不知道某些人想过没有，技术可以学会，管理可以改善，而善良的天性，却是与生俱来的，如果你是个生来邪恶的人，任你如何的涂沫粉饰、积极装修，也无济于事。

什么是真正的贫穷？什么是真正的柔弱？有一天我跑到万圣书园边的柏拉图咖啡馆，在高高的墙上，在书柜间，翻到《独秀文存》，内有一篇写于1915年的叫《今日之教育方针》，中有一章叫"兽性主义"，他说，"余每见吾国曾受教育之青年，手无缚鸡之力，心无一夫之雄；白面纤腰，妩媚若处子，畏寒怯热，柔弱若病夫，以如此之心身薄弱之国民，将何以任重而致远乎？"1916年，他又写了《新青年》一文，中间有段说："自生理言之，白面书生，为吾国青年称美之名词；民族衰微，即坐此病。美其貌，弱其质，全国青年悉秉蒲柳之姿，绝无桓武之态。艰难辛苦，力不难堪。青年堕落，壮无能为。非吾国今日之现象乎？且青年体弱，又不识卫生，疾病死亡之率，日以加增。浅化之民，势所必至。”他对中国的问题，尤其是受教育的优秀青年的“贫穷问题”，真真是一针见血，见血封喉。

最好的环保教育方式是成人行动

当然有时候自擅“身在此山中”，也经常和人讨论中国的环保主义者尤其是民间环境NGO“身上存在的问题”，我认为是熏陶型的环境教育做得太多了，而勇猛的实践做得太少。有时候精力全都投进去了，但效果不佳；有时候则是轻巧的绕道而行。这中间有诸多不得已的原因，因为中国是个对人能力消解异常凶狠的国度，你如果在“体制”内，你会变得很愚钝，而如果你以“纯粹民间”的面目出现时，你又处处碰壁，几乎没有路可走，也许采用其他的策略可能更加的不可行。有时候由于缺乏通路，为了打通这些障碍，就已经耗尽了你所有的精力，让你绝望无比，让你妖魔化，此时即使目的地到了，你什么也做不成了。

然而过多的“环保教育”在某种程度上有“责任推卸”的嫌疑，我教你做是因为我自己不做或者下意识地以为自己没必要做。在所有的环保教育行为中，我最不赞成的就是“把希望寄托在下一代身上”。环保主义者是无力的人，孩子们也是无力的人，大学生中学生小学生幼儿园的孩子们也是无力的人，以一个无力者去影响另外一个无力者，希望他们能够为环保做点事，无异于痴人说梦。环保是成人的事，是现在的事，是有执行力的人的事，而不是孩子们的事。

孩子们当然很好，他们上了学之后，哪怕只在幼儿园中，就经常被集中起来举各种仪式，他们也发表各种慷慨激昂的表态型宣言；他们由于在校园里“线性发展”，可能会具有良好的心灵直觉和文学感悟力，但这个世界上，有一个效应叫“零和效应”（不是经济学上的“零和博奕”）：每个人身上都有五分钱，并不等于10亿人的五分钱就可以加起来，等于5000万元，因为五分钱在绝大多数人身上都是等于“零”，所以，十亿个五分钱加起来，可能只有五分钱，甚至是零。

中国有太多的行为野蛮而粗放，有一个原因确实是知识不足，因此，环保

主义身上第一特点是具备有独特而准确的知识，这学术上的知识来源于书本的教导，会议的传播，互相间的切磋和研讨，更来自于自己亲身实践中的体察。因此，要做环保，就必须具备这些知识，你还有把这些知识传播给更多的陌生人、领域之外的人知道的义务，而不是再回传给其他的环保主义。从这个意义上说，环保主义者需要传教士那种“为主拓荒”的精神。

除了知识上要有独立精神之外，环保主义者必须具备另外一个特点就是工作方式的改善。中国的学术之所以至今崇尚抄袭和复制，崇尚冥想和随感，很大的原因就在于一个人一旦有了成为“劳心者”的可能，不管是成为知识分子还是成为政府官员、商界领袖、城市精英，总之，最迅速地脱离的一件事就是“实验室”和“田野调查”。而环保主义者必须改掉这些毛病，勇于把自己投放到江湖山野之中，最后通过善待江湖山野而达到目的，而不是通过一而再再而三三而四的教育而达到“责任推卸”，更不能指望依靠情绪和信念来解决困难。这时候，要考验的就是你的全面能力，必须知其不可为而为之，也必须有舍我其谁的气概，因为，环保需要付出代价，这代价不是别人，而是我们自己。

不小心就选择了云南作为出发点

2004年年底，因为工作上的关系，到云南“调研”、“采访”得多了一些，于是顺便也就吃喝当地的特产多了一些。几个著名的景点也算去了。总觉得有些地方不太对劲。

原本我的心没放在云南，原本我觉得黄河更惨烈，我想拿出一年的时间，从河源走到河口，对黄河进行一项彻底的调查，最后写出那么一本书之类。这个计划由于许多古怪的原因而停滞不前的时候，我正在云南曲靖某一个道路上行走。突然间，我放眼四望，发现，其实云南的许多地方，早已经被农业耕作、国家砍伐、外来商业收买，而发生了实质性的变化。但这个变化许多人还不知道，许多人还以这变化沾沾自喜；许多习惯于倒卖资源的人，甚至希望“让变化来得更猛烈些”。

于是我想，也许需要写一写云南，讨论云南如何走聪明发展之路吧？

题目定了，心思就豁亮了，我的脑中一下子开始奔腾起来。当时我的想法很野很阔大，我想走遍云南的每一个地州县市，察看他们的问题，寻找改良的对策。每个地方，至少要呆十天左右。

当时的想法还比较粗鄙，第一闪念就是想寻找赞助，找我采访过的企业家，找我认识的一些环保组织，甚至找一些官方机构。我那时候，还没有想过自己出钱，个人付费这样的方式。最后的结果都不太理想。同时，脑中的狂想还遇到一个本来就不可忽视的阻力：单位上也有不少任务时常要应付，我不可能拿出整块的时间；而辞职对工作未必有利，因为记者的身份有时候便于采访上的通达。我当时什么都想占着，什么都不想放弃。唯一愿意的就是清楚地知道花一年的时间，对云南进行调研和观察。同时努力完善自身的知识体系。

最后我采用了一个折中的办法，就选两个案例，争取每个月到两个案例的核心区调查采访上足够长的时间，同时采访相关人士；这样一年观察下来，应当算过得去。但这样做有一个前提，就是必须有相当的交通经费的支持。

当你决心要做一件正派的事情的时候，朋友们的作用就显出来了，他们都愿意支持，以他们力所能及的方式。社会的能量也显出来了，其实我们的社会也是如此，社会支持那些做正派的事情的人。每个人身上都有公益和慈善的愿望和能力。只是，你的行为能否激发他们身上的这种能力。有一个朋友对我说："你做的事情我也想做，可惜我做不了，也可能做得不如你好，因此，我就做我能够做的，想一些办法支持你。"

他的话让我想起一个理论，就是这个世界上的慈善和公益大体分为两种，一种是对"绝对困难"者的，比如疾病、比如困苦、比如灾祸、比如先天的残缺，这时候你要伸出施救之手。二是对"创业型困难者"，有一些人身上有良好的愿望，也有一些独到的才能，他们想做一些事，但有时候是"一分钱难倒英雄汉"，有时候是知识闭塞影响了他的判断，有时候是制度性的阻碍让他的力量得不到发挥，如果社会能给这类人提供多渠道的支持，相信会有不少人能够多做一点事。

2006年的春节前后二十天，我把自己关在家里，写了《拯救云南》。这本书分成三个部分，一是以香格里拉的旅游发展为例，讨论生态保护的前提是"社区强健"；二是以金光集团在云南种植桉树为例，讨论云南生物多样性的价值，期盼云南能够走出"以丰富的生物多样性换取单一纤维"这一误区；第三则是配备了一些几年来零星写就的与智慧发展有关的随笔和报道，以此支撑前两部分。

受此鼓舞，最近几年，我可能每年都会选择一个专题进行调研，然后写一本"环保科普报告文学"这样的书。

2006年的目标就是这样定下来的。有一天我发现，中国好像缺少一本谈

城市环境问题的书，假如我以一个北京市居民的眼光，观察城市人的环境生存状态，进而探讨改良的办法，也许是很必要的。因为从环境公平权上来说，城市里的生态是最恶劣的；一个人要在城市里活着，需要强大的“对冲”能力。2007年4月，有了《不要指责环保局长——从北京看中国城市环保出路》这样一本“市民环保报告”。

环保主义者盼望社会能够聪明发展

环保主义者到底在干什么？难道他们真的想阻碍社会进步？或者说，他们甚至想反政府？

不，生态文明是最先锋的文明，环保主义者是生态文明的呐喊者和推动者，他们代表着先进的生产力。

心怀恶意却不愿意反省的人啊，请记住，陶渊明早说过“所惧非饥寒”，不要拿物质来吓唬我们，也不要动不动就指责环保主义者花了你们的几分血汗钱。对于环保主义者来说，这个世界上，物质上的贫困解决固然难，但生态贫困、环境贫困、心灵贫困，更是难而又难的事啊。一条河流被污染了，人们谈得最多的是周围居民的生存环境恶化，可能都没有想过河流的生命与生态、河流的自然历史与人文历史；村庄贫穷者的无力感，环保主义者最早看在眼里，同时，天然林的无力感、湿地的无力感、江河的无力感、天空的无力感，他们更是看在心里，痛在心头。

环保主义者的焦虑是有原因的。如果说所有像云南这样的地方，过去当地居民和生态的权益是被上级政府剥夺、被外来商业力量剥夺的话，那么今后，也许当地居民也会成为更强大的剥夺生态权益的力量。因为“社区强健”可能是生态保护的最重要屏障。当社区的居民找到可持续发展的方式时，他们会成为生态的保护者，生态也会还报他们以强大的文化生产力。而当社区的居民没有找到可持续的发展之路，与外来政治力量和商业力量一块剥夺生态权益而为“发展经济”找到一点借口的时候，他们会“助纣为虐”，他们的镰刀、斧头、火种、陷坑、套网会迅速地把当地的生物多样性毁灭殆尽，让破坏资源与污染环境同步进行。结果会怎么样？

农民的不富裕，其实是赋权不足，或者说其权利一直处在被剥夺状态。自从有“有意识的人类社会”以为来，农业是绝大部分人类最先涉及的行业，自然，也就是人类特权最先被“泛化”“普遍化”的行业。后来，商业、军人业、政治业、工业、知识业先后都在人类的大潮中浮现，都在普及；其职业的“特权”也随着文明的拓展而一步步普遍化、民主化。至今，某些地方，仍旧尚未普遍化、平庸化的，是政治业。

而农业则在这些行业的普泛化的进程中，一步步弱势化、底层化，从有其他的特权集团开始，就一直被剥夺和被践踏，任何特权集团的出现，都首先剥夺的是农民。因此，农民一直被多个特权集团有意无意地欺凌和侮辱，旧的特权集团刚刚弱化，新的特权集团又更加凶狠地猛扑过来，依靠吸取农民的血汗来作为他们肌体健壮的养分。农业的经营者农民，也随之成了弱势群体。想像一下，一个十三亿人口的国家，有将近十亿人是“弱势群体”，那么我们就明白，当前最应当做的是什么：是尽快地给农民经济赋权和政治赋权。

造血式的“扶贫济弱”“补虚还元”，办法其实不用太多，只需要做到两点：经济上，支持农民创业，不管他们是本地创业还是外出打工，都给予信任，银行给予贷款，工商帮助登记，技术上帮助培训；政治上，给予同等国民待遇，他们迁徙到哪，就在哪参加选举；他们的子女随从到哪，就到哪就近上学；当他们进入城市，其“劳动获得收益的风险”就应该下降到与城市居民同等水平。

另外就是重新建立“农民自己的组织”。段应碧主编的《社会主义新农村建设研究》中有一篇文章说：“在中国，目前正是发展东亚国家农协、农会组织的好时机。双层经营的集体经济组织已经徒有虚名，极需要建立新的替代组织。如果在中国不建立类似组织，中国农业和农村都会陷入困境。日本早在20世纪70年代就实现了农民人均收入超过城市居民的局面，这是农协的巨大功绩。中国要解决‘三农’问题，在组织上必须要建立农协农会类的组织，不然农村没有希望”（张路雄、郑秀满《事关新农村建设长远发展的几个重大问题》）

其实每一个地方如果细心经营，都会找到可持续发展之路；每一个产业如果愿意转型和提升，都会有相当多的成熟技术能够支持。只是有些办法需要投入太多的精力，那些不愿意动脑子的人等不及；有些发展道路需要一种精神来支持，而中国现在已经有太多的人丧失了正派、讨厌自食其力，他们脑中想的惟一挣钱方式，就是倒卖资源，不管是什么资源，自然资源，人力资源，社会资源，官场资源，只要以常规贿赂术，能够拿到一批指标到手，索要了谁的命，掠夺了谁的血汗钱，把污染排放到谁身上，根本不在乎。

然而中国环保主义者最大的特点是无力感，他们只有声音，只有文字，只

有因为情绪激烈而显容易被丑化的脸。与所有我认识的人一样，我也同样是个无力之人。我似乎做了一些事，可什么用处也没有，有时候，甚至像是催促对方加速前行。

富裕要适可而止，贫困不能成为胡乱发展的理由。所谓的可持续发展，其实就是“无毒治病”、“无害发展”之路，人每天吃东西也要吃健康食品，深怕沾些小毒微毒残毒慢毒，而这个社会很多的发展方式却是“剧毒发展术”。从纯粹经济学上说，“杀敌一千，自损八百”，这样的方式已经算是颇有斩获的了；更多的地方是在玩“杀敌一百，自损三千”的残害游戏，拿普通人和生态作为代价，换取可怜的几张纸币。

中国最优秀的文明结晶中的中医，把“和”作为治病的最重要原则，坚定地认为：“过当则伤和”，南北朝医学家陶宏景在他的《名医别录》中说：“下品药性，专主攻击，毒烈之气，倾损中和，不可常服，疾愈即止”。《本草纲目》也说：“病有久新，方有大小，有毒无毒，固宜常制。大毒治病，十去其六，常毒治病，十去其七，小毒治病，十去其八，无毒治病，十去其九”；“无使过之，伤其正也”，但今天的中国，可以说是剧毒之术遍体横行，刀枪箭钩内外交攻，何和之有？

也正因为这样，热爱环保的人更要奋起。因为有太多的人，“定须捷足随金骥，那有闲情逐水鸥”（李鸿章），自然界在他们的眼中，不过是随时可盗用和迫害的资源而已。而改变这些政治决策者、经济决策者、生活决策者手指摁下去的方向，让人类活得更加的美好，让自然更加的充裕，是环保主义者最重要的任务。

特别感谢我的师兄、著名环保作家徐刚先生，他1987年就完成的著作《伐木者，醒来》，不仅向我提示了天然林保护的重要性，而且也启发我：最好以报告文学的方法来写环保。

圆明园：污水中挣扎的生灵

2005年5月份的一天，我们早上七点就到了圆明园南边的小侧门，正门据说是“上班时间”才能开的，可为了方便附近居民遛早和锻炼，所以“恩赐并傲慢着”，开了这个只供管理处人员和重要人士通行的“工作通道”。两个守门的大姐，看我们胸挂望远镜，斜背照相机，以为我们是“生态学会”的，拦着不让进，指着门卫室里粘着的便条说，“有通知下来了，你们得等上班后领导打招呼”。

我们一时没有听清，以为从此后圆明园不再欢迎观鸟者，但忍不住又打听了一下；您所说的通知能让我们看看吗？大姐倒也豪爽，说你看吧。我们探进头去一看，果然，一张牛皮纸上歪歪扭扭地写着两行字，大意是：如果生态学会的人来了，请他们与管理处联系，否则不许放行。

闹清了就好办了，我们说我们是帮助圆明园进行鸟类调查的，已经调查一两年了。大姐也恍然大悟，说对对对，我想起来了，那你们就进吧。

进去不到三百米，就是圆明园管理处了。再走几步，是一个小湖。湖自然是干涸的，底面的泥土像是翻耕过，显然，底下已经铺好了防渗膜。可恍惚间看见一小面晃亮的水，深处不过几公分，宽广不过十几平方米。董老师拿双筒望远镜一扫，说，不会吧，一只绿头鸭？

绿头鸭据说是家鸭的祖先，雄鸭的头颈是墨绿色，想来这是得名的根据。5月正是绿头鸭的繁殖期，绿头鸭本来是较忠心的鸟，确立关系之后，夫妇俩感情颇好，此时大概雌鸭为培育后代，躲到某个小土坡里筑个巢去耐心孵化了，所以看到一只孤零零的雄鸭，非常正常。董教师惊讶的肯定不是这个，她在想：为什么一只绿头鸭会呆在如此浅薄、几近于干涸、只能没过脚面根本无法凫游的“湖”中？

白顶溪鸲

绿头鸭是游禽，喜欢浅滩和不足一米的水面。河湖塘泽倒不在乎，重要的是这水面要干净和安宁，能让其找到好吃的，又能让其单腿独立着把嘴巴插入翼背休息。大概是实在无处可去的缘故，这只绿头鸭才肯屈身涉足于此。不几分钟，大概是让我们看得不好意思了，也许是因为此处实在不堪游乐，它拍几个翅膀，蹬几下腿脚，起飞了。

因为倾心绿头鸭的缘故罢，这个湖面突然间在我们面前丰富热闹起来。它有点像是沼泽地和滩涂地，是鸻类、鹬类喜欢的生存环境。不过也许是这湿地面积太小了，而且没有洁净宽阔的大水面相连，鹬类我们没有看到，倒是金眶鸻和环颈鸻各看到几只。金眶鸻眼眶是金黄色的，胸前有一条环绕全身的"黑围脖"，而环颈鸻的黑围脖绕到后颈时就断开了。有些观鸟者就在那嘀咕：也许金眶鸻该叫环颈鸻，环颈鸻该取个更贴切的名字，比如"开颈鸻"之类。鸟类多半采用特征命名法，取其突出的一点而舍其他，所以名字往往是识别的关键。可一是入乡随俗，二是金眶鸻的特点很突出，改起来可能难喽。

白鹡鸰

家燕和金腰燕"叽叽"叫着或者无声地停下来衔泥取土，就在我们对他们进行计数之时，突然觉

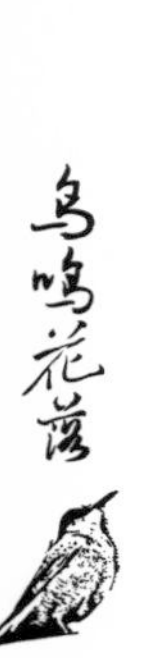

得望远镜前面有几只黄色的身体掠过。观鸟人最不崇尚喧哗，有所发现和交待要么用手势比划，要么就“鬼悄悄”地交流。付老师轻声地说：也许是灰鹡鸰？她旁边的小李抢先说：我看到白鹡鸰了！白鹡鸰全国都很常见，身体是黑白色，喜欢在靠水的地方生活，哪怕有个小溪就足以把他滋养。他们飞起来时老是“几令几令”地叫着，而且一扬一扬的，像是波浪起伏。还有一个很显著的特点是尾巴喜欢一上一下地快速颤动，显得甚是“机灵”。最近又有人试图对他进行二次分类，将其分为灰背鹡鸰与黑背鹡鸰，不过似乎仍旧是“民间主张”。

小王对着单筒望远镜细细对比一下之后，自言自语地说：“不像是灰鹡鸰，像是黄鹡鸰；好像既有灰鹡鸰，也有黄鹡鸰。”黄鹡鸰的背部是淡绿色，腹部比灰鹡鸰要黄一些，而且它有一道鲜亮的黄色眉纹；而灰鹡鸰的背部是灰色，没有黄色眉纹。不过，当它们在稍远的地方游走，都用胸脯对着你的时候，难免混淆。而且，灰鹡鸰居然前胸和腹部也是黄的，难免让初识者产生些误会。

为了看得更清一些，我们决定走近一点，顺湖底贴到了管理处的院子的北围墙。这下子一切都明白了，我们既数清了湖中养育的七八种生灵，又闻到了一股人类排泄物的鲜明气味，看到了从管理处伸向湖中的排污管，正有一股黄褐色的浊流向湖底倾注。正是这股“活水”绕了几道弯，最终，汇成我们所看到的“湿地”。而我们刚才欣赏的这些大自然的杰作，就是靠这污水养活着。付老师说，以前我很早就知道他们把下水道直接伸入湖中，但以前因为湖中有水，一般人看不出来。现在，自然就显眼了。我们抬头穿越铁栅栏向管理处仰视，发现他们的院子里，还锁着一个瘦瘦十几米高的古塔，和一只凶猛的狗。

（2005）

北大飞来赤麻鸭

观鸟在中国不算普及，不过大学得风气之先，占学术和悠闲之便，一些大学有观鸟的学生社团。由于大学里的生物系往往有研究鸟类的专家，他们鲜活生动的讲解对于迅速提高新手的知识面甚有帮助。我知道北大有“绿色协会”，北大医学部有一个“飞羽协会”，关心鸟、关注生态的人不少。最近两年北京因为缺水，人喝都不够，自然不肯给生态供水，北大未名湖的脸面勉强能够维持，但后湖和红湖就只能自生自灭了。去年是如此，今年也是如此，明年大概也是如此。

后湖的一个小湖面上，年年都会飞来几只鸳鸯，今年它们来的时候，由于湖心没水，关心环境的人就替它们向校方争取权利，于是校方就施舍了一些水给它们。缺水的问题在春天最为突出，万物都仰仗水的浇育，如果把湖作为一个生命来看的话，北大那些作为风景和生态存在的湖不知渴死过几个轮回了。

很多人一听说观鸟，一是以为要很精妙的设备，二是以为一定要到一个鸟类聚集的地方，一口气把所有的鸟全看完。其实无处不存在鸟的踪迹。一出门，至少麻雀和喜鹊、灰喜鹊是可以见到的，而家鸽、乌鸦（大嘴、小嘴皆有）甚至偶尔一两只高空遨游的猛禽也会撞入眼帘。北京的许多单位都是大院制，一道围墙围起一个小社会。如果这是个老院子，门

鸳鸯

大麻鳽

口再挂着“园林式单位”的牌子，自然绿化得不差，虽然树种偏向单一，但由于花花草草的什么都种一点，结果弄得植物多样性颇佳，而且某些偏僻处隐蔽性颇好，要么因为无心照看，要么存心荒芜，都为鸟类害羞的天性所喜。植物多样性好了，动物多样性才可能好。所以，如果你喜欢鸟，又没有什么时间，在自家单位的院子里观察和欣赏，就很容易了。这样对于初学者，还有一个好处，就是慢慢地进步，慢慢地增进兴趣。

北大向来是以“全国最好的园林学校”自豪的，自然，像北大这样的大院子里的生态环境，适合不少鸟类的生存。尤其是图书馆以北的地块，由于是办公区和教授住宅区，相对于教学区和学生宿舍区要宁谧得多，加上有山有水，有荒山有杂草；跨过北部围墙、小河与马路，与圆明园间“交通”甚是方便，很是能够招引一些鸟类。有一年春天，我在里头看到了红嘴蓝鹊、黑尾蜡嘴鹊、红胁蓝尾鸲、北红尾鸲、灰椋鸟、燕雀、红喉姬鹟和各种柳莺，这些多半都是旅鸟，它们是在向北迁徙或者准备向深山转移的过程中，暂时在此嬉游和歇息；当然，也看到了本来在南方现在北京日益增多显然已定居的白头鹎，看

到了常年驻扎于北大的大斑啄木鸟、灰头绿啄木鸟以及喜鹊、灰喜鹊和人见人爱的麻雀，自然更能看见头上顶着个小凤冠、有着一个长尖嘴的戴胜。每年的五月，还能听见四声杜鹃在深夜里嘹亮、优雅而略带忧郁的“布谷布谷”，它从古至今极受文人推崇的歌唱（实际上是求偶声），能让几乎所有只闻其声不谋其面者的情绪为之一振。

世界自然基金会的“自然论坛”中，有个观鸟专区，大概是国内鸟友中较为喜欢的交流之地，同时，观鸟网、中国观鸟论坛等最近也陆续推出，上面总牵挂着许多鸟迷们。他们有的纯粹用文字记录感受和遭遇，更多的则利用现代技术之便，频繁地把拍到的鸟的图片上传，供大家分享。

有那么一天下午，观鸟专区突然列出几张图片，名字叫“北大飞来了赤麻鸭”。作者在一个将近春天干枯而夏天的雨水未至的时刻，拍到了几张赤麻鸭在泥沼里觅食的休息的照片。他配的文字中说，这些赤麻鸭甚至把原地的“土著”鸳鸯赶到了偏角处。同时他还贴出了拍到的黑尾蜡嘴鹊、灰椋鸟、珠颈斑鸠、小鸊等“助阵”或者“围观”或者自顾自喝水觅食者的“玉照”。

最后，他贴出了几个小朋友在湖中挖泥游玩的照片。他说：这些小朋友对鸟还是很友好的，他们相距几十米，互不干涉。鸟是最怕人的，人类越不注意、越不“利用”它们越好。但从另外一方面来说，人类必须越注意鸟类越好，因为只有首先了解它们，才可能更爱护他们。当然，了解它们的办法，肯定不是枪打网捕坑陷棍夹，不是笼养和贩卖，更不是红烧和清炖。而是细致的、持续的、尽量不露声色和不加干扰地深入研究和欣赏。

（2005.5）

如果登山者也能观鸟

我在“京师大学堂”的时候，参加过两个社团，一个是北大山鹰社，一个是五四文学社。宿舍里有的同学参加学海社，有的参加北大剧社。大家各有喜好，各有奔头，晚上睡觉前偶尔聊起来，都觉得自己所在的社团颇好，同时难免也慷慨一番，向同窗大力引荐。

山鹰社因为有周末的“游山玩水”活动，有活动时带上同学参加，是很自然方便的事；如果在训练时，正好熟人路过，带着一身装备与其闲聊，目光或者神情中甚至掺有难以抑制的某种得意。当然这种得意是浅薄的，因为熟人也许会就地放下自行车，一试身手，发现其体力，比我等这些先入会者，身体更加的强壮、灵巧，心理更加的稳定、善变。于是乎，赶紧放下盘碗，挨挤座位，腾出空白，邀请列位好汉大哥入座叙话，斟茶言欢，劝酒夹菜，直到慢慢地诱其入社而止。

十几年之后，老队员们自然都已经工作在身，不少都是时代俊杰，占据着显赫的位置或者拥有着显赫的收入。老面孔们经常一起爬香山，一起喝茶跑步，一起在网上闲扯和玩笑，交往甚至比以前更加的频繁。

2003年之后，迷上了观鸟，才发现，观鸟正在成为一种全国性的文化热潮，全国许多城市都有了观鸟会，北京观鸟会的活动甚是频繁，成千上万的人因为观鸟而开始体悟到自然界的博大深邃。一两年下来，我不算很专业，更不敢说把中国的鸟谱搞得透亮于心，但有些东西就像传销似的，你感觉到美的，你总想赶紧告诉别人，虽然于自己本身，也只是刚刚浅浅地尝到个中的生鲜滋味。有一天在香山的防火大路上，往望京楼走，因为观鸟，胸前多了望远镜，背包中多了《中国鸟类野外手册》，目光中除了山川树木，还多了一种对各种飞掠之体的欣赏和

虎斑地鸫

红头长尾山雀

识别。在山路的一段拐角处，听到一阵“叮铃铃”的声音，循声望去，看到一树的金翅雀。心中激动之余，回身一看，同行的老朋友们，已远在几百米之外了。他们是一心一意爬山和在行路中交谈的人吗？

心中由此涌起一阵强烈的弘愿，想把老朋友们，新同事们，旧亲戚们，个个都介绍到观鸟的队伍中来。于是一路美滋滋地想，如果登山者也能观鸟，那是多么便利的事；而观鸟者如果也懂得登山，或者说有更多的户外经验，在野外进行观鸟活动时，也会避免出现笑话和大惊小怪。其实延续着想开去的，还有更多，比如如果香山的管理人员能够观鸟，比如香山的捡拾垃圾者也能观鸟，比如学林业的大学生们也能观鸟；比如观鸟的人也能同时观察植物，比如爱好自然的人，同时能深刻理解那些被自然界所拥抱的农村，比如学水电工程的人，同时学点生态知识……那该多好。

很多误会都只是因为互不了解而产生，而互相间不肯了解，除了专业本身的持续向心力导致人们无力兼顾其他之外，可能还有一个原因，就是我们对于知识，其实怀有一种深深的恐惧。在谋生功利性的照耀下，知识或者说凭靠教育历险各阶段所采买的教材，足以让一个人获得稳定的职位之后，知识对于人们，可能就会突然地变得生疏和可笑起来。更多的人把心思用于对人事的观测和度量，同时努力积攒各类所谓人际交往的智慧，而忽略了持续的客观知识、修养型知识、陶冶型知识的汲取，自然也就少了横向交流的渴望和本能。我总在想，有那么一些人，其实对知识本身是厌恶的，只要能够顺畅地活着，知识可有可无。如果学点知识，不能够靠铁心狠劲地冲刺那么一阵就可以通关，而必须一辈子为之殚精竭虑的话，我想很多人宁可放弃。

其实说起来我对于鸟类，也是根本的不了解，这跟是不是文科生好像没有关系，我想我即使学的是理科，甚至我学的是生物系，也可能不关心鸟，除非我的专业正好是鸟类专业。上大学前在农村生活，可村庄中一年四季飞来飞去的鸟，其实不认得几种，惟一的可能就是依赖那些放枪的人、上夹子的人、挖陷阱的人，他们有所抓捕时，会挤在大人堆里瞧上那么几眼。当时即使看见了，也只是看见它们的血和肉，想到他们煮出的汤汁和飘出的肉香，至于皮毛花色个体性别和科属，是完全的不关心和不理会。后来在山鹰社的办公室，翻看刚刚攀登完慕仕塔格峰的队员们拍的照片，其中一张有那么几只“乌鸦”，

诱拍者正在布置场景

可一看嘴是红的，当时的队长说，这是“红嘴山鸦”。这个词能够记到现在，也真是万幸，因为前两天在云南迪庆的松赞林寺，看到几十只的红嘴山鸦在我面前飞舞。而此时我回身转视身边的同行者：几个的目光中看见了此物并为之兴奋？

可我就健全了吗？我的视域中，除了红嘴山鸦和窜来掠去的麻雀，也没有看到更多的丰富和繁杂。而同行者目光里的世界，显然也不见得就比我的单一的浅陋。那些让他们喜悦和感动的知识，可能正好是我的漠然；那些在他们面前显得异常突兀的知识，可能在我眼中甚至是了无一物。人与人间的这种分野，一时让我百感交集。我在想，要是有一种方法能让知识很好地互通有无，不需要刻意的设置和翻译，就能够实现分享，那该是多么好的事情啊。

然而我并不因为一段时间来的深度参与，而收受到诸多的“知识喜悦”，就有了“知识普渡”之才能。我甚至因此变得谨慎起来，好像观鸟是一种让人羞愧的事，是有罪过的事，是让人觉得荒谬的事。招朋挽友的愿望因为这些情绪的影响，时常的变得踌躇；几度踌躇的结果，就是口角生风目光闪烁手势翻飞的传讲很少出现，而笨嘴笨舌、吱吱唔唔、吞吞吐吐欲言又止欲止又愧的时候居多，。虽然当心中喜悦充盈时，那种想让天下人都关心鸟，都观察自然，都掌握更多知识的意愿是那么的强烈，以至于有时候甚至涌起在全国各地办鸟类知识传播班、把全国各个有鸟的地区都发展出一个个观鸟社团等诸如此类的妄想，然后又在这些妄想之上，搭建诸如让每个人都成为博物学家、全能知识者、终身学习者这样更荒唐的痴狂之幻影来。

（2005.5）

稍微有点知识就傲慢

2005年初，因为印尼金光集团要“把云南变成绿色沙漠”的事件，到昆明采访一位生态学方面的专家，他在那感叹自己属于“有知识，无力量”的一族。感叹中既带着悲愤，其实也带着些许的夸耀。鄙人不才，经历有限，目光昏浊，好冲动而无头脑，但一直在隐隐约约地觉得，知识在中国，足可用来抗衡权力特权与财富特权，有时候，其实本身也是一种特权，与前二者“三权鼎立”。

有知识的人好像是不能干体力劳动的，不管是“体力型脑力劳动”还是“脑力型体力劳动”，尤其不能干杂活粗活脏活累活，于是领导干部不能开车，美编不懂排版，登山者把包袱全都甩给“向导”。当我们责怪圆明园管理处的人不懂生态而大加批驳的时候，当我们对图书馆管理员“大声喧哗”而置之以白眼的时候，当我们看到小店欢饮者在那划拳赌酒而用“老农民”来形容之的时候，内心里，多多少少都得上了一种知识傲慢的病。这种病，几乎在每个有知识的人身上都有所体现，知识其实无法更新和提升一个人的道德能力，虽然偶尔有所约束和压抑，但在“社会认同”的辅佐下，知识分子们还是经常显露出了一种蛮横和专制，一种奴役他人剥削他人的本能。

2005年5月底，在从河南董寨观鸟归来早上，我急急忙忙打开电脑写这篇稿件。董寨我是第一次去，两天之内看到了七十多种鸟，看到了当地的代表作白冠长尾雉、仙八色鸫、红翅凤头鹃、蓝喉蜂虎、黑冠鹃隼等诸多对我来说既是收获又是喜悦的新种特种，同时又在灵山站、白云站享受到了久矣不得的新鲜空气和美好景色，在山村中多次感受到了体力劳动者的善良，“内心得到了极大的满足”。但焦虑也是有的，我一直在想一个问题：为什么观鸟的团体总是

不容易壮大？现在不少人经济实力那么强，时间那么充裕，精力那么旺盛，学识那么丰富；当今中国，交通那么便利，通讯那么发达，食宿那么易得；而观鸟活动本身既有趣又充满美感，既可充盈个人的知识库又可与团队和谐来往，既能锻炼身体又能净化心灵，为什么在中国发展将近十年了，还是只有“几百号战士”？

去董寨前我写了一篇文章，叫《如果登山者也能观鸟》，文章讨论一个事情，就是如果知识的传播能够在纵向的同时实现更多的横向，人人都成为志愿型的“博物学家”，既体察内心又观察世界，既赳赳于人事又明明于天地，既能凭空发感慨更可“仗剑下天山”，既能闭眼掉书袋又能在出门时看到所有的花鸟树木全都了然于胸，这样，人类该少干多少蠢事？

我现在发现了这样的不可能。察觉到自己的想法是多么的幼稚和可笑。细数一下原因，大概有那么几条。

最直接的原因，是中国人本来就不好观察自然界，几千年来人们忙于人事经验的收集和体验，忙于关心寿命和身体，对于自然界和“客观世界”，不到万不得以，绝不关心。所以中国最发达的学问，于“文学”是史学，于“理科”是医学，都是关乎人命之事。

与此密切关联的是知识的功利性，这也是很大的障碍。从古至今，知识都是考试用的，很少用来“修身”，几乎绝大多数的知识分子，都是“教材分子”，启蒙接触的都是教材，升级仰赖的也是教材；幸运一些的，在读了教材之后，依靠个人的独断，还能读到经典或者“人文精神”的作品；大部分人却是不幸的，一辈子都只是在读教材，一辈子也是在用教材的方式思考，一辈子都在做教材的奴隶。你见过几个人对知识的渴求是出于兴趣的？是无目的的？知识一旦无目的化，惟一的可能性就是知识变得可有可无，变得可笑和虚无。

过去我们相信学院里的学者教授们是知识的重要载体，要出去做个什么专业外的学习，不仰仗这些专家，几乎无法成事。后来发现，教授学者们可能习惯于把知识在课堂上传播，在书本上进行复制，而很少有人愿意把知识传播给大众，即使在他退休闲居之后，也仍旧把与大众的知识交往视为畏途。大众多半没有专业基础，提的问题粗浅而单调，你刚问完我又重问，而且记性很差，难免让人厌烦。科普作品什么的在中国又不能算是论文，无法作为评职称的依据；至于预料之外、横生枝节的人事交往，更是让人厌倦，谁知道这些社会求知者，会在问知识之外，还提出什么样的要求来呢？与其招惹是非，不如闭门生静。

诱拍鸟类

其实没有知识是难学的，很多的学问，其实只要稍事关注和钻研，就很容易由“业余版”升级为“专业版”，当今网络发达，学习知识的方法早已不再依赖教室和书本，只要有心，只要愿意，完全可以学得像模像样。何况，知识的获得最重要的手段是实践，只要到了活生生“知识现场”，所有你想学的知识都会扑面而来，有什么可担心的呢？

观鸟者队伍为什么不如登山者的队伍来得庞大？登山是一项简便的运动，如果不登雪山不攀岩的话，随便爬爬山或者户外活动一把，完全不用费什么心神，“赤条条地来，赤条条地去”，认识几个朋友，考验一下意志，一天两天的时间，似乎就畅通了人生一大险程，而观鸟不但要置办设备，对观察力、判断力和“预习功课”“复习功课”的能力都有要求；观鸟还是一项很累心的活动，因为你看到了，你就会去想，你担心鸟的变化，就会由此愤怒人的作为，于是反省自身的行为是小，再如此希望改变他人的行为，这事情就“闹大方”了。劳累是人们避之唯恐不及的，何必无故牵累上身？

我观鸟的时间不算长，但我仍旧惊奇地发现了一个特点，那就是观鸟者的人员构成中，以“知识分子”，尤其是“文化工作者”居多。我特别想挨个问一下每个人对当“组织者”的态度，想问一问当你们很专业了之后，下一步该怎么走？看到有人捕鸟抓鸟时怎么办？后来我想我还是不用问了，通过观察可以得知，我们这些观鸟者，其实多半都有些自私，先懂的烦后懂的，有设备的不愿意给无设备的，越专业越不乐意与大家一起观鸟，能力越强越不愿意把知

识普及给大众。有没有经验和能力估且不论，但内心里，肯定是极不愿意出头露面做组织和协调工作的，甚至暗地里可能还鄙夷那些忙碌者，说人家是“活动家”。五年级的可以教三年级，土著可以教游客，杀猪的可以教磨刀的，可为什么本来是充满爱心和宽容精神的观鸟者，个个都自诩为“学者型”、“孤僻型”人士？稍微有点知识就傲慢不已？稍微环保就优越得不行？稍微有些进步，就希望全社会都为其服务让其百事不扰心地畅快观鸟？

有一次和世界自然基金会的一个工作人员闲聊，突然想提两个建议，一是让一些相对等级高的观鸟者，主持一些调查项目或者科研工作，二是多多地发展观鸟组织，像自然之友、绿家园等NGO，应当可以联合申请一个项目，就是在全国地级以上城市，都帮助建立观鸟会的网络。首先发掘当地的专家，同时激发当地的兴趣者，灌输规则，强化交流。因为哪里都有鸟，哪里都需要观鸟人。如果实在难，可以先从各地大学的社团起步，以大学为基础，慢慢向社会辐射。这样，总比许多NGO现在在做的那种随心所欲的“知识孵化”、“文化感染”，比起没有任何体系的放任自流的“公众环保教育”，要好得多。

（2005）

在香格里拉看伯劳求偶

我正在试图写一篇说起来带点研究性的文章，大概标题叫《鸟在中国古代》，美滋滋地预计要写上那么上几万字，引经据典上那么几百本书的。这篇文章从2005年初就开始筹划，酝酿之余，偶有心得，还到处向人宣讲，弄得四邻皆知，八方皆有所期待。只是，几个月过去了，一个字还没有写成。

但也确实因此细读了《中国神话传说辞典》中诸多鸟的条目，同时看到任何的书，只要有关于鸟的描述和叙述的，都会用心用力地记下来，比如读《云南掌故》，比如看古代人的笔记小说，只要有条目涉及，就会折个角划上线。不过我真是个不堪做学问的人，随记随丢，到现在，几乎没有什么集成可借诸成事。

在想写的大作中，有一个章目大概是“中国古代自取的鸟名”。想来想去，除了凤凰、孔雀、喜鹊、麻雀、戴胜、杜鹃（子规、布谷）、朱雀、乌鸦等等之外，伯劳大概也算是入诗入文入画入掌故的重要鸟类了。按照现在的科学分类，伯劳分为十一种左右，有灰伯劳、灰背伯劳，有虎纹伯劳、牛头伯劳，有楔尾伯劳、黑额伯劳，有棕背伯劳、棕尾伯劳，有红尾伯劳、红背伯劳，还有栗背伯劳什么的。我最早见到的是楔尾伯劳，当时在山东东营，北京绿家园的张玲老师惊呼说：“看看看，楔尾伯劳！”我“勤学好问”地说：“啊，还有尾巴天天歇息着的鸟？”张老师说：“不是不是，是那个楔子的楔。”我又说：“啊？蝎尾伯劳？难道它的尾巴长得像蝎子？”张老师哈哈大笑：“不是蝎子的蝎子，是楔子的楔子。”

好容易搞懂之后，慢慢地明白了，伯劳虽然属于雀形目的鸟，个体长得也不大，其实是小猛禽，它以小鸟如莺类或者地面上的昆虫、爬虫为食。

2005年的“五一”，随北京师范大学的赵欣如老师到北戴河做鸟类环志

（所谓的环志，就是给鸟的右脚戴上个打上了记号的金属环，在新捕与重捕间，全球的鸟类学家共同对鸟的迁徙等习性进行研究；现代化一点的方法，还利用全球定位系统，给鸟戴上一个有传感器的标记，进行全球追踪，如对著名的黑脸琵鹭进行研究，就是用的这个方法；我国也有科学家用这方法对鹤类、天鹅进行研究。北师大生物系的研究生刘洋在河南董寨研究白冠长尾雉，由于白冠长尾雉是当地留鸟，所以只需要给它戴上个传感器，再用一个定位仪对其进行跟踪就很容易找到它，对分析它的一举一动很有帮助），当时环志的主要鸟类是黄眉柳莺和黄腰柳莺等这些小型鸟。有一天在一个张了沾网的院子里，北京联合大学历史系的学生陈曦率先看到旁边树上藏着两只红尾伯劳，开玩笑着说，一会儿等它“上网”了，我要环伯劳。结果到下午，果然有两只伯劳被网沾上了。

握在手里才知道，伯劳是个很凶狠的鸟，它的脚极有力而且粗壮，必须用C号环才适合它；它的喙啄起人来，让人几天都生疼不已。伯劳平常发出沙哑的略带吓唬性的叫声，甚是难听；据说为了迷惑其他的鸟类以便让其成为口腹之食，它还经常模仿其他的小型鸟的叫声。

2005年5月底，去云南迪庆州香格里拉县采访，几天之内看到了上百只灰背伯劳或棕背伯劳。它们往往蹲在青稞地边的木篱笆的桩子上，低着头一心一意地巡视地面。大概是因为属于“猛禽”的缘故，我所见到的伯劳全都身只影单，由于它“甚不惧人”，喜欢呆在村庄边的树尖上，或者站公路边的电线上，两只眼睛像扫描仪一样巡视着领土；有时候可能是为了“看得更清楚”，也蹲踞在矮一些的树桩上，一有动静就直扑地面。虽然它的到来，不像鹰隼雕鸮样“惊起一滩鸥鹭”，不过有时候还是会令叫得正欢的柳莺们四处扑腾尖叫失声。

伯劳的胸脯往往是白色，区分它主要靠的是背部的色彩和纹理（当然也不尽然），当地藏族有传说：如果你第一眼看到的是它的白（胸部），那么你一天都会幸运，如果你第一眼看到的是它的黑（背部），那么你这一天就可能有所倒霉。他们的信念让我想起了中国历史上关于伯劳的三个“风习异闻”。一个传说与伯劳如何被古人定名有关。《太平御览》卷九二三引《陈思

红尾伯劳

灰鹡鸰

王植贪禽恶鸟论》说，尹吉甫信后妻的话，杀了孝顺的儿子伯奇，后来醒悟，“出游于田”，看到一只异鸟在桑树上鸣叫。尹吉甫心弦微动，问：“你是伯奇吗？如果是的话，就飞到的我车上来，不是的话，就离开这里。”话音未落，“鸟寻声而栖其盖”。带它回家之后，它站在井栏上，“向室而号”。尹吉甫叫妻子射杀了它，然后又杀了妻子“以谢之”。“故俗恶伯劳鸣，言所鸣之家，必有尸也。”另一个传说是段成式《酉阳杂俎·羽篇》记录的，说它能治哑巴病：“取其所踏枝鞭小儿，能令速语。”而《古今图书集成·禽虫典》卷三〇还引过《东方朔别传》，编造故事说东方朔与他的弟子们一块出去，渴得不行，弟子就去敲路边人家“求饮”，由于不知道这家主人的姓名，叫不开门。这时候，一群伯劳飞集到李树上。东方朔对弟子说：“我知道了，这家主人姓李，名叫伯劳。”于是弟子就叫“李伯劳开门”，果然有人答应，“即入取饮”。

春季是许多鸟类的繁殖季节，我所见到的伯劳大概也是在这个季节求偶繁衍。因为后代的需要，再凶猛的动物也得放下它的架子。一天早上，我随一户村民到村庄边上的湿草地上放马，就在他低头系马的时候，我看到对面林子里的桦树上，一只伯劳正在努力对另一只伯劳扇翅示美以求爱，嘴中发出以前我从未听过的温和谄媚之声。其姿势之笨拙，其追逐之坚韧，其对异性“略带愤怒的低声下气”，尽入路人之眼。接下来的傍晚，在一棵小冷杉的树尖上，看到一只伯劳欲强行对另一只“动粗”，尾巴翘得高高的就想跃到人家的背上去。“女方”不知是为了游戏还是真的不愿相从，刚近身就逃走。两只鸟在树上绕上绕下、钻进钻出，紧张时还快掉到地面上——当然，在快贴地的时候，它们又能迅速地弹起。

由于一心求偶寻欢，以至于伯劳看着不太像伯劳，身体显得瘦而长，而且有些行为不似常规动作。有一阵子，我拿双筒对着它们望上半天，内心默默地以为是某个其他的鸟种，直到翻遍图鉴也找不出其他的对应。和我一块看鸟的藏族村民说：“就是它，就是书上叫它灰背伯劳的那个，它的样子我们从小看到大的，不会错的！”

（2005.6）

折磨一只燕雀

中国古代对鸟的命名具有极大的文学性，自然，也就指向不明，似有所指又不堪查对。到底某个词指的是什么鸟，搞文学研究的人争来争去，到底也弄不明白，因为搞文学的人，多半缺乏鸟类知识，人云亦云而已。而要是换成搞鸟类的来揣摩，也很难说清楚，因为有太多的词，本身就是随意的象征——一个词一旦象征上了，被借用上了，这个词的真义，也就不必苦苦追寻。

小时候读“鲲鹏之志”，读“燕雀安知鸿鹄之志哉”，又读“关关雎鸠，在河之洲”“争渡争渡，惊起一滩鸥鹭”，其实很少考虑作者说的到底是什么鸟，想得更多的是小人物与大人物，志向高远者与志向低微者，想的是历代道统学家们所说的“后妃之德”，想的是清晨水滨群鸟翻飞的美景。细细辨起来，燕雀大概是指那些低飞类的小型鸟，可能是柳莺之类，可能是麻雀之类，也可能是鹀类。而鸿鹄，可能是天鹅，也可能是大雁，甚至可能是各种猛禽。文学，有时候就是这样的折磨人。而“关雎”就更是莫名了，余冠英先生《诗经选》的注释倒是客观，他说：“关关，雎鸠和鸣声。雎鸠，未详何鸟，旧说或以为鹫类，或以为水鸟类，近人或疑为鸠类。”

我第一次真正见到燕雀是在陶然亭的“华夏名亭园”里，陶然亭由于开发得过分的透亮，绝大部分地方藏不住鸟（当然，东边的“孔雀家养园”，时常发出一种类似婴儿啼哭的声音，让你以为这里面鸟类很丰富），湖里的野鸭，只见到绿头鸭、绿翅鸭，也见到了两只鸳鸯。它们游近方石垒起的堤岸时，常常激惹得游人一阵骚动，想讨好孩子的家长或者家长的家长们，赶紧掏出面包，往水里抛撒，希望野物们多多停留，让它们的子女们嬉戏和欣赏。

华夏名亭园过去是园中园，单独收费，公园门票从2毛提到2块之后，园中

园的收费取消了。有一天下午四点钟开始，我在里头瞎转，除了乌鸦、喜鹊、灰喜鹊、麻雀之外，看到了灰椋鸟，看到了八哥（八哥也是南方鸟，在北京可能是逃逸的），看到了北红尾鸲、星头啄木鸟、黑尾蜡嘴雀、珠颈斑鸠、红胁蓝尾鸲等。说起来这是我第一次独自观鸟，以前多半都随大队人马同行，有什么发现全仰仗老师们作判断，这次则算是一次小小的考试，能把进入视野内的所有鸟作出准确判断，内心窃喜，有时甚至是狂喜。想来观鸟者都需要独自进行观鸟的，下的判断不但要令自己信服，往往还要给不懂鸟的人传讲，准确率非常重要。是雌是雄，幼鸟还是成鸟，亚成还是繁殖，三岁还是四岁，可能提拎不清楚，但分清什么科什么属什么目，辨明其大体的分布范围，是候鸟还是留鸟，想来还是必备功夫。

华夏名亭园大概在五点半就有人在那喊“要关门喽”，开始对游人一一定点清除。只有湖边的垂钓者，坐在“禁止钓鱼”的牌子边，一钓就是一天，他们对这些摇铃喊叫的人，不作任何的反应。看他们没有反应，我也就不急，坐在“杜甫草堂”边的草地上，向西看去。

燕雀

望远镜里一时间竟然有五种鸟同时出现，戴胜、大斑啄木鸟、锡嘴雀、灰椋鸟，那么还有一种是什么呢？它比麻雀略大，身上有红也有黑还杂着些白点，有些头是黑色的，有些偏灰，有些甚至全身都以灰色为主，它们可不是一只两只，而是一小群，有的小心地落在地上，有些还在树上攀援。

大体特征都记清楚后，我赶紧掏出《中国鸟类野外手册》来乱翻，根据它的嘴形啊身形啊、行为姿势啊等特征，我猜可能是一种雀类，于是就到雀类里边瞎对应。这时候一个中年妇女走过来，问：这是什么鸟啊那么漂亮？这时候我正好看到了燕雀，心中一亮，决定就是它。于是随口答道：这是燕雀。“哦，燕雀，真漂亮，你看它头上的那个角，多好看啊，像凤凰似的。”我赶紧追着纠正说：“哦，不是不是，你说的那只鸟叫戴胜。戴胜的意思就是顶上有个漂亮的东西。”“戴胜戴胜戴胜，谢谢你，我记住了。”可是我担心，虽然戴胜是中国古代人取的名字，许多书上都有，可她真能肯定戴胜二字怎么写

吗？

细细分辨之后，我发现燕雀的小群中，有四个类型，对着书查，我发现里面除了燕雀的雌鸟和雄鸟外，可能还有苍头燕雀的雌鸟和雄鸟，苍头燕雀的雄鸟与燕雀的雌鸟长得颇像，但是它的雌鸟长得全身以灰为主，而在这个群体中，有那么四五只呈现出这样的形状。我自作主张，将其记为两种了，于是这一天，我在陶然亭里，看到了十八种鸟，包括一只在天上盘旋偶尔如喜鹊一般扑楞翅膀的雀鹰。

一认识了就常见了，后来几乎每次观鸟都会见到燕雀。这也是因为赶上这段时间正是它的迁徙过境季节。2005年5月初随北京师范大学的赵欣如老师到北戴河去做环志，一天早上，北戴河环志站的站长杨金光送来一只燕雀。这只燕雀，让大家折磨了整整一个上午。直到实在担心它不行了，才放飞。

赵老师此行的主要目的不是为了环志，而是为了拍环志的教学片。他要求必须拍得准确而优美，所以随行聘请了两个摄影师、摄像师，翻来覆去、颠来倒去地拍摄，拍了头形拍身形，拍了站姿拍仰姿，量了喙长头喙长跗蹠长翅长尾羽长还要量全长，拍了照片还要拍录像，拍得美了还要再做备份，拍了科学的还要拍犯忌的；放飞的时候，更有七八台专业的或者业余的镜头对着它猛拍一气。由于用的是数码相机，拍的效果可以立时寻见，所以，稍不满意，就重拍。不只是燕雀，只要捕到新的鸟种，都会选出一两只健壮些的“代表”来，强迫其进行残酷的“拍摄表演”。所以，享受燕雀同等待遇的，有红尾伯劳，有蓝歌鸲，有蓝歌鸲（红点颏），有普通翠鸟，有黑尾蜡嘴雀，有金翅雀，有黄眉柳莺，有黄腰柳莺，有巨嘴柳莺，有褐柳莺，有东方角鸮，前后20多种——甚至还有一只喜鹊，据说喜鹊是很少被环志的，但既然“上了网”，被抓住了，怎么可能就这么放过它？

整个拍摄过程让人担心，不时有人用忧郁的眼光关注着它。摄影师和帮助燕雀摆姿势的人，也时常休息一下，让它喝点水，松开它，把它放在鸟袋里，置到荫凉处让其安静地独处一阵。能想到的办法也就只有这些了。赵老师说：“要做研究，难免就要对鸟进行伤害，但这应当是在允许值范围内的。许多动物福利主义者什么都反对，但我觉得，有时候，我们要像鸟一样忍受。要准确掌握鸟的各个细节，就必须对它进行详细地查验。当然我们要尽量避免对其形成伤害，实在撑不住的，尽早放飞，等待下一次机会。”

（2005.7）

“万牲园”养成的坏习惯

黑尾蜡嘴雀会吹一小段清亮的口哨，四五个音节，自娱或者交际。她们的模样为我所悦见，声音为我所喜闻，所以没事我也时常模仿。模仿得不像，可似乎是有用的。在河南董寨自然保护区白云站招待所前，有一块平地，高大的水杉和枫杨上，一只暗绿绣眼鸟悄无声息地逐枝觅食，一只大山雀则大声地噪唤着，不肯安份。

这时候，一只黑尾蜡嘴雀在树枝上游走。头部的黑深而广，肯定是一只雄的了。它在找什么呢？我噘起嘴唇，模仿起它们的口哨来。看来我学得还真那么有点像，我一出声，它就活泼了，寻找起声音的出处，身体也从离我稍远的水杉，跳到离我稍近的壮阔的枫杨身上。结果是我不好意思了，觉得无端欺骗一只鸟，很是不文明，悄然就收住了嘴。

珠颈斑鸠

灰喜鹊

灰喜鹊

鹪鹩

2005年6月份，去北京动物园采访“丰容计划”，又听到一只黑尾蜡嘴雀在吹口哨，同时四声杜鹃、珠颈斑鸠也在卖劲地呼唤异性——或者，只是为了练习各种曲调，或者像闲了的农民，在路上偶尔高兴地哼唱几声罢。当然这黑尾蜡嘴雀是野生的，它们没有被关进笼子里，没有成为其他那些用来展示和作科普、供人愉悦的来自世界各地的动物中的一员。我查了一下，动物园的“天然林”里，灰喜鹊和麻雀最多，其他的也就是喜鹊、灰椋鸟、大嘴乌鸦、八哥、白头鹎这些常见物。

据说北京动物园已经快满一百岁了，动物园所在的位置，有些地方原先是明朝的皇家御园，后来到清朝时又是什么“三贝子花园”，再后来成了慈禧太后的“万牲园”，当时这是一片很大的湿地。由于这片地方与古代的皇亲国戚相关，因此是“北京市重点文物保护单位”。但就是在一百来年间，中国的动物园工作者，似乎没有很认真地考虑过“动物福利”和“游客福利”。在今天，除了作些强硬知识的传输，依仗动物本身展示出来的奇妙来让人获得愉快之外，动物园本身的设计和规划，并不能给人以多大的美感。坚硬而生锈的栏杆，粗糙的水泥地，随意刷涂的宣传标语，经常失踪的说明牌，乱搭乱建的商业出租房，绿得要发臭的沟水，这一切，游客或者说知识的学习者，包括工作人员和那些关在牢里的动物们，都必须秒复一秒、年复一年地承受，没有人想过去改善他们。

几年前，一个英国人到北京动物园做论文，此地对待动物的粗放和冷漠之势让他为之震惊。他没有办法改进体制内的人，只能想办法让动物生活得更舒

服些。于是就有了“丰容计划”。他到各个大使馆和商会去游说，也向一些大财团提交建议书，让他们出费用，赞助北京动物园里的动物“生活得更像在家乡”，把小小的天地安排得更加依从和照顾他们的本性。北京动物园对此项目当然欢迎，这个人拿到多大数目的钱，动物园就让他做多大数目的项目，而动物园本身，是不出经费的，最多偶尔在人手上给予支持。

这个项目说起来很简单，就是尽量遵从动物的本性，对其居所进行改善和重新安排。熊喜欢挠，喜欢爬树，喜欢掏蜂蜜，那就在他的住宅里，立些粗大的木头——但是只给死的，因为他们说活树不易移栽——在某棵树上还挖个洞，必要的话还在里头塞点儿蜂蜜，让熊掏着玩。比如白眉长臂猴与几乎所有的猴子一样，都喜欢攀援，那么就在它的屋里，放更多的秋千啊树杈啊，地上的水泥地也给撬去，种上些青草什么的，平白地弄出个不太像样但已经很“兽道”的小自然来。有一个做得比较好的虎山，里面甚至看到粗大的乔木和浓蔽的林层，“生物多样性”和植物的层次感甚好，虽然只有一小片，想来虎们偶尔也能出现“回归荒原”的幻觉。让它们在幻觉中，提起活下去的兴趣。还有一种做法是打通墙壁和隔网，让一些互相间不会产生伤害的动物们呆在一起，而不是仅仅只有一类动物的一两只长期关押在一起，最显著的是非洲区，里面，斑马、鸵鸟、羊驼什么的，一起呆在一块相对开阔地面上，猛一看，还真有点像是非洲稀树草原区的共生动物族群。

筹钱不是那么容易的事，靠一两个人的力量和毅力，在管理者们看笑话或者说看热闹的状态中，“丰容计划”进行得颇为艰难。有了钱还不够，因为像槐树树干这样的多少还算合适之材，都时常无处可寻；只要稍微督导不严，缺乏专业精神指导下的施工方法和布置设计，就会出现诸多庇漏甚至潜藏着危险。

“丰容计划”很让北京动物园为之气壮，因为这个英国人还为他们争取到了2008年奥运会的一个项目，届时它将成为一个重点的游客访问点。据说中国有个“动物园协会”，全国各地的动物园听说了“丰容计划”，也想让英国人帮助做——当然，钱也是要他帮助筹，推动也是要他来出力气，计划书是要他来制订的，否则，项目就会自动停止。

看到一匹小矮马，偏着头，一心一意地走着8字，好像它在拉磨似的，地上，已经被它踩出了一个非常深刻的8字形的沟，这个8字并不大，最多三四米长，而小矮马就一直在沟里转啊转啊。观看者一片叹息，动物们，活得太压抑了，它们思念自由，思念家乡，哪怕在家乡自由地冻饿而死，也比拴在这间小

破屋里，天天被人类的目光蹂躏来得强。

其实参观动物园的人也是漫不经心的，而这样的人会有心思到野外去做观察和学习吗？观鸟者们通常都喜欢积攒和比较“所见种类”，动物园让观鸟者显然很是抵触，既使是“鸟语林”这样的地方，你看到再多的鸟，也不能算入你的“种类”，因为不是真正的“野外收获”。在采访的同时我还是看到了两只赤麻鸭，在一小塘绿臭的水中，凫游到我们的面前，“咕咕”而不是“嘎嘎”地叫着，向我们讨食。它是野生之物，却也在动物园里养成了向人乞食的习惯。让我一下子记起有一次在紫竹院，看到一对鸭子，既不是绿头鸭也不是斑嘴鸭，绿头显然被斑嘴勾兑走了一半，而嘴尖多了半块斑嘴鸭的黄斑，身体的特征也是各占一半。显然这是绿头鸭与斑嘴鸭的杂交之物。更有趣的是，它们也是一对呆在一起，远离其他鸭群，不知道姐弟俩，还是夫妇俩？在采访了云南农大之后，我开始明白，近交并不比杂交可怕，甚至在某种程度上，近交有利于物种的延续。

有机会时，就此向首都师范大学生物系的高武教授讨教。高武老师说：“在动物园看见的吧？只有在动物园他们才会乱来。”我们说是在紫竹院、玉渊潭和圆明园等地方看见的，高武老师说：“那肯定是动物园飞过去的。野外的鸭子，绝对不会干出这样的事来，它们之间有的有繁殖隔离，即使没有，也很洁身自好。而动物园里的鸭子可能是太孤独了，就像囚室里的犯人会出现性错乱一样，难免干出点荒唐事。”

但还是有两个疑问，一是这些杂交品种算不算新种？他们会不会继续繁殖？二是这些鸭子是从动物园里逃逸的？难道是因为迁徙途中，在动物园的水面上落过脚，对动物园的各种动物间的关系，参观、学习、考察、研究之后，才长出了这等本事？

（2005.7）

既取我子，无毁我室

《诗经》中有一首诗，叫《鸱鸮》，如果抛弃其可能本来就乌有的“寓言”成份，抛弃周公用来“暗地里警告皇帝警惕流言”的成份，那么这首诗讲的就是一只大鸟，在其子被某种“猫头鹰”抓去之后，含泪建筑“更坚固的住宅”时，所发出的哀鸣和祷告。

麻雀

燕雀

2005年5月份的“黄金周”，湖南望城县的人可能是疯了，他们不知得了一种什么病，集体对在某一块地繁殖的白鹭和“金丝雀”发起袭击；不仅是附近村庄的人，甚至连一些碰巧路过的旅游者，也上阵助兴。此地原本“山清水秀”，正逢鸟类的繁殖期，他们抓大鸟，捕幼鸟，吞食鸟蛋，毁其巢穴，砍树折木，踏草践泥，一时间，原本清静安宁之地，完全成了疯狂屠宰场，数千只鸟类在悲鸣中命丧黄泉。如此作为，也只有人类才干得出来。这些行为者，还带着胜利的微笑和作恶的快感，享受着“特殊体验”所带给的荣耀。没有一个人感觉到惭愧，感觉到有

景山公园的拍鸟爱好者

罪，感觉到不安。

最近，每到五月份，北京城里就突然多了四声杜鹃清亮而略带忧郁的叫声。开始可能是晚上叫，后来白天也叫；多半是躲在树荫里叫，有时也伏在电线上叫；你明明听到的一只鸟的叫声，可你放眼望去，也许是两只鸟正好在一起嬉戏。四声杜鹃是不太安份的鸟，一会儿在这叫叫，一会儿又在那喊喊，弄得全城一片杜鹃声。

这四声杜鹃是中国自“上古三代”以来最文学化的鸟类。过去的诗人们，只要写到旅途的哀愁，没有一个不用上它的；“杜鹃啼血猿哀鸣”这样的意像，成了中国文学最常规的意像。杜鹃在中国的文学里早已成了典故，“望帝春心托杜鹃”，用的就是蜀帝杜宇之典。这个典故被无穷尽地添油加醋，成了泣血思乡（子规）的代名词。古代的文人、商人经常在路上行走，坐船骑马徒步，总究都要经过大片大片的森林，大段大段的河流，都要耗费大量的时间，都要在驿站客馆里停留很长时间，此时此刻，那些极度意像化的典故，用起来就很顺手。

从当前的分类学来看，杜鹃分为很多种，大杜鹃、中杜鹃、小杜鹃，还有四声杜鹃、八声杜鹃、栗斑杜鹃、紫金鹃等，枝繁叶细，脉杂络纷，知识多得让人望而生畏，躲避惟恐不及。最为民间所熟悉的“光棍好苦”也好，“割麦插禾”也好，“布谷布谷”也好，其实多半是四声杜鹃。有那么一天我回北大，在未名湖边的椅子上坐着，听两只四声杜鹃在湖心岛上鸣叫。这时候正好遇几个诗人同学，当我跟他们说这是“四声杜鹃”时，他们一脸的茫然，最后我说这是“常说的布谷鸟”时，他们才知道我的“能指”。但掌握了知识反而是坏事，他们坚决不肯把布谷具像化为“四声杜鹃”或者“大杜鹃”，而且嫌这些词，“一点都不文学”。

北师大的“周三课堂”是坚持向社会传播鸟类知识的“夜大学”，已经延续了几年时间，在观鸟者中极有口碑。有一次周三课堂由李晓涛讲“自驾车观鸟攻略”，时间到了可主讲人还没到，于是赵欣如老师就借机会向大家建议“注意一下四声杜鹃”。他说：“昨天有个同学在网上发贴子，问，‘布谷鸟成天没日没夜地叫，到底它在叫什么？’于是我就想，这还真是个问题，我想发动大家今年一起听四声杜鹃的叫声，分析它们雌雄的声音是否一样？他们仅仅是为了求偶而叫还是为了提示领地权，或者是为了自娱自乐？除了‘阿公阿婆’之外，它们还会发出什么样的声音？它们在白天叫和半夜叫的意思是不是一样？等等，我想大家如果一块儿研究性地听上那么一个夏天，到它们不再叫的时候，我们可以开个讨论会，一起总结一下。可能很多东西就清楚了。”

接着赵老师的话题突然转向了“四声杜鹃为什么多起来”。他说，大家可能不知道，中国的许多大城市，杜鹃曾经消失了很多年，最近十来年才开始纷纷地多起来的。内中原因，跟一种鸟有关，就是灰喜鹊。大家知道这是什么原因吗？“在透露原因之前，我跟大家讲一个典故，希望大家用政治的高度来认识灰喜鹊。灰喜鹊一度是害鸟，后来拨乱反正，好像是在建国三十五周年的游行仪式上，在开过天安门城楼前的一辆‘成就车’上，站着一位林业科技工作者，他用口哨指挥着灰喜鹊表演。这个成就被大量报道，表明我国的科技工作者有能力驯化野鸟、掌握其习性，号召全国大量利用。由此，灰喜鹊是益鸟的地位日益巩固，以至于北京一个水库还曾想拉我去帮他们向北京科委申请科研项目，好像是‘水库涵养林的病虫害防治研究’。他们说发现了一种与灰喜鹊具有同样能力的鸟，其吞食森林害虫的能力也很强，名字叫红嘴蓝鹊。如果大家留意一下就会发现，灰喜鹊在北京，已是强势鸟种，接近饱和，快要成灾了。”

此前我正好看过一些文章，知道很多杜鹃是不孵化的，它们喜欢把卵产在其他鸟的巢里，让其代孵代育。而《诗经》的“曹风”中有一首诗叫《鸤鸠》，据说是“歌颂贵族统治者的诗，是统治阶级文人的作品”。诗分四节，第一节说：“鸤鸠在桑，其子七兮。淑人君子，其仪一兮。其仪一兮，心如结兮。”清朝陈奂的《诗毛氏传疏》对此诗作注解时，先引《方言》，认为鸤鸠是指“戴胜”；又引《尔雅》，认为可能是指“布谷”。高亨先生的《诗经今注》认为是“布谷鸟”，传说中，“鸤鸠之养其子，朝从上下，暮从下上，平均如一”，“作者在此比喻这个贵族对待儿子的始终如一。”

可实际上，杜鹃们是不喜欢自己孵育的，鸤鸠不太可能是布谷鸟。大杜鹃的声音只有两声，很容易与四声杜鹃区别，它她们喜欢把鸟产在苇莺的巢里，苇莺体形跟麻雀差不多，而大杜鹃有时候看上去“像只红隼”，它的卵也比苇莺卵大得多，孵化出来后，两种鸟的个体差异更是明显，但好像鸟都喜欢大蛋，孵化时苇莺妈妈又被大杜鹃幼鸟张开嘴时鲜嫩的黄色所迷惑，所以很乐意孵化和喂养它，哪怕为此舍弃自生的后代。四声杜鹃则最喜欢把卵产在灰喜鹊的巢里，灰喜鹊多了，自然，四声杜鹃繁殖率就高多了。不过也许灰喜鹊这种代孵代育是有理由的，杜鹃不孵不育可能也不是简单的“懒惰”或者“聪明”二字所能解释。

了解鸟之后我益加地羡慕鸟，很多人都在谈论鸟巢，很多人甚至用“日落西山，百鸟归巢”这样的话。实际上，巢是鸟在繁殖期才修建的，所谓的“燕窝”，其实就是一种雨燕的巢。鸟巢一是为了让卵有个安放之处，二是让负责孵化的雌鸟或者雄鸟有个保证温暖传递的地方，三是让幼鸟在离家前能有个定点保护。一旦繁殖期过去，鸟巢多半就被废弃，即使第二年要再用，也得重新修葺一新才可。平时，林鸟多半站在树上，水鸟多么站在水边或者堤岸上。当然，像鹭类，也喜欢在树上站着休息。

这是人类最没法与鸟相比的地方，即使是留鸟，每天过夜的地方也未必一样。只要环境适宜，足够地隐蔽和安静，足够地清爽舒适，它们就能够在那待着，从来不考虑置办“房产”。可即使这样，它们还是躲不开人类突然袭击时所施加的血光之灾。

（2005.8）

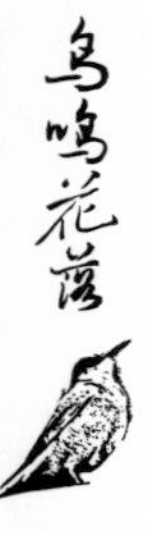

红耳鹎怎么出现在天坛

对观鸟者来说，《中国鸟类野外手册》算是一本必备参考书。看到什么鸟，一般都要拿出来翻查比对。这本书好处多多，要看鸟，几乎不能没有此书。但此书缺点也有，用上一段时间后，大概较为明显的有两处，一是本书的鸟是画的，不是精选的照片，所以颜色上总是有那么一些偏差，要不是有人带着看，一些鸟难以找到合适的“答案”；第二个缺点是所绘的分布图，与实际观测记录有出入，有些鸟甚至“出格”到了让人无法置信的地步。

大概是在2005年4月初，观鸟网上有人贴上来一张照片，说是在中山公园游览时拍到的，自己不认得，在网上到处寻找帮助，最后找到观鸟网，请“各位大虾”帮忙认认。照片的桃花繁盛处，有一只太阳鸟正在吸花蜜。太阳鸟是福建广东一带的常见鸟，按道理北京根本不可能分布。大家在网上议论纷纷，最后认定，这是一只逃逸鸟，是黑心的贩鸟人从南方捕获后运到北方贩卖，买鸟人贪其美色，重价购回，在家玩弄时，一时疏忽给跑到野外了。

有人又怀疑这是“放生”者干的。中国的林业部门工商部门什么的，查抄到非法倒卖的野生动物，也是“就地放生”，工作一点都不精细，敷衍了事。加上中国有那么一批人，乐善好施，心地仁慈；一些寺庙有放生的专门节日。两相拍合，在某天，大家约好一起，拿钱从市场上买来野鱼野鸟野虾野兔长蛇短虫等生灵，拿到寺庙指定某放生池，一举解其束缚，以求得个人阴德的积累。然而中国的放生，很是率性和放肆。这放生纵容了那些捕鸟者，在广州，暗绿绣眼鸟两块钱一只，在寺院边“零售”，你这边刚刚放生走，他那边又张网捕到一群。许多人表面上看很仁义，实际上是大残忍，因为，有太多的人，做事过于草率，只图一时“道德投资”的畅快，不想由此造成的后果。几乎所有的放生者，放生都很不讲究，乱放一气，不问习性，不问来源，不管去路。

南方的鸟，在北方放生，等于让鸟受冻挨饿而死；万一水土居然适宜其勉强生存，自然又造成“生物入侵”，对当地的种类形成伤害。

北京现在时常能见到八哥，大概就是逃逸鸟，然后留下来就地繁殖，慢慢数量大了，就成了留鸟。在北京城区内几个比较好的观鸟公园，如圆明园、天坛、颐和园、玉渊潭、紫竹院、香山、陶然亭等地，都有可能看到。有人说八哥不太能学说话，会学人说话的主要是鹩哥，其实好像都一样，他们都是刘禹锡所讥讽的“百舌鸟”，北京好像还很少有人在野外见到逃逸的鹩哥。画眉也是长江以南鸟类，北京人笼养了那么多，想来逃逸的不在少数，南方人到北方可以适应其干燥与严寒，但画眉，逃出去后，除非他能在有生之年长途迁徙，回到南方家乡，否则，多半只有死路一条。

话这么说好像又太绝对了，白头鹎就是一个很好的反证。看《中国鸟类野外手册》等书，白头鹎的领地在黄河以南，与广州、深圳、三亚等城市的关系，就如麻雀之于北京的关系。据说1996年左右北京就有观测记录，当时以为是逃逸或者放生所至，现在看来，白头鹎在北京已成为强势鸟种，北戴河也常见；最近两年，在兰州等地也有报告。

说起图谱上的可质疑处，又让我想起2005年5月初在北戴河某招待所的楼顶上，看到的一只灰头鸫。灰头鸫也是南方的鸟，在云南的香格里拉等地很为普遍，当地藏族人很喜欢他的叫声，把它称为“下扎”，同时把所有叫声好听的鸟，也称之为“下扎”。看鸟谱，似乎济南一带有过迷鸟的记录。当时一只孤零零的“疑似灰头鸫”，站在房脊上，由于我是第一次目击，记下主要特征后就赶紧翻书比对，翻来翻去，只能是它。接下来的几天正逢“北戴河国际观鸟大赛”。于是有人把它算到记录簿里，提交给了组委会。组委会的专家在评审时，认为“根本不可能”，于是就将其删除。此时我因为不能提供其他的证据，尤其缺乏清晰的照片，只能听之任之；而目击的两个人，又因为关系亲昵，有“共同作伪”的嫌疑，自然难以让专家信服。那么如果不是灰头鸫，我看到的又是什么呢？北戴河环志站的杨金光站长说，有一天他的沾网上，捕到一只“金眶鹟莺”，开始时没认出是什么，查图谱查了好几遍，才确定是它，可北戴河根本不可能有分布。于是他就怀疑起来：难道我握在手上的这只鸟，是只怪物？

无论什么样的观鸟者，大概都有疏忽大意的时候。红耳鹎的现形就让人大吃了一惊。“自然之友”观鸟组的著名志愿者李强，负责天坛鸟类调查，已经进行了快两年。这一段时间，为了追求进步，每个周末，都跟着他到天坛学习

苍鹭

观鸟。白头鹎的声音很是嘈杂难听，沙哑而带有一点点的恶意，容易让人心烦。在天坛的实习苗圃里，我和几个人看到了一小群白头鹎之后，对它的叫声已经产生了疲惫感，所以当某棵柏树上又传来“疑似白头鹎”的声音时，大家毫不犹豫地说：“不用看，又是白头鹎，它们的声音真是吵死人了。”这时候李强不知道从哪儿钻过来，他说，不是白头鹎，我看到它的凤头了，大家再细细看看。

林老师、陈老师、侯老师、杨老师等人，都来了精神，拿着双筒到处扫。在一棵柏树的树尖枯枝上，大家看到了一只鸟，有

黑鹳

长耳鸮

白头鹎

凤头䴙䴘

着黑色的如犀角一样的尖状凤头，棕褐色的背，白喉咙，眼的左下角有半月状的白点，白点上是块稍小的半月状的红块，黑色的脚爪。同时也有人看清了它的臀部，如大班啄木鸟一样，是明显的红色。

但是，这是红耳鹎吗？如果是，它是从哪来的呢？由于只有一只，大家先开始还犹疑着不敢下结论，经众人目光多个轮次的普查巡视，大家才确定这只鸟是一只红耳鹎。后来在桑树旁边的灌木丛里，同时看到两只红耳鹎，大家的心才稍微安定下来。

红耳鹎主要分布在广西、广东、海南和云南南部，以及南亚次大陆等地，别说黄河以北，就是长江以南的不少地块，按道理都不可能见到它的身影。可是却在五月末的一天，在北京的天坛公园里，同时看到了两只以上。

中午，大家坐下来总结时，眼睁睁看着红耳鹎作为在北京地区的“新发现”，亦喜亦忧。因为白头鹎大量在北方存活，据说有一个原因，是因为全球气候变暖。全球气候变暖的直接证据是冰川，包括南极冰川、北极冰盖、喜马拉雅冰川等在快速融化。但对于城市人来说，好像科学家在拿编造的故事来吓唬人，来压制人的放纵。世界自然基金会的专家们就为找不到“身边的证据”来说服那些不相信科学的人而苦恼。也许，带那些故作镇静的人，去天坛看看白头鹎和红耳鹎，以及八哥，是一个让其相信“二氧化碳和甲烷正在让地球变得热不可耐”的好办法。

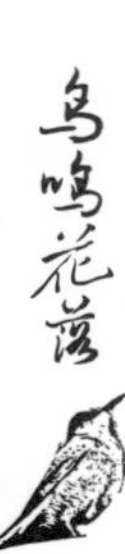

（2005）

在想像学与生物学中徘徊

在今天，如果用生物学的眼光看“诗三百篇”，处处都是“科学术语”，离开了生物，几乎诗句就无法前行。这也是过去的诗歌与当今诗歌的最大不同处，过去的诗歌有劳动，有直感，诗人与他所写的生活有直接关联。虽然说因此而一个诗人写的诗不多，更多的诗是无名氏创作或者集体创作，但总究比无病之吟、无痒之挠、无鼓之响、无雨之润，要好得多。

许多人跟风倡导应当多读《诗经》，因为孔子老先生不但说过“诗无邪”，而且说读诗可以“多识鸟兽虫鱼名”。但《诗经》的鸟名仍旧是“想像学”重于“生物学”，比如《诗经》中有两首名字叫《黄鸟》的诗。一首在“秦风”，是惋惜诗，公元前621年，秦穆公死，参照秦穆公的遗愿，杀一百七十七人为他殉葬。《左传·文公六年》说：“秦伯任好卒，以子车氏之三子奄息、仲行、针虎为殉，皆秦之良也。国人哀之，为之赋《黄鸟》。”可见这是一首“以点代面”的挽歌。“三章分挽三良，每章末四句是诗人的哀呼，见出秦人对于三良的惋惜，也见出秦人对暴君的憎恨。”（余冠英《诗经选》）。一首在“小雅”的“鸿雁之什”，余冠英先生认为此诗“写离乡背井的人在异国遭受剥削和欺凌，更增加对邦族的怀念”；诗中用黄鸟来比喻“剥削者”，呼吁其“无集于桑，无啄我粱”。

《诗经》中以鸟为名或者因鸟而名的诗不少，想来是因为古代的人都在劳动中生产诗，与自然的交往密切，所以眼中有鸟，于是常见鸟类或者美貌鸟类就大量进入诗歌中。如“小雅”“鸿雁之什”中有《鸿雁》《鹤鸣》，“豳风”中有《鸱鸮》，“唐风”中有《鸨羽》，“郑风”中有《女曰鸡鸣》（鸡属于鸟，西南林学院的韩联宪老师在《中国观鸟指南》中定义说，“所有有羽

毛的都是鸟”。鸡本是从原鸡驯化而来，在古代，“鸡栖于埘”，比起今天的“笨鸡”，具有鲜明的半野生性质）；如果加上开篇的“周南”的《关雎》，“召南”的《鹊巢》，“邶风”的《燕燕》、《雄雉》，“鄘风”的《鹑之奔奔》，“齐风”的《鸡鸣》，“曹风”中的《鸤鸠》，“秦风”中的《晨风》（据信“晨风”是一种鸟的名字）；“小雅”的“生民之什”中的《凫鹥》，“甫田之什”中的《鸳鸯》、“臣工之什”中的《振鹭》，再加上“商颂”中的《玄鸟》等。而诗句中提到的就更多了，如“召南”的《行露》中有“谁谓雀无角，何以穿我屋”；“曹风”的《候人》中有“维鹈在梁，不濡其翼”；“王风”的《兔爰》中有“有兔爰爰，雉离于罗”等。在爱鸟人看来，题目里用到，语句中提到，想像中延及，《诗经》中满目都是鸟，几乎无鸟不成诗。

说到黄鸟，“周南”中的《葛覃》也有用到。此诗据说是写一个贵族女子准备归宁的事，几句之后就是“黄鸟于飞，集于灌木，其鸣喈喈”，余冠英先生在篇首说：“‘黄鸟’三句自是借自然之物起兴，似乎与本旨无关，但也未必是全然无关，因为群鸟鸣集和家人团聚是诗人可能有的联想。”他又在注中说：“《诗经》里的黄鸟，或指黄莺，或指黄雀，都是鸣声好听的小鸟。凡言成群飞鸣，为数众多的都指黄雀，这里似亦指黄雀。”而高亨先生的《诗经今注》则认为，《葛覃》反映的是“贵族家中的女奴们给贵族割葛、煮葛、织布及告假洗衣回家等一段生活情况。”他认为“黄鸟，即黄雀，身小，色黄。”

历代的学者们最喜欢做的一件事就是续注经典，稍有学识就要搜佚引残，对经典下手剖析。成千上百年积累下来，学者们的解释举不胜举，优劣互见。而在这里我能说的问题却只有一个，那就是，《诗经》中的鸟，其实多半是泛指，非要坐实，有时候难免失之于呆板。但诗人总究是要借物才可能起兴，而借用之物，在当时的生活中肯定也很常规习见，必须易让读到者眼明心亮，想来其所举之物，又有一个肯定确实的本体，只是不幸用在了诗歌中后，时隔日久，加上后来的学者离自然越来越疏远，其本来面目，杳然难寻。高亨先生的注释方法，都是很传统的，好像说明白了，实际上仍旧无法对应。搞得到今天，没有一个人敢说黄鸟到底是黄莺还是黄雀，即使确定了莺雀，拿《中国鸟类野外手册》来辨别，又会生疑，黄色的雀，虽然不多，也有好几种，而黄绿色的柳莺，至少有二十来种。那到底是黄雀？还是黄腹山雀，或是黄颊山雀、黄胸山雀、冕雀？是黄腰柳莺还是黄眉柳莺，或者是极北柳莺、双斑绿柳莺？或者干脆就是另外一些同样叫声好听、背部或者腹部沾黄色的小鸣禽？

拿起陆机的《毛诗草木鸟兽虫鱼疏》，或者拿起《说文解字》，拿起《述

黄胸鹀

异记》等笔记小说中的“羽篇”，拿起北宋《禽经》这样的“谬说之作”，好像都有一股极其的文学气在里头弥漫，即使不荒谬，也是粗略描述，夸异争奇，很少老老实实地作“分类和索引”，要想靠它们学习到知识，前提是要有丰富的实证经验，否则只能落下一头雾水，一脸茫然，一脑子胡涂账。

据说孔子曾经与其弟子讨论过鸟的妖与异的差别。讨论的起因是某种传说中的鸟，到底是“九头鸟”还是“九尾鸟”，孔子叮嘱他的学生要“搞清楚再传播”，因为九头鸟是“妖鸟”，九尾鸟最多只算“异鸟”，妖异之间，区别极大。后来刘伯温在《郁离子》中也有一条叫“九头鸟”，不过他的用意在于说“九头争功”：鸟进食的时候，每个头都争说这食物是它觅得的，打得死去活来，结果一口食也吃不到，饿死，互相掐架而死。

相信这些妖风异雨式的解释，不如拿起《山海经》，相信其内中对于鸟类奇幻之想。郑作新先生曾经把自己给《动物分类学报》创刊三十周年写的一篇文章《中国鸟类种类普查沿革和展望》作为三十多年后出第三版的《中国鸟类系统检索》的“序言”。文中他列举了中国古代对于鸟类的研究著作，包括《本草纲目》什么的，但单单没有提到《山海经》。《山海经》好像是一本地理书啊、生物学书啊，但《山海经》更像一本神话书或者说文学书，洋溢着中

国人对于自然“想像多于真相，幻觉重于视觉”的珍贵传统。

中国著名神话学者袁珂先生认为，《山海经》的“经”，“乃‘经历’之‘经’，意谓山海之所经，初非有‘经典’之义。”而实际上，《山海经》所感兴趣的鸟类，非妖即异，与《诗经》的“以常鸟入诗”完全不同，但二者又有诸多内在共生的暗道通连。

在《山海经·海外南经》中，随便摘出“比翼鸟”和“羽民国”条目，借管孔以窥豹，循蛛丝而见飞蛾。先看“羽民国”：“羽民国在其东南，其为人长头，身生羽。一曰在比翼鸟东南，其为人长颊。”再看“比翼鸟”：“比翼鸟在其东，其为鸟青、赤，两鸟比翼。一曰在南山东。”有个叫吴任臣的人认为比翼鸟就是“蛮蛮”，《山海经·西次山经》说：“崇吾之山，有鸟焉，其状如凫，而一翼一目，相得乃飞，名曰蛮蛮。见则天下大水。”晋朝张华的《博物志·异鸟》有条目说：“崇邱山有鸟，一足一翼一目，相得而飞，名曰蛮，见则吉良，乘之寿千岁。”又说：“比翼鸟一赤一青，在参嵎山。”元朝尹士珍撰写的《嫏嬛记》中有记载说：“南方有比翼鸟，飞饮止啄，不相分离，雄曰野君，雌曰观讳，总名长离，言长相离着也。此鸟能通宿命，死而复生，必在一处。”

传说虽然胡乱古怪，但神奇有趣，传说由简易演变为繁盛，正是典故习常化和浸润化的过程。由此，“比翼齐飞”这样的俗语才有了根基，《孔雀东南飞》这篇到目前为止大概在广泛流传的文学中最长的“叙事诗”才有了厚重的底蕴，白居易同样有叙事诗嫌疑的《长恨歌》的名句“在天愿为比翼鸟，在地愿为连理枝”，才有了鲜明的悲情。

（2005）

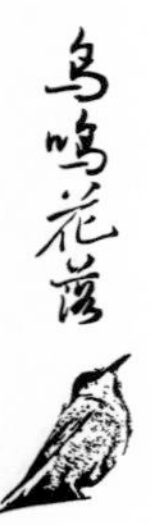

从喜鹊的巢拆起

“牛郎织女”的传说中，两位情人的七夕相聚，靠的是“鹊桥”。鹊桥是用什么搭成的呢？过去中国的文人想出了一个解释，是喜鹊们用羽毛搭成的，因此，七夕一过，喜鹊多半都“髡首裸身”，羽毛都为人类的爱情作了贡献。

小时候读“民间文学”，记得好像有个故事叫“百鸟学艺”，说是凤凰把所有的鸟都召集在一起，聘请了个“高级工程师”，让他们学习如何筑巢。鸟儿们有的认真听课，有的粗枝大叶，有的只忙着吃喝，有的则不管不顾耽于游乐。比起他们来，喜鹊聪明得恰到好处。

在学建筑手艺的鸟中，据说喜鹊学得最认真，勤学苦练，它们的巢，搭得相当漂亮。路边那高挂于杨树上的喜鹊巢，大概是所有鸟巢中最招人目光的。有人在北大一教边的银杏树上，看到一座“四层楼”，就是一些喜鹊长年搭建的杰出作品。据说喜鹊是很高明的建筑师，有些人曾观察到，喜鹊把头几根枝搭上之后，会跳到稍远处，侧着头观察这些枝条的建筑效果如何，而且它每次观察的位置都不同，多次观察之后，确定地基牢固结构扎实了，它们的工程才肯进行下去；在搭巢的时候，所有的鸟都会“脚嘴并用”，喜鹊更是擅长此道。喜鹊又可能是留鸟，它们的巢即使不处于繁殖期，也会苦心经营，所以在冬天你也能看到它们在营巢；由于年年都营同一个巢，它们的巢会越修越大。喜鹊还善于“作伪证”，高大的杨树上，有些巢是碗状的，也就是“门朝天开”，这些略显简易的巢就是伪巢。喜鹊球形的巢搭好之后，你会发现它们的门开在边上，外面看很粗糙，是些枯枝乱干，但里面装修得颇为精美和柔和，四周糊有羽毛，这样既不会漏进雨水，又让自家宝贝睡得稳盖得暖。

以前我用人类的思维来考虑鸟，以为鸟筑巢都是为了“日常的居住”，也

喜鹊

喜鹊

喜鹊

为遭遇大风大雨时有个遮蔽。后来才慢慢明白，鸟类筑巢，只为繁殖，繁殖期一过，多半舍弃；平时，用“风餐露宿”来形容它们，最合适不过，天气再差，它们也不会钻进屋内、“躲进被窝”。在北京松山自然保护区的“直升机取水处”旁边，看到两只褐头山雀在合作筑巢，当然，它们是夫妇俩，雄的忙着在一棵枯树上掏洞，雌的则帮助从水边衔泥啊什么的，或者就在离他一米左右的枝条上“望风”。泥是作“灰浆”用的，洞掏好后，它们还要“粉刷墙壁”。繁殖期是宿命，来自内心隐秘的冲动让它们无暇顾及其他，所以，即使我们一大群人在树下抬头张望，而且忍不住还时常“大声喧哗”，拿照相机啪啪地又捏又摁。而这对夫妇，完全沉醉于筑新房的喜悦和紧张中，心无旁骛，目中无人，一心为未来子女的安居而忙碌。后来在云南迪庆州香格里拉县的千湖山，也看到一对褐头山雀，显然，它们“饥不择食，贫不择衣，慌不择路，育不择处”，洞还掏错了好几处，从离地半米左右的枯树干一直掏到我见到他们时的三米左右高的地方。

鸟巢有的粗糙随意，有的精美细致；有的用细丝慢慢地织就，有的把几片大叶子缝合；有的费力地衔泥搬枝，有的则在石缝中随遇而安；有的小鸟住大巢豪宅，有些大鸟的巢却小得只容孵化时搁下它温暖的胸脯（头和尾都悬空在外）；有的鸟巢放十几个蛋也很安全，有的鸟巢一只蛋都可能放不稳。不管怎么样，它们都可以视为工艺品。啄木鸟到处钻洞觅虫，自然，它的巢也是树

洞。不过它的洞多半只用一次，第二年还不辞辛苦地另觅风水宝地。它们的老巢，荒废的可能性不大，普通䴓、灰椋鸟什么都往往会借用一阵。几十年前，著名鸟类学家郑作新先生在河南信阳的董寨下放劳动，指导、劝说董寨人悬挂鸟巢招引益鸟，四十多年从不间断，效果显著。有意思的是，董寨的鸟巢与常见的木头箱子不同，它们是陶罐，有四只耳朵，边上开个口，让东方角鸮什么的出入，有点“请君入瓮”的意思。这种鸟巢的缺点是容易破损，运输和堆放都得小心，挂在树上久了，还会裂开，掉在地上。

北京的喜鹊和灰喜鹊最近都很扎眼，它们是“近人鸟”，像麻雀一样不惧人，与人为邻，即使在繁忙的大街上，也能看到它们或者在树上站立，或者在路边蹓跶，或者从汽车顶上穿空而过。“喜鹊登枝”在中国被赋予了强烈的吉庆之意，很多人虽然不喜欢听他们嘎嘎的声音，但扛不过它们“是中华民族吉祥之鸟”。民间谚语中“花喜鹊叫喳喳”，“花喜鹊，尾巴长，娶了媳妇忘了娘”，应当指的是喜鹊；灰喜鹊比黑白蓝三色的喜鹊略小，它的头顶戴着黑帽子，身体的主要色调是灰色，翼上略有淡蓝，一条长长的菱形尾巴，也很容易辨认。

喜鹊不是猛禽，却是恶禽、黑势力，它们仗着体形粗状，兄弟朋友多势力强，动不动就欺负其他的鸟。不知道有多少多少猛禽被它们驱赶得无处落脚，对这批“黑白花”敢怒而不敢言。灰喜鹊其实很凶恶，它们虽然不是猛禽，但喜好拉帮结派，恋群意识、领地意识非常强，典型的黑帮团伙。单只的个体就不算小，一群群地冲过来，“鸟多力量大”，气势汹汹，大有独裁专制之欲望，其他的鸟往往望风而逃。结群时，肯定有只鸟站在高处放哨。一旦看到天上的猛禽来了，赶紧警告。逃命是有秩序的，讲责任的，放哨的那只鸟，一定拖在最后边。

其实猛禽来了它们也不怕，它们会群起而攻之。许多人都多次亲眼见睹“鸦鸶大战”——一群乌鸦围攻一只普通鵟，最后把它打得落荒而逃；在野鸭湖，我们也见过一群喜鹊驱逐一只红隼，那只红隼被逼得走投无路，落到草地上仓皇避让，还不肯休战，一直强迫它起身，赶出领地为止。在北戴河，一只刚刚被环志过的东方角鸮很是倒霉，它被关在鸟袋里困了一夜，上午被戴上环之后放飞，刚刚站在一棵杨树上略作休整，被一只喜鹊看见了。这下好了，一声呼叫，十几只喜鹊同时扑向那棵树，更多的喜鹊从远处赶来声援，东方角鸮被赶得有一种“上天无路，入地无门”之感。天坛的灰喜鹊也是“战功显赫”，像实习苗圃那样的肥沃之地，它们不许戴胜停留，不许斑鸠停留，不许

灰椋鸟停留，不许红尾伯劳停留，俨然占地为王，黑社会习气颇重。

喜鹊有成为“全民公敌”的危险，除了在城市里过度繁殖，还因为它们的建筑材料越来越先进和“类人化”，能捡到就捡，捡不到，就“偷”。某单位曾经找首都师范大学的鸟类专家高武老师求助，他们发现新盖的楼顶老是漏雨，观察发现，是喜鹊把房顶上塞缝的软胶垫给叼走筑巢了。有些捡破烂的人，甚至专捅喜鹊窝，有些窝里，能掉下十几公斤的钢筋。在野鸭湖，有人观察到一只喜鹊窝里有大量的玻璃绳；有一户居民在窗外拉了根玻璃绳晾东西，发现喜鹊老是去啄它，怜悯加上好奇，就把绳子全部剪短，放在窗台上，不几天之后，发现它们全被叼走。

可以说这是鸟类适应人类社会，善用新材；也可以说因为城市被扫得太干净了，只好如此创新。这种现象是福是祸？自然之友观鸟组的付老师说，北京的猛禽救助中心，曾经救过一只普通鵟，它的双脚被玻璃绳缠死，一只脚被捆扎得太紧、太久，不过血，最后坏死，只能截肢。

（2005）

寻找潜入词语中的鸟

走近书架，随便翻开1955年少年儿童出版社出版的《阿尔巴尼亚民间故事》，看到一篇关于鸟的传说，名字叫《胡里—派里鸟儿》。其故事某些部分有点像“七仙女与董永”（或者“牛郎织女”？）：老国王眼睛瞎了，让三个王子去找治疗的药，大王子和二王子没能完成任务；三王子骑上父亲的马出发了，这匹马告诉让他说，黄杨树下的一个池子里，每周五胡里—派里鸟儿都会来洗澡，她是世界上最美丽的女人；你要在旁边挖个洞藏起来，等鸟下来洗过澡，穿好全部羽毛，张开翅膀要飞之际，抱住她的腿。三王子照着做了，后来，经受种种考验之后，这只鸟成了他的王后，“一同快活地管理国家”。

越在朴素期的文学，鸟越容易进入人们的视野，进入人们的叙述中，因为那时候的人，天天都在与自然界打交道，而鸟又是大自然的精灵，他们精美的纹、绚烂的色、五彩的歌，被人类心灵捕获，就转化为同样精美的神话和诗歌。

每个人小时候都读过听过关于鸟的“民间故事”，如果有心收集，把全世界关于鸟的优美传说诗词歌谣汇拢一堆，完全可以编一本“鸟类传奇大典”。鸟是人类寄托飞行与自由的梦想最合适的载体，它既是人类对鸟的颂扬，也透露了人类对鸟的羡慕。我的一个朋友发短信说：“谁像那早春的鸟儿，有飞行

的翅膀，谁就有颗自由的心。”

于是我就想去梳理一下中国关于鸟的神话和传说。我甚至想专门收集一下用鸟来作比喻的成语，收集一下潜入诗歌中的鸟名，如“鸟人”、“鸟事”啊，“一箭双雕”啊，“一鸟在手胜于二鸟在林”啊，“鹬蚌相争，渔翁得利”啊，“天高任鸟飞”啊，“趋之若鹜”啊，“千山鸟飞绝，万径人踪灭”啊，“瘦如黄鹄闲如鸥”啊，“几处早莺争暖树，谁家新燕啄春泥”呀，“鸟去鸟来山色里，人歌人哭水声中”啊，“凤凰台上忆吹箫”啊，“昔人已乘黄鹤去，此地空余黄鹤楼”啊。读明末将领戚继光的《纪效新书（十四卷本）》“鸟铳解”，看到他对当时的热兵器“鸟铳”的解释：“既飞鸟在林，皆可射落，因是得之。”由此，自然又想到了“只识弯弓射大雕”。

读来读去，发现一个很惹眼的现象，就是离今天越近，鸟的具体名字用得越少，鸟的空泛之名用得越多；离自然越远，像“杜鹃啼血猿哀鸣”这样的传统意象袭用得越厉害。《诗经》里还有“脊令在原”，还有雉、黄鸟、鸳鸯、鸱鸮、鸿雁这些很具体的鸟。他们即使在今天无法一一对应，但大体的种类是明了的。也就是说，当时的人，有能力把每一种与其生活发生紧密联系的鸟的特征，进行准确地“起兴”，找到他们与所表达意像间的某种关联。但是，后来的人们，由于受教育的缘故，离劳动越来越远，于自然越来越陌生，就越来越流于泛指了。首先用得较多的是被高度意象化的寒鸦、杜鹃、归雁这样的词，如“数点归鸦啼远树，行人欲尽黄昏路”（魏野《茅津渡》）；“雁字回时，月满西楼”（李清照《一剪梅》）。用得最多的，是“鸟”字，如“目极高飞鸟，身轻不及舟”（梅尧臣《依韵和欧阳永叔黄河八韵》），如“松篁开晚径，鸟雀浴晴沙”（戚继光《王明府园亭》）。其他的，偶尔用一些白鸟、浴鸟、病鸟、归鸟、林鸟、晨鸟、鸟鸣这样的高度概括化的意象。他们就像中国的山水画一样，画只鸟在上面表达一种情绪就够了，用不着去指认画的是什么鸟，除非这类鸟的象征作用太明显了，如“松鹤延年”中站在松枝上的白鹤或者白鹭。

文学虽然不是科学，但文学应当有能力让阅读者和欣赏者同时也学习到一些科学方面的正确知识。而过多的空词泛指，原因只有一个，那就是有权写作的人，与自然界失去了血肉联系。目无所见，自然心无所感，无心所感，自然笔端无所流露，但鸟又是自然界很重要的一个“场景”，想逃开它根本不可能，惟一的办法，就是用最简单的词来代替。

2005年初，去满城都是山斑鸠的苏州出差，随便逛了逛“工艺品市场”，

黑水鸡

发现苏绣很喜欢以动物入绣。比如他们喜欢绣鸳鸯，细看才发现，有那么几片绣，两只鸳鸯全是雄的，因为都长得一样的高冠翘羽、鲜衣锦服。许多名为“清雅图”图案都是一只鸟蹲踞在梅花或者其他的树上，可是，这些鸟绣得都极随意，想长尾就长尾，想凤头就凤头，想在翅上点什么颜色就点什么颜色。对鸟再精通的人，也无法辨识他们绣的是什么鸟。文学艺术嘛，就是这般的随意和率性，就是这样的不需要自然界本体的依托。

让人不由得想起了凤凰。凤凰集结了人类对鸟的最美好的愿望，人类把鸟身上最美好的特征全都集结在一起，做成了一个超完美之作。然而可惜，它是一只空想中的鸟，虽然，与龙一样，成了中国人最重要的“女权鸟类”和“优雅鸟类”。（凤凰也经过演变才合一的，本是雌雄各异，时而凤为雄时而凰为雄，从传说中的司马相如《凤求凰》曲子来看，凤当属雄鸟。）

在《诗经》里，一个妇女在家思念远往的丈夫，就用“雄雉出门”来比喻他，用雌雉来喻自己。由此，雉在中国的文学中有就了思念之意。而鸿雁，过去的人以为他们能“传书信”，于是就有了雁书、雁字、飞鸿这样的字眼，由此用它们来表明在家思念征人者的“常用语”。

鹤多半被称为仙鹤，甚至大白鹭中白鹭小白鹭也被“鹤化”，大概是由于它的白，由于它的高飞，由于它的优雅。苍鹭被人叫成灰鹭，也被人叫成

灰鹤，又是因为什么呢？有一个词叫“驾鹤西归”，又有一个词叫“猿鹤沙虫”，《艺文类聚》卷九十引晋葛洪《抱朴子》：“周穆王南征，一军尽化，君子为猿为鹤，小人为虫为沙。”后来就用“猿鹤沙虫”指阵亡的将士或者死于战乱的人民。有一个叫周实的诗人写过一组诗，叫《痛哭》，其中第四首有一句说：“猿鹤沙虫同一烬，累累七十二荒坟。”戚继光是著名将领，他也写诗，其《止止堂集》有诗《甬东吕山人自蓟复游晋，因览天海，骊歌有赠》说：“所至猿鹤迎，何异归旧乡。”

古代的东西南北四个城门，分别用青龙、白虎、朱雀、玄武来形容之。在北京松山自然保护区看到普通朱雀时，有人对着图，忍不住嘀咕：“这朱雀是那个朱雀的朱雀吗？”原来我也没细想，他这一说倒勾起了我的求知欲。到各资料上翻查，不等有真知发现，却看到朱雀在当今的网络游戏中非常盛行。推广者们强化了它“南方之神”的地位，说是古代的人把星空分为四个部门，南方的部分联成鸟形，“像凤凰，但比凤凰更稀有”。

多少人用过“螳螂捕蝉，黄雀在后”？可谁知道这里头的黄雀是什么鸟？北师大的赵欣如老师在“周三课堂”讲《北京地区的雀类》时说：“能捕蝉的螳螂肯定是个体很大的螳螂；能捕大螳螂的‘雀’，肯定不是我们现在所说的雀形目的雀，它的个体也应当足够大，雀科的鸟平常都是食谷鸟，只在繁殖期为了育雏，增加营养，他们才食虫。综合种种因素考虑，他们应当是指黑枕黄鹂。”

（2005）

8倍望远镜前的家乡

20年，不过就是20年，从生态学的角度来看，我的家乡被彻底颠覆了。童年眼中的青山，是天然林，森严可畏，但也亲切可爱，它们的身体里藏着无穷的宝贝和乐趣。现在眼中的青山，是松树、杉树和以桔树代表的果树。山矮了，山薄了，山透了，山单调了，林下的生物少多了，山的经济性增强了，但山也变得危险和无趣了。

正在修的一条高速公路正好从我的小村庄边经过，沿途占山占田，拆房拆地。由于补偿费很可观，村里每个人都希望高速公路经过他家的财产——包括国家分配的地，也包括自留地。经过坟地，能补上三百块钱——虽然得不偿失。母亲的墓正好在规划的线路内，根据“高速公路办”的精神，中秋节前，必须搬迁完毕。

这正好给了我回家过中秋节的理由。出于习惯，我带上了一出差便装进包里的8倍望远镜和“鸟类图谱”。我在想，以前我对家乡的印象是模糊的，现在，在这样的家乡，我能清楚些什么呢?

“拾骨”进行得很顺利，父亲早就找了风水先生，新定了一块吉地，那块地就在我爷爷的墓边。他花两天清除树木和杂草，把挖出的土填到一段由田埂改造成的道路上。弟弟先到家了，先帮着干了一天，等我到达时，“主体工程”接近完工，立面垂直，坟窑也挖凿好了，爸爸、伯伯正在给顶上的坟包覆土，把它堆得“头高尾尖”，同时力求不错指风水先生定下的坟向——那是事关家族命运的。

过去村子靠田吃饭，近十几年来，勤劳的人们脑筋转活了，转而靠山吃山，田的草本农业只能供温饱，山的木本农业，则能带来可观的现金收入。按照

普通翠鸟

当地人的看法，山上如果种的不是竹林、松林和杉林这些经济林，如果没有种上果树这些经济树种，那么就属于“荒山”。珍贵的天然林甚至在林业局眼中也是改造的对象。不知出于什么样的居心，他们要砍掉这些荒山，“植树造林，改善环境”。政府的暗示，民间的自觉，我眼前的青山就这样一天天换了身份。现在我的村子，除了对面的那一小片山头可能因为“风水林”和饮用水源林的关系，受到不情愿的保护之外，其他的所有山地，全都被斧头柴刀锄头的火柴，从山脚开发到了山顶，蜜桔、芦柑、雪橙、柚子、锥栗、银杏、枇杷，只要是在当地能够尽情生长和尽情结果的，都被引进来种上了，村民互相间还达成默契，只要你开发了山脚，那么从此往上到山顶，都算是你的；现在无力开拓，可以等将来。有些残留的天然林，就在这种势利目光的注视下，苟且偷生。

村里过去主要种双季稻，现在则大量改种单季稻。单季稻正是黄熟时候，一车车的稻谷从田里拉回，摊在村边的晒谷坪里晒干、净化。有人来村里收购早熟蜜桔。卖桔子的人赶紧上山摘，一板车一板车经过我们面前。他们停下来招呼我们吃。离得近的人真的歇了手，从板车的箩筐那捧下一捧来，然后远远地分给大伙。有人担心桔子太酸，有人则不管那么多，剥开就吞下半个。

有鞭炮声响起，那是其他迁坟的家庭在宣告仪式将要结束。几只大山雀飞在坟

白鹭

边的树上吱吱地叫着，他们瘦小而灵活，夹在密叶间几乎难以看清楚，太阳光把叶子照得一晃一晃的，更是费眼力。白天我要干活，从家里出门前也没有想到要拿望远镜。但他们的声音我是熟悉的，我也看清了他们胸前的那一条黑带子。

其实家乡的鸟我认识得并不多。上大学前，我在这个村庄生活了将近二十年，麻雀长得什么样大概是知道的，除了因为常见，也因为有一个姨父老是拿霰弹铳打鸟，打得多了，还分送给我们家。有一次他用蛇皮袋装了半袋子来，当

夜鹭

池鹭

时父母干活去了，家里只我一人，我粗率地解开袋口的绳子，张开袋口往里一看，结果，呼啦啦飞出一群。这些麻雀当时只是被枪声吓昏了，并没真死。我一开口，给了它们活路。剩下仍有不少真死的，晚饭时母亲把它们全给做成了美餐。但我有时又怀疑，我所谓的麻雀，也许是同样常见的斑文鸟？

因为一直在上学，在农村里我属于手脚比较笨的孩子。我不太会做竹套抓田鼠，不太会用手抓黄鳝，更不会在冬天“看竹形找冬笋”，平常只做些砍柴扫地拔秧这些初级农活。我不会挖陷坑逮兔子，也不会用当地盛产的苦竹，做成“夹子”，拦在鸟们必然要经过的路上，等它们头钻进去时，一碰“消息”，竹夹绷紧，把它们活活卡死。我的很多同伴都是会做的，有一天他送来几只竹鸡——大概是灰胸竹鸡给我，又有一天另外一人送过几只“白鸠”——应当是珠颈斑鸠给我。我就是在这样的不经意中，在对他们才艺的羡慕中，尝过了鸟肉的味道。

是的，过去，在农村人眼中，鸟最大的效益是可以用做美味肉食。我们不吃不吉利的乌鸦，不吃吉利的“白鹭仙”，但只要是能吃的，都会想方设法抓获他们，以“改善伙食”。然而我宽容地想，农业时代是朴素的“生物经济时代”，在“生物经济时代”，让动物灭绝的，并不是猎户；让树种灭绝的，不是用树来做饭、取暖、盖屋、做棺材的人。这些物种的灭绝，是那些打猎来取乐的人，是那些动物皮毛来作装饰的人，是那些把天鹅绒当高级鸭绒出口创汇的人，是那些把割断鲨鱼的“鱼翅”来提高GDP的人。20年以前，我们村庄烧柴，用木头盖房子，一些胆大的农民在闲余时还扛起猎枪打野猪麂子和穿山甲，打山鸡（雉鸡），打野兔，不敢说这些动物越打越多，但显然没有妨碍他们的正常繁衍。

收工了，明天去把旧坟启开，破坏棺材，风水先生拣出里面的骨殖，装进父亲买好的陶坛里，然后抬到新坟这边；风水先生放进窑中，封上；坟门请泥水匠砌上砖刷上灰浆。旁边爷爷的墓有些坍塌了，也趁着这个机会，一并修整，也用砖砌个新的墓门，以前没有立碑，这次一并立上。两块碑上面，都刻着我三兄弟的名字，姐姐的名字，按照旧习惯，没有能刻上去。

趁着余晖，我跑回家里，取出放在柜顶上的望远镜。我听到了伯劳在小溪边的叫声，我猜它是棕背伯劳，但我不敢肯定。小小的斑文鸟，宽阔的嘴发出短暂而好听的哨音，结着小群从一棵树跃到另一棵树，有时候还跳到地面上吃漏在晒谷坪的谷粒；白头鹎和我在其他地方看到的一样喜欢吵闹，声音沙哑难听得吓人。我似乎听到了四声杜鹃的叫声，它们的声音与斑鸠的声音混在一起。还有一种鸟（灰胸竹鸡）我一直没见到他的身影，他一直在小溪边的某棵树上“气死人，气死人”（地主婆、地主婆）地大声吵闹，像是村里那些高速公路没有经过他家的房他家的地他家的坟他家的山的人，因为得不到短暂而显目的补偿，成天吵闹着要到省里去讨说法。

也许是近中秋的关系，天气很好，夕阳中，白鹭身单影只地飞着，而池鹭则往往结群掠过山腰，似乎有那么一只夜鹭慢慢地飞过，而苍鹭此时也肯定还在建溪的礁石上寂寞地等待鱼虾。在我的头顶，小白腰雨燕和家燕一起盘旋，他们中间也可能还夹着几只金腰燕吧？在村口的不久就要被砍除的被村人视为“风水树”的大樟树上，我看到了几只暗绿绣眼鸟，无声无息地在树上缠着觅食；而溪边，时常跃起白鹡鸰的“几令几令”的叫声。

我往自家的桔园走去，上小学的时候，这是一片巨木参天的原始森林，我们在里面拣蘑菇，挖苦笋；奶奶曾经说这里面有老虎，把我的哭声硬是给吓住了。但是现在，他是我家的桔园，树下的红壤触目可见，上面种了几百树各类柑桔。田垅对面也是桔园，旁边有几棵零星的杉树，那杉树上面，十几只红嘴蓝鹊在那嘈杂，望远镜中，它们红色的嘴分外鲜明。弟弟说，那不是“长尾鸟”吗？他一句话让我想起，有许多鸟，在当地都有俗称，而我们因为天天在学校呆着，能认识的十来种，现在也忘得差不多了，像大多数人一样，我根本不知道家乡的“自然本底”有些什么。恍惚想起白天在村里看到的鹊鸲，它由于喜欢在家家户户的房梁上窜来窜去，最喜欢呆的地方是农村人堆放排泄物和猪粪的杂物间，所以得了个不雅的外号，叫“屎坑鸟”。又想起八哥，它在春天总是跟在犁田的牛后面，一跳一跳地在泥水中觅食。又想起叉尾太阳鸟，它喜花蜜，好甜食，冬天残留的枝头的蜜桔很受它们欢迎，只需要把皮啄破，就可慢慢享用。有一年全家聚在一起过年，大年初一，姐夫为了娱乐，拿着汽枪，打死了好几只。对着摊在柴堆上的死鸟，他向我们炫耀他的枪法。

弟弟说昨天他在天上看到一只鹰，但是到底属于哪一种猛禽，他也说不上，他也无法描述他见到的这只鸟的性状，翼形尾形身形花纹颜色，只能粗略地说会在天上盘旋。他希望我今天能用望远镜看清楚。天太晚了，能看到只能是明天。我告诉他说，实际上没有一种单独的鸟叫“鹰”，只是人们习惯于把所有的猛禽都叫成鹰，但要是细细分辨，可能是鹰类、雕类、鹗类，也可能是隼类、鹞类、鵟类、鸢类。再说，闽北方言中，“鹰”与“鹞”的发音完全一样，我甚至分不清，我们当地人是用什么来作为猛禽的通称。

（2005）

蹲在千年古柏上的神秘

有一次“周三课堂”，赵欣如老师让某学生主讲了一堂“北京地区的鸮类”。学生虽然是仓促上阵，但仗着网络便利和个人才识，她那几十分钟倒也讲得自恰自安。

然后是赵老师的补充。他讲起小时候在北京城可以看到“足足有半人高”的雕鸮，看到有人蹲在街边卖过小雕鸮，看到屋顶上和冬天的白杨树上蹲着的雕鸮；谈到苍鹭（东方角鸮），说要是晚上到北京植物园去，能听到他们在“王刚哥，王刚哥，王刚哥哥”地叫唤，还谈到民间就因此而编排一个爱情故事，讲一个少女思念她的王刚哥，死后仍旧坚贞不渝，“王刚哥王刚哥”地声声不息。

后来在北戴河环志，在黑森林，每天晚上粘网都能有那么一两只东方角鸮被死死地缠住，解开时，在手电的晃照下，我们看到它眼中鲜黄的虹彩没有任何的畏惧和躲闪，但也不是恶狠狠地盯着我们，看得出来，这种个头不大的夜间猛禽，多少有些不明白在它们身上发生了什么事。把它们解下来，装进鸟袋，挂在旅馆房间的壁柜里，一天不理睬他，也没什么关系；只是必要的时候，得给它补点水。傍晚时候，从林子里就传来它同伴的声音，这个声音在我听来，并不什么“王刚哥”，倒有点像南方的池塘里听惯的蛙鸣。

几乎所有人都会下意识地把所有的鸮类称为“猫头鹰”，有一次去松山，一个老同志听到杜鹃的叫声后说，这好像不是猫头鹰的叫声，猫头鹰的叫声是“咕咕妙，咕咕妙”。在当晚的讲座中，首都师大生物系的高武老师谈起观鸟要注意记录和区别鸟类的叫声。几十年的野外调查，他已非常灵敏，听上那么一耳朵，就能说出是某某鸟，处于什么样的状态。而我们就不行，清晨起来，到沟里观鸟，由于雾大，能见到的不多，但听到的鸣唱交响乐却异常的丰盛，这随机搭配、自由组合的合唱曲，绝对在每一天都是绝版。可惜我们的耳朵又钝又背，能或多或少感觉到它们的美，却无法判别每一种鸣唱由哪根鸣管发出。逮上高武老师在身边，急急地问上那么一句，得到答案后，似乎是牢记心头了，但一旦下次再遇上，仍旧云里雾里像听从未学过的外语一样。

前不久去西藏采访，飞机路经成都，上的是成都的报纸，其中有一条消息，说某个市民捡到一只“小猫头鹰”，给它肉也不吃，给他水也不喝，没得办法，最后只能送到“鸟语林”去求助。由于报纸上的图很小，加上我对鸮类确实没什么经验，对着图谱比照上半天，不敢确定他是哪一种。因为我开始正儿八经地看鸮类，是2005年3月份在天坛看长耳鸮，才算起步；真正看清楚的鸮类，到目前也只有长耳鸮和东方红角鸮两种。

天坛的长耳鸮就蹲在圆丘东面的古柏林里，这片中国人心中的“吉祥长寿林”的北面是天坛建筑艺术馆。据说北京的劳动人民文化宫（太庙）里、国子监里，也有柏树林。有皇帝的地方都喜欢种植柏树，天坛那些备极坚韧的古柏，动辄上千年以上的寿数。树底下的青草，满是长耳鸮的唾余和粪便，树干上某些地方被粪便涂得白花花的。长耳鸮主要靠夜间出来抓老鼠维生，但也吃些小型的鸟类。几位坐在柏树下晨练和闲聊的老大妈，显然是这柏树下的“编外主人”，她们看我们一群人老围着那几棵树转个不停，想数清到底有多少只。就绕着舌头走过来说：“前几天它们把一只乌鸦的小孩子给吃了。结果那些乌鸦的父母不干了，纠集了一大群乌鸦，把几棵树给围得严严实实的。吓得这些猫头鹰只能逃走。”我们说：“您怎么肯定它们吃了小乌鸦啊？”她们说：“那还看不出来，地上有它们吞不下去的小乌鸦的毛啊。”一个生物系的学生，拿一个小的塑料袋，在地上收集了一些唾余，回去一查验，据说主要是老鼠，还有蝙蝠之类。

天坛的长耳鸮大约每年的九月底就零星着来，到次年的四月初才会走净。我跟着去的时候天气已经算是暖和了，所以长耳鸮的数量每周都在减少，多的时候有十几只，少的时候，只有七八只，更少的时候只有三两只，最后，我们挨棵树查看，一只也没看到。天坛的柏树不算少，但真正能吸引长耳鸮蹲踞的，只有那么几棵，这几棵树有个共同特点，就是密而高，隐蔽性很好。每天数以万计的游人从树前的路上走过，但抬头见到它们的人非常少。我们抬头看它们，拿望远镜瞄它们，甚至抡起手指对着它们比划，偶尔张开大嘴巴对它们失声嚷嚷，互相之间热烈地讨论，似乎都不能让它们为之心移。只是偶尔看我们实在不太像话了，才微微地张开一只眼睛，锐利的目光扫上一扫，然后又轻蔑地闭上。

据鸟类学家的共识，长耳鸮、短耳鸮、纵纹腹小鸮、草鸮的这些“耳

朵”，其实不是真正的耳朵，学名应当叫“耳状羽翼”，像是模仿兔子而长出来的装饰品。耳朵仍旧长在它们头的两侧。鸮类在夜晚出来觅食，观察他对人类来说就像观察星空天相一样，比较困难。夜间觅食有两个好处，一是它的夜视能力好，能穿透黑幕看到远处；另外一个原因是听力特强，夜晚四处安静，老鼠出动时，小脚踩在地上，划拉出一点小小的声音，就足以令它们命丧九泉，因为鸮类能在千分之一秒内，判定鼠辈们所处地位置，悄无声息地“爪临头顶”。听力好，是鸮类在夜间活得有滋有味的更重要的原因。

前不久去河北保定采访，保定有个很有名的古建筑叫“直隶总督府”，唐执玉、方观承、曾国藩、李鸿章等都曾在这里居住和工作过。李鸿章更是先后共任直隶总督长达25年。导游带我们到戒石坊前（这是过去的府衙定制，正面写着“公生明”，背面写着“尔俸尔禄，民膏民脂；下民易虐，上天难欺”这些字眼以时刻提醒为官要清正廉洁，据说是黄庭坚的书法），指着右边几棵柏树，说：“这些柏树有一个很神秘的现象，就是每到冬天，会有一群猫头鹰在这里聚集，到春天才走，年年如此，至今谁也不知道原因是什么。”我抬头一看，柏树半中间挂着个四面玻璃的木箱，里面，铁丝上叉着四只长耳鸮的标本。由于我一路上胸前都挂着双筒望远镜，一得空就到处观鸟，所以同行的人就拍着肩膀问我：“看到猫头鹰的尸体，你有什么感想？”

我翻着手头的“直隶总督府”导游册，发现里面有一张照片，冬天拍的，透光清亮的树上，“群鹰聚集”，至少有几十只长耳鸮蹲在一棵柏树上。看到它们种群数量庞大，我的心稍微宽慰了些；但猛然又紧缩了，这几棵古柏树形空荡荡的，不易隐蔽，按道理不为长耳鸮所喜，更不该像人类那样善于容忍“密集居住”。能解释这现象的原因，想来是因为它们环顾全城，发现能够居留的地方，只有“直隶总督府”。

河南的南阳和湖北的襄阳，争夺谁是诸葛亮的“躬耕”地，争了上千年，至少有一个好处，就是两个地方都修了“古隆中”和卧龙岗，修了三顾堂和武侯祠，无意之中，等于建设了一个小的生态保护区，让许多可怜的鸟类，仰仗孔明先生的仁德，有了一片小小和荫庇之地。我想，这些长耳鸮也是如此。参观结束后，我对导游说：“他们在这里呆着并不神秘，因为一是他们是冬候鸟，总得路过此地，总要有地方觅食；二是因为你们全保定城，也许只有这么一块稍微称得上安全和富足的地方，至少在夜间，无人来打搅；在白天，游人们不敢放胆来挑逗和迫害，最多只拍一拍它们的照片就得意而归。”

（2005）

向鸟类学家求救

中国志愿、热爱观鸟的人不多，在大学和研究机构里研究鸟类的人也不多。中国的观鸟运动发展得并不快，有块“碰额石”，就是缺乏专家学者的热心指导。到河南孟津黄河湿地观鸟时，来自洛阳的一位观鸟者苦闷地说：“我给当地林业部门负责鸟类的专家求救，可他总是说特别忙，腾不出时间来和我们一起去观鸟。不知道他们周末要干什么？”

北京虽然大，院校也很多，但可能是专家们对“社会爱好者”缺乏耐心，或者这些专家本身也缺乏野外经验和野外观鸟经验，或者他们不乐意把知识传播到学院之外，或者因为中国向来就缺乏知识社会化的传统，所以，心虚兑进了厌倦，笨拙强化了推辞，繁忙冲击了修养，弄得偌大一个京城，参与到观鸟队伍来的专家们，仍旧是少得可怜。弄得观鸟爱好者们，只能抓紧一切时间拼命进步，争取在最短的时间内成为高手、专家和“领队”。

首都师大生物系的高武教授就很好，20世纪90年代中期，正是他带着第一拨爱好者到北京西郊的鹫峰观鸟，从而启动了北京观鸟活动。现在他退休了，任何地方有观鸟活动，只要通知到他，他都欣然参加。带路，辨鸟，讲解植物学知识，顺便还谈起个人中诸多经历，讲起中国的自然保护区现状，讲起中国的鸟类研究现状。只要你聪明地追随在他身边，你会有无限的收获。

中国没有鸟类方面的“一级学术刊物”，也没有专设的一级学会，学者们要发论文，只能投到动物学报、动物分类学报这样的杂志中。中国似乎没有专门的鸟类研究所，大学也很少开设专一的鸟类专业。各个地方的鸟类专家，如果不是埋藏于科研院所，那么一定埋藏于“林业局森林资源调查大队”这样的机构中。

中国甚至缺乏鸟类的“管理机构”。我们有个“国家林业总局”，据说也“负责管理”中国的野生动物。这个局（部）过去设立的时候，是个功能很强的“经济部门”，目的只有一个，就是千方百计挖掘森林资源，将其转化为“经济优势”，为此，包括如何砍伐天然林，如何把天然林当成“荒山”再进行植树造林，包括如何把野生动物狩猎后化为出口创汇的毛皮、化为高级干部们餐桌上的肉食、化为贵妇们帽顶上虚荣。到今天，资源全线告急，许多人都在建议，应当化功利为公益，化开发管理为协调保护，为此，这个局当改为名“国家生物资源局”，以明确他们保护中国野生动植物资源的责任。

有意思的是，某些研究鸟类的人似乎只在实验室里解剖或者对比某一种鸟类的标本，真正到了野外，许多常见鸟都叫不上名字。著名环保作家唐锡阳先生的《环球绿色行》“中国卷”中有一篇名为“为什么我们要热爱野生动物”的文章，说他在北京认识一对夫妇，十足的观鸟迷，男的是丹麦人霍恩斯科，女的是中国人宋爱勤。当时，霍恩斯科在世界各地已经看到2000多种鸟类，其中包括在中国看到的800多种。霍恩斯科在中国西北一个鲜为人知的地方看到300多种，其中有60多种是当地的新记录。为此唐先生感慨道：“不要说普通的中国人，就是中国的鸟类学家，也达不到这种专心致志的程度。记得有一

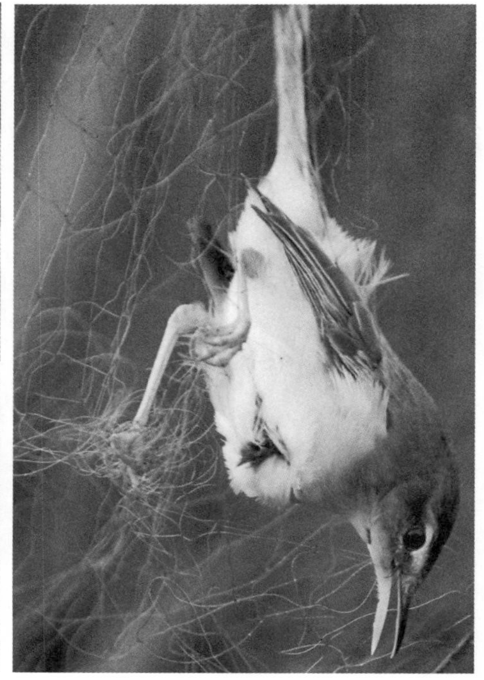

次，在北京的外国人组织起来去十三陵观鸟，邀请了我和马霞，还邀请了一位中国的鸟类专家。谁知道这位专家只习惯于在标本室里研究鸟，不习惯在野外观鸟，问他几种鸟都说不上名字。外国孩子都知道是什么鸟，而他只能回答：'可能是……'、'也许是……'我更是望尘莫及，躲得远远的。以后再去野外采访，也学会拿起望远镜了。"

不过，鸟类学家的权威性仍旧是不容置疑的，因为他过去会用解剖学、形态学来对鸟类进行分类，现在又加上基因测序的手段，就更加准确了。云南农业大学教授曾养志在他的鸟类标本收藏室里，自豪地对我说："我曾经纠正了郑作新的一些错误"。一问才知道，原来他是教遗传学的，自然知道采用基因分析的方法，而郑作新院士，更多靠的是个人的经验，也正是靠这样的眼辨心识的"宏观经验"，难免有时候就会出错。赵欣如老师说，柳莺是世界鸟类专家的难题，即使是像郑作新院士这样的行家里手，也难免会误判。"比如你拿某只柳莺请郑先生看，第二天结果和标本一块传回来，字条上写着是某某柳莺。然后你再拿着同样的一只鸟，再送去请他看，再送回来的字条，可能就会把这只柳莺误判为另外一个种。"

无论如何，鸟类学家们对中国的观鸟爱好者提供了最重要的学术营养。他们编制的书籍，他们做的论文，他们下的断语，他们参与的交流，他们发出的呼吁，终究让所有研究鸟类、爱好鸟类的人都借了光。用赵欣如老师的话说，他们的书，多半这是"开始时觉得很乏味，但随着你对鸟类了解的越多，就会越读越精彩"。北京师范大学的郑光美院士，好像是鸟类学方面的惟一的院士，最近出了一本书，在"观鸟网"上征订时，很受鸟迷们的追捧。中科院动物所何芬奇研究员，参与协助约翰·马敬能编著了《中国鸟类野外手册》，也是功德无量。而中科院新疆生态地理研究所的马鸣研究员，据说是新疆的鸟类权威。他们的研究成果，迟早都将是观鸟者们的必备圣经，必享的福泽。没有这些专业的论著，你有再好的器材，你有再闲的时段，你有再痴迷的愿望，最多也只能成为某个小区域的"向导"，而成不了有全局观念的、从观察鸟类起步再上升到学术高度的"新型专家"。

只是，我仍旧期盼，所有学者都能成为"公共知识分子"。他们能够把知识社会化，避免学院化，因为学院化，某种程度上，是知识死亡的前奏。何况这社会化绝对不仅仅是福泽于社会，对他们，也是很好的反哺。只是，我们是需要"建立一种机制"，还是继续依靠个人的性情和觉悟呢？

（2005）

苗圃奇遇记

随时随地观鸟是我的个人主张，我不贪奇异，只求有所目睹。现在每出差，必带鸟谱和望远镜，由此得名“鸟记者”、“鸟人”这样的称呼。到云南的迪庆州采访，当地藏语属于康巴方言，把小鸟叫做“徐”，由此当地人就称我为“徐记者”，想认识我的陌生人，不少竟然认为我姓“徐”了。姓徐就姓徐吧，有时候懒得和人交谈，就姑妄让误会流淌下去。

但平素要是在京待着，也该寻找个“训练场”，以便技艺有所长进，信心不至于荒废。北京有两个好的观鸟训练场，一是李强领队的“天坛公园鸟类调查组”，一是付建平领队的“圆明园鸟类调查组”。这两个公园算是开明，虽然对本单位“势力范围”内的鸟类家底不是那么的感兴趣，但调查组的人每次去，都敞开门迎纳，不收门票，让人为之感激。据李强和付建平的“个人观鸟简历”，发现他们鸟龄不算长，突飞猛进的时间也就那么一两年。李强说：“我就在天坛公园，踏踏实实地观上一两年，进步就显出来了。”

天坛去一次往往只能看到二十几种；圆明园鸟类更丰富，去一次能看到七八十种。可能是因为贪图便利，天坛公园我去得多些。“天坛公园有鸟吗？我怎么什么也看不到？”当我对朋友们说在天坛公园观鸟时，每每有人这样问我。鸟无论怎么样飞，似乎都飞不进人的眼里，更难以飞进人的心中。以至于有一次北京联合大学的学生陈曦，走在天坛公园的斋宫前面，看着掠过身边的无数游人，突然发出这样的感慨：“他们怎么就看不见那么美丽的鸟呢？”我理解她的意思，大概是说：“他们难道听不见大斑啄木鸟和灰头绿啄木鸟敲木头韵律？听不到四声杜鹃清亮而略带忧郁的歌声？看不到小柳莺还可以理解，但难道他们就看不到北红尾鸲那闪亮的白色翼斑？他们听不到乌鸦和喜鹊可以理解，因为太熟悉了，但难道他们也听不出斑鸠那柔和的咕咕声吗？这么美的自然，为什么不去注意，不去欣赏呢？我们的同胞，他们成天都在干些什么？”

在参加“训练”的人中，老年人是重要的支持力量。想来中国的老人一辈子都少有余闲，到老了，心境才突然地开阔，时间也突然地富裕，心态也突然出奇地平和，这时候他们要是迷上某一宗爱好，肯定是最铁定的拥护者。当然，老也有老的难办，毕竟，记性不好，行动不便，是两个小小的困难，但我见到的老人中，没有一个把这困难当回事。行走时他们从不落后，记不住的，就一遍遍地提问题、做笔记。时间一长，积累出来了，他们也很快就成了“大内高手”。

天坛有一块地最为“神圣”。我们都把它称为“苗圃”，似乎是个什么技工学校的实习基地，也是天坛公园花木的“实验场”。这里由于林种的生物多样性丰富，郁闭度也好，加上是园中园，“非公莫入，非请莫入”，少有游人的干扰，所以害羞的鸟，都会很聪明地找到这个地方。我们在这里看到了丘鹬，看到了寿带鸟，看到了丝光椋鸟，看到了宝兴歌鸫，看到了乌鸫，看到了黑枕黄鹂，看到了白眉姬鹟，看到了红耳鹎。在桑椹紫熟的时节，还像灰喜鹊一样整个整个地偷偷吞吃过不少。

最近又有消息传来，说天坛要从技工学校那收回这个苗圃的租用权，然后

丝光椋鸟

红嘴蓝雀

按照统一规划进行改造，似乎主要的方法就是把篱笆夷平，把里面改成通透。有人认为这样也没关系，因为苗圃只是鸟类的休息站，不是繁殖点。可人生绝大部分时间都不是在繁殖，鸟类也一样，他们更需要的就是大量这样随时可供它们停留、觅食、隐蔽、狂欢的生物多样性“休息站”。偌大一个北京城，现在这样的地方已经越来越少，能接待的鸟类也越来越少。

到目前为止，对整个天坛来说，苗圃是观鸟最重要的地方，这里总会出现些意想不到的收获。比如有一天，我们捡到了一只死的黑水鸡，黑水鸡是涉禽，只在湿地里活动，它有红色的嘴和绿色的脚，黑色身体两侧还镶着不太显眼的白边。我在云南东川的莲塘里，在武汉东湖，在河北安新县的白洋淀，在冬天的河南三门峡，在北京的苇沟和汉石桥，都见过它们。可为什么死在天坛？大家想来想去，只有一个可能，就是迁徙路过时，累死或者病死途中，正好掉落在天坛里。天坛没有水面，可有人看到白鹡鸰，有人看到鹗。白鹡鸰还情有可原，因为它会待在离水颇远的地方，我在拉萨市、昆明市、广州市的某些高高的屋顶都曾经见过它们，但前提必须是附近有水，哪怕是条臭水沟。鹗呢？它是吃鱼的猛禽，真正意义上的鱼鹰，会衔着尖利的木棍或竹棍蹲在岸边，然后用这工具来“叉鱼”。李强解释说，可能是它叉到鱼后，衔到天坛公园来吞食，或者路边休息一下罢？“住在船上的人，也有上岸办事的时候嘛。”

我们是周末去，事先虽然和天坛公园的负责人说好过，但有时候也难免遇上拦路虎。有一天，早上七点半多些吧，我们正在像往常那样推开虚掩的门径直入内，突然从旁边杏树林打羽毛球的“老年健身部落”中，冲过来一位老先生，把住门不让进。一时双方都在气头上，难免对上了几句口角，我们骂了人，他也狠狠地说：“现官不如现管，反正我就是不让你们进。”一时间僵在那里。大队人马只能面面相觑。

转折出现在意想不到的时候，这位老先生进到苗圃的小屋里，喝水或者擦汗，败火或者换气，几分钟工夫，他出来了，突然间变得极度客气，我们还在为自己的出言不逊而后悔的时候，他瞬间换了身形和态度，敞开门让我们鱼贯而入，嘴里说：“刚才对不起，你们随便进吧，以后再来，不用打招呼也行。”弄得我们反而尴尬起来，此后每要去进苗圃，都恭恭敬敬地到羽毛球场去打个招呼。

有一天突然又卡住了。同样这位老先生，同样的羽毛球场，同样的苗圃，不知为何，不让进了。“你们爱看鸟不看鸟，不关我事，反正我要下班了，今天是星期六，我是上夜班的，八点钟就下班，白天没人。我不挣那份钱，就不

三道眉草鹀

管那份事。”我们七点半到，离八点还有半个小时，李强说，哪怕让我们进个十分钟也行，到时候不用你叫，我们主动就会退出来。可老头就是倔强着，不肯通融。我们一想也对，对很多人来说，我们这群人，说好听了是在做鸟类调查，说不好听了就像在天坛特权旅游；这“旅游”别说对这位老先生，就是对天坛公园，对我们自己，对那些无处不在又毫不起眼的鸟类，又有什么好处？

尚存一点妄想。我们绕着篱笆走，希望通过篱笆墙的空隙，能多少有些收获。转到西面的树林中，看到几个笼子，看到一伙在那健身和闲谈的老人。笼子里养的不是沼泽山雀，不是画眉（画眉在杏树林的东边，至少有几十个笼子），不是大山雀，不是蒙古百灵不是黄雀不是黄腹山雀不是朱雀，也不是八哥鹩哥大紫胸鹦鹉，而是“红点颏”——也就是红喉歌鸲。它的头形从侧面看，有点像三道眉草鹀；整个身形与蓝喉歌鸲也有点像，只是蓝喉歌鸲的尾羽两侧上半截是红色的，而红喉歌鸲雄鸟喉下的那块红斑自下喙基部起就开始展开，不会让人误判误认。它的主人看着像是练武的，光着头，粗黑健壮，白布衫下的腿脚油光发亮。我们去的时候，他们可能正好在讨论房价和物业费，说些“普通人在这个社会没法活”之类的话。所以当我们嗫嚅着建议他把笼中鸟放飞自然时，他突然激动起来，说：“别听政府的那一套，养几只鸟，不会让它们灭绝，鸟只会越抓越多。真正让鸟灭绝的，是那些盖高楼的人，是给树木打药的人。天坛过去的鸟多极了，现在，你只能看到麻雀和喜鹊。”我们将信将疑，略带羞愧，略带愤怒，略带茫然，略带悲伤，继续我们的观鸟之行。

陶然亭则是我的“私人训练基地”。由于它离我家近，加上地盘也小，只要重点守住华夏名亭园就足够了，所以我去得也算频繁。湖边似乎也有个苗圃，是画眉爱好者聚集地，多半都是些衰朽的老人，或者是些无精打采的中年人，他们生活的动力，可能完全得靠画眉的歌声来挽救。我一方面愤怒他们的

残忍，一方面也哀悯他们的可怜。画眉的眼后有一道白纹，像是精工画上去的，它本是南方的鸟类，据说广州市还把它举为市鸟。捕鸟的人懂得，它美好的歌声来之不易，必须候其在森林里长到成鸟之后，跟妈妈学会了全套唱腔（画眉会“十几种口”），才可抓起来贩卖到城市，否则就算“废品”。鸟市中，画眉算是必备商品或者说常规商品，几乎家家都卖画眉，一个笼子挨着一个笼子，一层叠着一层。看上去蔚为壮观，想起来令人胆寒。如果细细查数一下，北京，至少有几万只画眉，有些逃逸的，跑到野外或者公园（有人在颐和园里见到过）里，但气候不适应，水土不服，食不合口，睡不安眠，友伴不合脾性，往往也就冻馁而死。

（2005）

凤凰是怎么显灵的

我总怀疑凤凰并不是纯粹的“神话之鸟”，有时候，可能是对身边异常美丽的某种大型林鸟的灵异化的结果。到今天，肯定还有人认为能在自然界中看到凤凰，或者把自己看到的某些鸟当成凤凰，就像有人相信大海中有龙那样。古代那些向朝廷和皇帝写奏折上报某地“凤凰显身”的官员，还真能把当时的场景说得绘形绘色。他们内心有一种激烈的兴奋和惶恐，同时，又有一种得体的卖弄与炫耀。

举些较古的例子吧。凤凰的传说最早似乎出自《山海经》，“南山经”的“南次三经”中有一条说：“又东五百里，曰丹穴之山，其上多金玉。丹水出焉，而南流于渤海。有鸟焉，其状如鸡，五采而文，名曰凤皇，首文曰德，翼文曰义，背文曰礼，膺文曰仁，腹文曰信。是鸟也，饮食自然，自歌自舞，见则天下安宁。”也就是说，一开始就充满了象征意义。后来，历代皇朝的大臣们，动不动就向上面汇报说某地有凤凰“翔集”。

汉朝刘向编的《新序·杂事》中，又对“凤凰”一意作了延伸。有一则说：“楚威王问于宋玉曰：‘先生其有遗行邪？何士民众庶不誉之甚也？’”宋玉回答了半天，说了什么“下里”“巴人”与“阳春”“白雪”在应和者数量的差异，“故曲弥高者，其和弥寡”；然后慢慢地引导到了这句话：“故鸟有凤而鱼有鲸，凤鸟上击九千里，绝浮云，负苍天，翱翔于窈冥之上，夫粪田之鴳，岂能与之断天地之高哉？”“故非独鸟有凤而鱼有鲸也，士亦有之。夫圣人瑰意奇行，超然独处，世俗之民，又安知臣之所为哉？”《春秋孔演图》说：“羽虫三百六十而凤为之长”。《宋书·符瑞志》说：“凤凰者，仁鸟也，……其鸣，雄曰‘节节’，雌曰‘足足’。”

红翅旋壁雀

再举个较近的例子吧。清雍正八年，一天，直隶总督唐执玉奏报说，正月二十日“凤凰见于房山”。雍正说：“此事已据府尹孙家淦奏报。又据尚崇廙报称天台山中见一神鸟，高五六尺，毛羽如锦，群鸟环绕，向北飞去。朕躬德薄，未足致此上瑞。”话虽然这么说，雍正九年，在房山立了一块碑，上面阳书“圣德光昭西山仪凤碑铭”，碑上有亭，是一座重檐攒尖顶的石砌碑亭。它们位于现在北京房山区燕山办事处凤凰亭路的东侧山坡上。

我们古代那些有权利占有和延续知识体系的人们，疏于观察却长于想像，昧于追索却乐于传谣，见闻狭窄却精于编造。同时，他们对自然界，有一种发自内心的虔诚，他们愿意把每一个普通的生灵，当成神灵来供奉，前提是，这些神灵，只能偶尔现身于他们书房和庭院。

在中国古代的“文体”中，有一种文体是最为杂乱而流行的，那就是“笔记体”，有点类似于“断片集”，又有点类似于某个人的“生活全记录”，其主攻方向，多半是个人在从政生活或者闲居生活中听到的见到的想到的读到的各种稀奇。这些稀奇与中国的“志异”、“传奇”的传统是一脉相承的。如果非要找些代表作，那么算得上集大成的就有《博异志》《东坡志林》《东京梦华录》《梦溪笔谈》《阅微草堂笔记》《聊斋志异》，以及《太平广记》等等。中华书局出了一套“历代史料笔记丛刊”，从隋唐一直排到清末，这些厚薄不一的集子，表面上看好像旨趣各一，但主宰其行文的套路和本底，却是大体相同的。因为好记奇珍轶闻，好搜罗掌故记录灵怪，所以内中甚至有不少

“科学记录”得以保存。过去的中国，官员只分“文武”，教育制度不像现在区分“文理工农医”，君子要学的“六艺”中，只有“数”这一门还理科，但并不是让人学习如何计算收入与支出，成本与利润，更不是为了探究“数学真原”，而只要是让其掌握些许的“奇门术数”，以获得察人断事的天助。中国古代出现那些数学英才，主要靠的是个人的自觉的志愿性的探索。从这方面来说，中国历代于科学上，很多成就，都属于“缘于好奇心的探索”，属于典型的“非职务发明”。

凤凰身上集成了所有鸟类最优美的部分。学者们“解剖”龙，把她掰碎了一一寻找来源，对凤凰也动过同样的手术。说它的头是某某，鸣声是某某，翼是某某，尾是某某，身形是某某，象征为某某，最早发现于某地，广泛流行于某时，通指泛用于某体，专一固守于某代。然而我总不太相信这些文人学者作出的“科学判断”，我总认为，凤凰其实是个很含糊的东西，有那么个大概的意思，但一定要确指起来，实在是非常难。只是因为我们的古代人，对于自然界，不太能够穷追不舍地调查，只能从小到大都抱着一种神灵化的敬畏，所以，自然界偶尔显现于他眼前的新奇，他们往往说愿意神话待之。清朝梁章钜的《归田琐记》，有几条记的是我家乡闽北一带的事情，梁也算是清朝的大员，做过按察使、布政使、江苏巡抚和两江总督，印象中也是个大学者，做了

白冠燕尾

一辈子的官，“案牍之余，勤于著述”，一生著作达四十一种。他晚年以疾引退，“则并不但无田可归，竟至有家而不能归”，于是“侨居浦城，养疴无事，就近所闻见，铺叙成书”。他与所有的官员一样好搜奇罗珍，而且心态颇为“开放”，他在《建阳二宝》一条中说：“或疑此语断不可信，余谓天下奇物，未可以目所不见，决其必无。既谓之宝，自有非意计所能测者。”

凤凰不仅是神话中的鸟，更是神化自然的鸟。起源并非出于想像，而是因为人类看到自然界中有些极其壮观的鸟之后，而对其产生的“爱慕之情”，然后集社会之力，化历史之功，将其强化之、成形之。颛顼是黄帝的孙子，传说他母亲梦见一条直贯日月的长虹飞入腹内，由此怀孕而生颛顼。颛顼十五岁时，被黄帝封于高城，并派往东部协助东夷族的首领少昊治理国政。东夷族“以鸟名官”，有凤鸟氏、玄鸟氏、青鸟氏、丹鸟氏、五雉氏、九扈氏等24种，全是鸟的名称。

他们真的是对鸟有所崇拜，还是觉得这些鸟与自己生活密切，顺手既艺术化又具象化地将他们当成了某个群体共同的“合作者”？在这些鸟中，肯定有壮丽的猛禽，有秀丽的鸣禽，有华丽的雉类。在这些鸟中，到底有哪一只真正的是凤凰的“自然本底”呢？

历来被人们视为“非意计所能测者”的凤凰，身上充满了“中国人的精神”。它华丽而祥和，它安静而内秀。我猜它的源头，是某些雉类，普通雉鸡的雄鸟非常好看，红腹锦鸡、白冠长尾雉、白鹇、白腹锦鸡、红腹角雉等更是美得让人目炫；但肯定也集成了其他鸟类的特长。戴胜个体虽然不算大，但其冠羽还是异常的迷惑人，而且算是半亲人的鸟类，较容易在生活的空隙里感知。至于像“天堂捕蝇者”寿带鸟——尤其是白色型寿带鸟，那种飘飘欲仙的长尾巴，肯定也能让目睹者如痴如狂。有一天去参观自然博物馆，赫然发现一只长尾鸡，尾长至少2米以上，浑身雪白，看“说明牌”才知，是我国勤劳智慧的劳动人民培养出来的观赏鸟。

中国过去的森林植被好，无论平原还是山地，无论是沼泽还是荒原，到处都是鸟类的乐园，即使中国人多半不乐意主动去观察自然，但在劳动中，在行旅中，在驿站作孤身的停留时，在与相逢者谈论个人的经历时，多多少少都会有那么几只鸟类潜入每位个体的生活之海中。尤其如果此人头十几年在乡村生活，万一其族亲中有个追踪某种鸟类的高手，或者本家就是个能模仿鸣禽欢唱的少年，那么这些粗糙的、随意的、率性的，时常带着猜测和想像的个体经验，多多少少会渗汇到社会的智慧和知识之河中。

但这些知识的体量是不够的，“凤鸟祥瑞”本来就迎合统治者的期待，能取悦统治者的情绪。为此，某些“非正规”的鸟类就给添加了无数的神秘色彩，他们被伪造虚添了不少“特异功能”——而本来，只要对某一种鸟类的习性作稍微耐心点的观察，诸多细节都能够了然于胸，也不至于对其作无端的神秘想。可惜从古至今，通过观察得来的经验少之又少，大量的认识，只是体力劳动和行为的随认随丢的“副产品”，正因为如此，我们生来，就有一种把所有鸟，优化、异化、纯化为凤凰的天分，麻雀有麻雀的象征意义，喜鹊有喜鹊的，乌鸦有乌鸦的。几乎所有的猛禽都被叫成鹰，几乎所有的鸮类都被叫成猫头鹰，几乎所有小型鸟都被视为“老家贼”。

对于太多的人来说，鸟类的象征意义远远超越他们的本有性情。徐渭的诗《绿矾彩鸡》讲了一个“小鸡变凤凰”的故事，颇近佛理。这首类似叙事诗开头便说：“有人持缣两束黄，云欲采药烂人肠”。一位“山中老翁”听了他的想法，“闻之不语股栗竖”，因为“人命其止千黄金”，于是悄悄地换了他的药。“此夫持向仇家饭，朝餐暮餐肠不烂；半年始觉毒无功，一掬不知翁所换”。后来老翁告诉了他内中原因后，这个人由此悔悟，“翁子邈然岂望报，由来福善天之道”；于是送了一只小鸡作为感谢，这只小鸡“翻波叫，不足奇，支翰一日五采衣。高冠雉尾耸一丈，紫光红焰青天辉；王泄山头飞瀑布，带长遥拂长练素；一百年来真凤凰，此鸡一跃上天路，还付郎君隐玄雾”。

过去的猎户在打虎夹狼时会打些鸟类作为贴补；过去草原英雄们，要射大雕以显臂力和准头；清朝的官员会在胸前“补子”绣上与他们品位相符的“云雁”或者“仙鹤”；过去的人们，早期用凤凰来作为他们对男性英杰的赞叹，后来，慢慢地演化，职能益来益专业，成为对女性尤其掌权女性、荣耀女性的象征。我想说的就是，凤凰情结对中国人来绝对不是无缘无故的，我们如此乐意把茂密森林中某只意外擒获的或者多人亲睹的“超优美鸟类”视为凤凰的真正现身，原因非常简单，就是因为我们是一个想像多于逻辑的民族，我们身上的文学能力和幻想本能，远远超过我们的科学本能，我们在屋内的玄谈能力远胜于我们实地的调研能力。凤凰只是我们想像得最剧烈的一种，其他的，或者说所有的鸟类——即使是天天生活在我们身边的那些常见鸟，我们的肉眼凡胎在看到它们时，也往往给它们沾上诸多荒谬而诱人的色彩，贴上诸多与它们未必相配应的图案。当想像的凤凰出现的时候，其结果只有一个，就是我们离真相的残酷越来越远，离迷醉的空虚越来越近。

（2005）

那拉提草原的蓝胸佛法僧

2005年元旦，随“北京绿家园”到河南的孟津黄河湿地自然保护区观冬天的水鸟，在一段险工边上，沿着“消能堤”——也就是让河水变得缓慢些，以减轻对泥岸冲刷的石堤——我们看到河道中的石滩上，停着成百上千只的雁鸭类水禽，间有那么几只天鹅在游弋。

突然间，一只黑白色的“翠鸟”在我们眼前悬停，它离水面五米左右，使劲地扑扇着翅膀，长嘴尖尖，眼睛直勾勾地向着河水刺探。张玲老师悄声说：“快看快看，这是斑鱼狗。如果它的头上有顶冠的话，那就是冠鱼狗。不过冠鱼狗比斑鱼狗个体大一些，它似乎也不太会悬停觅食。”

当时我们几位“初涉鸟滩”者，一时搞不清这几个字怎么写，也不知道为什么好端端的鸟为什么要叫狗，而且即使是狗也不该叫鱼狗啊。熊是吃鱼的，他们经常一家数口拦在大马哈鱼的洄游通道上狼吞虎咽，可没听说过狗吃鱼。张老师看我满眼迷惑同时又强装理解，追加了一句，说：“它们是鱼狗科，属于佛法僧目，翠鸟属于这个目，翡翠属于这个目，三宝鸟属于这个目，蜂虎也属于这个目。‘佛法僧三宝’，它们有一个共同特点是长得非常漂亮。”

后来又陆续见到了几次鱼狗，有时候离得远，分辨不清斑鱼狗还是冠鱼狗，有时候也懒得去分辨；但时时从心底里翻出来，觉得斑鱼狗觅食时的那种悬停特别的滑稽，到处向没观过鸟的人宣讲。5月份去河南董寨自然保护区，看到了白色型的寿带鸟和仙八色鸫之后，心大了起来，想按道理蓝喉蜂虎该在这一带现身，如果愿望强烈一些，运气好一些，也许能看上那么一眼。可惜几天下来，都是无缘，有人说在空中看它们飞过，因为见到它们那独特的算得上长的蓝尾巴。蜂虎能够吃蜂类，大概名字由此得来，它们个头长得并不大，嘴巴长而弯，能把蜂类噙住然后整只吞下。

佛法僧目的鸟，除了鱼狗科属于“黑白照片”之外，其余都有绚丽色彩。身上的颜色，大概就那么三四种，蓝、绿、棕、红什么的，拼贴的方法不同，裁缝得才能各异，就表现成不同的种类。它们选择的颜色，虽然明亮但却安静，看上去耀眼，却有一种祥和之气。佛法僧科中的“三宝鸟”在北京算常见的，但我因为资历浅、见识短、心昏眼拙、运气差、心不诚、不够踊跃等等原因，至今没有正儿八经地见过一面。

8月底，到新疆去采访中国科协2005学术年会。按照惯例，我带上了《中国鸟类野外手册》和双筒望远镜，想着在工作之余，顺便看上那么几眼鸟。当时想的是新疆有三种麻雀在其他地方不易见到，一是黑顶麻雀，一是黑胸麻雀，一是家麻雀，另外还有石雀、白斑翅雪雀什么的也可能被我碰上。如果碰上，我想好好地分一分这些麻雀与树麻雀、山麻雀的区别。

当地记者站的人告诉我，乌市的北边还有一片湿地，如果有空，可以上那去走一走，但结果没走成。乌市市区的鸟类真是不多，除了看到鹡鸰和家鸽之外，几乎别无所见。原鸽、岩鸽和雪鸽在新疆也有广泛分布，但路边那些停在电线上歇息的，到底是山斑鸠还是野鸽子？汽车一晃而过，通过玻璃我只能看个“山水画”似的大概，根本分不清。

工作完了是旅游。我们行车七百多公里，去了伊犁。伊犁在清朝以前，是新疆的中心，水草丰润，土地肥腴。伊犁人喜欢说：“不到新疆不知道中国之大，不到伊犁不知道新疆之美。”南天山与北天山之间的伊犁河谷，风景确实是美妙的，有着我所羡慕的安宁，带着一种淡淡的优雅。我拿它们来与西藏的雅鲁藏布河谷、尼洋河谷、拉萨河谷相比。它们都一样让我萌生一种强烈的愿望，希望这样的安宁之美能够永世传承下去，不再遭受任何人为的伤害。

旅行社安排我们去那拉提草原和巴音布鲁克的天鹅湖。那拉提草原是巩乃斯草原的一部分，围起来，就成了一个重点推广的景区。巩乃斯河是伊犁河的一条大支流，我们沿着巩乃斯河谷一路奔向那拉提。

我们先去的是“渡假区”，刚落地，下起了雾状小雨，我们因此得以用雨水浸润过的目光，看待这一片被开垦出来的风景区。有人要骑马，更多的人只能在空等着耗时间。我是运气的，不管内心多么强烈地想保护好望远镜，但观鸟的冲动让我仍旧时时举起了它，借着昏暗的天色，我看到了灰鹡鸰、白鹡鸰和黄鹡鸰，还看到了欧斑鸠，看到了雨中成批停在电线上梳洗的家燕。景区区间车开回来的路上，坐在我前面的一位女士突然发出惊呼：“这是什么鸟啊，

大天鹅

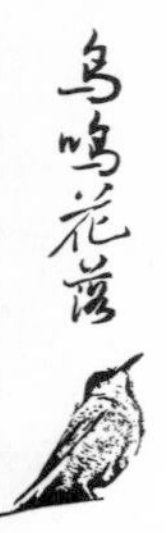

大天鹅

真漂亮，它的翅膀是绿色的，个头还挺大！”我赶忙顺着她的方向看，什么也看不见。我翻书按照她的叙述进行求证，也证不出个所以然，当时我翻到了蓝胸佛法僧，她看了半天，说“不像”。从分布图上看，蓝胸佛法僧在中国只在新疆的西北部有繁殖。而伊犁一带的天山地区，正好在其分布图内，我心中涌起了一种奢望。

第二天一早天晴了，我们得以顺利地去到了传说中的空中牧场。去过之后才发现，与巩乃斯河谷相比，所谓的那拉提“空中牧场”景色一般。空中牧场有一条小河，我们下车时，除了小嘴乌鸦和秃鼻乌鸦，以及中国最常见的猛禽黑耳鸢之外，四只似乎是鸥又似乎是鹬从低空中飞过，然后落在离我几百米外的浅滩，继续觅食。我追着它们看过去，首先确定它们是鹬的一种，它们的嘴长而向下弯，阳光一透，看也是红色；腿脚红，脖灰，身白，翅灰，翼下白，

翼上中央也有大片的白色，胸前有一条黑色的带子。我在鹬类图谱中徒劳地查找，哪一只也与它们对不上。翻来翻去间，想起当时在董寨看到白颈乌鸦时，图谱上也没有，只在后面的说明中有一个黑白的图例。那就到说明中去找。果然在黑翅长脚鹬的旁边，看到了它的说明。它们是鹮嘴鹬，数了一下，一共有八只。

下山的路拐弯多，一个拐弯处，一只鸟在前面的树桩上突然腾空而起，姿势优雅而美妙，不像其他受惊的鸟类紧张仓惶，它落在一棵雪岭云杉树尖上时，收翅很是舒缓。其形其态，其色彩构成与动作组合，无一不让人感觉到舒服畅快。车上所有看到的人都发出赞叹：这只鸟真漂亮！有些人顺势说：原来观鸟真的很有乐趣啊！能经常看到这么漂亮的艺术品。

这是我第一次看到蓝胸佛法僧，它有三十厘米大小。随后在往巴音布鲁克去的路上，两边的电线中，时常有也停留。有一次司机停车给轮胎泼水降温，透过窗户我看到正右方停着一只它。于是下车好好地把它看了个清楚，然后邀请所有顺手的人，看上一看。

巴音布鲁克保护区有天鹅，许多人都在我耳边这么说，好像这个世界上只有天鹅才值得看似的，好像巴音布鲁克只有天鹅似的。在顺着217国道向天鹅湖去的路上，在“天山观景台”边，看到一群红额金翅。它们在路边的小屋顶上停着，正叽喳间，突然，拍摄《东归英雄》的剧组炸响几声烟雾，它们一惊，转眼就无眼无踪。

当然天鹅湖是一定要去的。除了天鹅，还有七十多种其他的各式鸟类呢。

（2005）

人人都爱望远镜

2005年8月份，去伊犁，未到伊宁市，也未到巴音布鲁克，先被带到霍尔果斯口岸参观。这是中国与哈萨克斯坦的重要通商点，是新疆十五个口岸中货流量较大的一个。口岸这边，为了便利旅游者，开辟了一个“农贸市场”，里面是一个个真假货品堆积而成的小摊，与中国所有地方的集市构造一样，小贩们眼睛里闪着狡黠的浅光。

我因为胸前有个望远镜在晃荡，在这里受到异常热烈的欢迎。几乎每个摊主都对我招手，先说：“让我看看你的望远镜吧？”望远镜解除了陌生人之间单一的紧张感，解除了我们之间那种略带敌意的顾客与小贩的关系，我们的脸上荡漾起真诚的笑容。他们甚至忘记了向我推销那些廉价的奇特工艺品和舶来品。我欣然应命，他们拿在手里，首先是一阵惊呼：“这么沉啊，一看就是好东西。”

第三个摊主是个当地的中年人，他惋惜地说：“你没有保养好，里面进了水了。目镜镜面上的这些油倒没关系，你拿些酒精好好擦擦。”然后他拿起一个盒子，掏出里面的货物，是另外一个望远镜。盛情邀请我“看一看”。我拿起来看了一看，确实质量还好，只是外形显得太笨拙，为我所不喜。他说：“这可是个好东西，我把它拆来看过，里面有两个棱镜。你掂掂，是不是也和你的一般沉？这个东西是我这个市场里顶级的了，我玩望远镜十五年，我承认，它还是不如你的好，你才是真正的行家。不过我建议你，对它好好爱护，最好回家后马上用吹风机烘干，然后用酒精好好清洁一下。”

说得我不好意思起来。我自然不算是行家，对望远镜只知道使用，不够爱护，经常弄得它灰头土脸，很少去擦。最近用得尤其狠，几乎天天都挂在胸前，无论在哪有空，都要对四空瞭望。许多人买了望远镜后，多半都闲置在家，养尊处优，而这个望远镜跟着我，其结局只有一个，就是时而滴上几点口

水，时而蒙上几百粒灰尘，时而沾上一层油渍，时而被我的粗笨的食指划上那么一下，日日被我“横加虐待”，活生生“折磨至死”。

我已经忘记了这是第几次与望远镜爱好者交谈，几乎所有遇上我的人都要求试试我的望远镜，然后或者很专业地问：“这是几倍的？”要么就更专业地问：“能看到几千米？”我没想到，一副望远镜，迅速地缩短了人与人间的距离，让我们有话可说，有流可交。

“雪地鸦飞白纸乱涂几点墨，霞天雁过锦笺斜写数行书。”2004年冬天的龙门石窟，稍显宁静，当我从一只红尾水鸲雌鸟的身上抬起头来，看到一只苍鹭从伊河顶上缓缓飞过，直向白居易墓的方向飞去。站在岸边，甚至可以听到它扇翅的沉稳。当地几个农民，本来把我当成古董爱好者，稍稍靠近过来，露出衣裳里面的宝贝诱骗我。然而我的望远镜让他兴奋起来，他们说：“这是军用的吧，看得好远！”我毫不犹豫地脱下来给他们看，他们拿着看对面的石像，发出阵阵惊呼。

2005年底，在四川康定的木格错（野人海），看黑冠山雀仰得脖子酸累，正休息一下的工夫，一个当地人急冲冲地来到面前，问我“是不是望远镜？”他想借去找一找对面山梁上的“羊子”。他看了半天，似乎没找到，他的同伴抢过去找。接着他又抢回来继续找。两人用当地话咕噜了半天，也不知道是否有结

诱拍的红尾水鸲

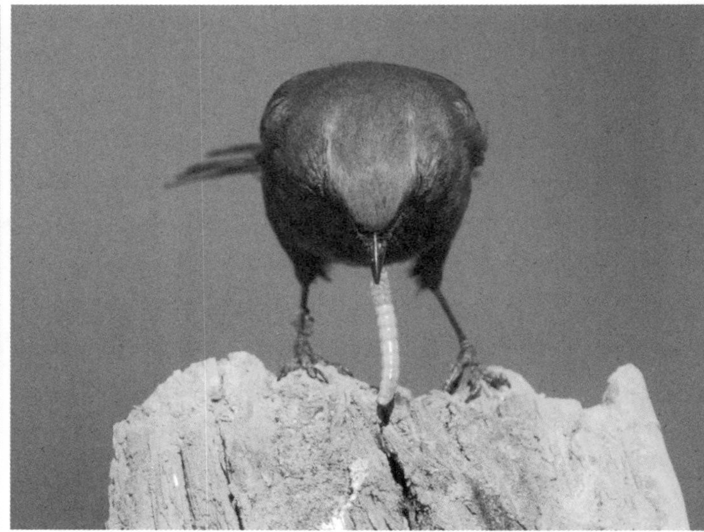

诱拍的红尾水鸲

果。我拿过来，也试着在山梁上找他的羊，但似乎看到的全是石头。野人海一面山上有树，另一面山上则全是石头——只有临近水面的地方有那么几小丛灌木。

2005年6月份，到西藏采访农牧业，被拉到人工复壮的草场参观，那曲地区的一位行署副专员，是个藏族干部，她看我似乎不专心听讲，光知道举着望远镜东看西看，就问我："小伙子，你在看什么？"我说我在看"经幡上的乌鸦"。她拿过去顺着我的方向一看，说真是啊，那站在经幡上的乌鸦，真是黑到家了。就是在这里，我看到了角百灵。

望远镜早已过了军用时代，除了用来看星星，大概只能用来观鸟，观鸟是望远镜民用市场利润最看好的一块。偶尔有剧场外面也有人叫卖，有人买来看球，看歌星。据说有个人一听到"军用"二字就激动得发抖，只要看到望远镜，只要有人告诉他这是俄罗斯军用望远镜，他就必然要哭着喊着求家人掏钱占为己有。这个人的家里，已经有了好几十台望远镜，也不知道是为了收藏，还是为了看得更远，看得更清。

据说边境上卖的那些所谓旅游品级别的俄罗斯望远镜，几乎全都是国内浙江一带的企业所生产。这些玩具似的东西，偶尔拿在手上摆弄一下还行，真的要想靠他们来认清自然，真是很难。我总怀疑这些望远镜只是一些小小的道具，在小摊上过了瘾，回到家就弃置不用了。生产商要的就是这一锤子买卖，

诱拍的红尾水鸲

诱拍的红尾水鸲

认购者要的也是购物一刹那的满足。因为许多人，本来就不知道望远镜有何用，就像许多人不想去使用显微镜和放大镜一样，因为“那是专家的事”。我们很自觉地给世界划了界线，把两脚圈定在某个地方，顺着直而窄的轨道，傻呼呼地勇往直前，以为这样，人生才可能过得有把握。

去巴音布鲁克的路上，在一个路边厕所，我看到了凤头百灵，接着又看到一群石鸡急冲冲地穿过马路，让人为他们捏虚了心。到了巴音布鲁克，骑在马上，听着鹌鹑的叫声，向湖边走，哈萨克族小伙子对着我的望远镜直眨眼睛。他突然随意一指说：“那边有天鹅，看见没有？”我在马上晃来晃去，望远镜根本套不牢眼睛，只好说没看见。他就说：“那你的东西是假的，我都看见了，它还看不见，你拿的是什么假东西嘛！它是不是只值十块钱？”我说，它值好几千块呢。他说：“值几十块吧，要不怎么什么都看不见？”只见他笑眯眯的，拿我开玩笑。突然又指着在一群羊身上跳动的八哥似的黑鸟说：“这是黑天鹅，你看见了没有？”我说看见了，他们个子可真小啊，而且居然到岸上来生活了，与牛羊为伴。他说是啊，我们这的天鹅就这样，他们喜欢我们这里的一切！它们想变成啥样就变成啥样！

天鹅湖里面只有十几只天鹅。图谱上似乎只有大天鹅在这停留，可当地人说，我国的三种天鹅这里都有，大天鹅、小天鹅和疣鼻天鹅都能见到。来的时候时机不算太好，可能早了一些，也可能晚了些，几只小天鹅正在父母的调教下，学着起飞和降落。它们在冬天来临之前，要飞到很远的地方。飞不走的就得留下来过冬，熬不过去的就会被冻死。据说天鹅是飞得最高的鸟，能飞到九千多米，与飞机差不多。

水面上更多的鸟是雁类和鸭类，离得太远，双筒就无济于事了，只能估摸着看。我干脆脆死心塌地，一门心思只看天鹅。在一个小滩上，有两只大白鹭似的鸟正在那梳理羽毛。我怀疑它们是白鹤，因为个体实在太大了，而且脖子时常伸得直直，颇似白鹤那样高视阔步。但白鹤这里似乎不分布，像是为了解除我的怀疑，它们时常把脖子缩回来，弯成S形的一团。这就是鹭的特有动作了。这时候，孤身一人看鸟的局限性就显出来了，不管我手持的望远镜，于我所在的几十号人中，是那么的先进，是那么的显眼，是那么的非同一般，人们抢着用它来看清楚。但是，我仍旧和他们一样，分不清自然界的真正构成。我们就是在这样稀里胡涂的蒙昧中，拍着照片，说着笑话，吃着整桌饭菜，一天天地消耗殆尽。

（2005）

北红尾鸲的呼唤

1997年，人民日报的记者钟嘉去采访“自然之友”组织的观鸟活动，当时她第一次听到“小鹛鹓”这个词，觉得前生与此鸟仿佛有缘。现在经过数年修持，她已是资深鸟友，写文章宣传，参与组建北京观鸟会，作为领队带领初入门者观鸟，作为重要成员发起、参加观鸟大赛，直到作为评委去判定其他观鸟者的成就。按照她的说法，今生与鸟如此有缘，“小鹛鹓”的呼唤、诱导作用匪浅。

每一种鸟都是漂亮的，在望远镜里面，麻雀很美，喜鹊很美，黑领噪鹛很美，夜鹭很美，夜鹰也很美——提到夜鹰（此夜鹰非夜莺），顺便说到一个误解，夜鹰是吃蚊虫的“猛禽”，它白天常常蹲伏在树木众多的山坡地或树枝上，停栖时身体贴伏在枝上,颜色和树皮模仿得很像，有如枯树节，俗称“贴树皮”。它趴在树枝上，张开嘴觅食，展开喙边的“胡须”，让蚊虫撞入其口腹。据说在中国的民间和古代，被称为“蚊母鸟”，有些人不对其细致观察，却在笔墨和口角里古怪乖张起来，以为夜鹰是个妖物，说它的嘴中会生产蚊子，一只只向外喷烟雾般放出。《尔雅》的郭璞注疏就说“俗说此鸟常吐蚊，故以名云”；《岭表异录》更说得活灵活现，说夜鹰每叫一声，嘴中就有蚊蚋飞出。周作人专门写过一篇几百字的随笔，叫《鸟吐蚊子》，辨析了一次，可惜他是文人，虽然见解准确，但由于疏于观察，文章软弱无力。

2005年8月份，在新疆巴音布鲁克的九曲十八弯，有一个同车的朋友突然问我一个问题：鸟到底有什么作用呢？你观鸟到底是贪图它的美，还是为了获得更丰富的知识？或者根本就是因为无聊？

我说，即使不考虑环保的因素，不考虑美感的因素，不考虑他们作为万

物之灵的同等生命权利，不考虑它们引导人类的仿生学科研，就是光从纯粹的功利因素来讲，鸟的作用也非同小可。很多鸟都吃昆虫，它们可以说是自然界的守护神，没有它们的拼命进食，森林、草原都可能毁于虫灾。粉红椋鸟吃蝗虫，普通燕鸻也吃蝗虫，蒙古草原沙化严重，与蒙古百灵被大量捕杀颇有关系。鸟本来无害益之分，但如果非要分害益的话，像麻雀、喜鹊、乌鸦、灰喜鹊这些近人鸟、“城市鸟”，它们为城市治理了不知道多少腐食。其他方面还有很多，鸟肉在古代是人类肉食的重要来源，鸟羽如天鹅毛被拿去做“鸭绒被”，白冠长尾雉的超长尾羽是过去舞台上重要人物顶戴上的翎毛装饰，在团扇发明和折扇引进之前，羽毛扇还是很实用的消暑工具。

我又气愤地说，鸟在古代中国还经常被作为邪恶的娱乐方式。如笼养，中国人自古不喜欢到自然界去观察鸟类，却喜欢在屋子里挂个笼子养鸟来陶冶性情，打发无聊；猛禽还时常被抓来作打猎工具，元世祖忽必烈不再亲征战场之后，一年中有很长的时间都在打猎，马可·波罗说他有“一万名鹰师”；清朝的八旗子弟——主要是满族八旗的后裔，都要“臂鹰”，即在胳膊上架着一只鹰，《二十年目睹之怪现状》中谈到神机营练兵的时候说，五百人的部队，有一千人在操练，因为每个人都带着一名仆人，他们开始训练时，要隆重地把鹰在操场边放好，稍微有个动静，就要离队出来察看。

我说这些话的时候，白鹡鸰在草地上快速地走溜着，十几只黑耳鸢在顶风嬉戏。此前从河谷过来时，我在两岸看到了安祥无比的蓝胸佛法僧，看到了美丽精致的红额金翅雀；在天鹅湖，看到了优雅无比的大天鹅和大白鹭。

我也不知道对方听进去了没有，反正我当时心中突然想：是啊，是什么吸引我如此迷恋鸟了呢？

我倒是没有对某种鸟的特殊偏爱，虽然看到燕雀时会嘟哝说他的“毛衣”配合得很不美观，喜鹊见多了也对它的亮蓝色不再敏感，而每每也不乐意看到灰喜鹊那副“憨厚的小流氓”派头，不愿意听到白头鹎的嘈杂；要是看到鹛类，即使是画眉，也对它们小心翼翼在树底下窜行的老鼠行状颇为讶异；看到戴胜，心里也觉得他有些土相、美得不够伶俐大方。同时对一些“羽色鲜丽、鸣声动听”的鸟，如红嘴相思鸟、金翅雀、柳莺、黑尾蜡嘴雀、红腹锦鸡、鹩哥等也自然而然地表现出“好色者的惊喜”。

北红尾鸲让我自然而然地喜欢着。如果强调这几年某一种鸟与我算得上有缘，那么我七选八选，最后肯定会选北红尾鸲。春末夏初，正是它的繁殖期，这时候它所有的美都会极力展示。雌鸟的主色调是灰褐色的，而雄鸟的主色调

北红尾鸲

则是深桔红。雄鸟的灰头、黑喉倒是常色，但胸部以下的那种安静的红色、背部那两道三角形翼斑、飞行时腰部闪现出来的淡黄红，怎么看怎么配合得合理。

2005年10月份，与厦门观鸟会的人一起到厦门郊区观了一次鸟。中午休息就饭时，他们在那谈论蜂虎，认为栗喉蜂虎终究比蓝喉蜂虎漂亮。观鸟的人取的网名往往也鸟化，著名的鸟友“鹭”说，蓝喉蜂虎身上有一股妖气，喉的蓝与尾羽的蓝犯冲和犯重，而栗喉蜂虎身上的黄绿蓝栗几种颜色则搭配得恰到好处。想来北红尾鸲也是这个道理。不论是几种颜色之间的搭配，还是每种颜色的取色生成，似乎都经过精心的设计。

我总怀疑红胁蓝尾鸲与北红尾鸲都是喜欢展示的鸟，尤其喜欢被人类的望远镜所观看。多少次了，只要我们听到它的叫声，就一定能看到它。你只需要站在那里不动，循着它的嘀嘀声找去，总能在离地半米一米左右的枝条上看到它。它落下时，尾羽会颤上那么几颤，一旦平衡了，可能就会静呆上那么几分钟，然后又嘀嘀地叫着，飞到另外的枝条上。你放心，它一定不会跑远，一

定隔着十来米的距离，绕在你身边，让你尽情地看个够。有时候你东找西找没发现他，它也会有感应，会埋怨你似的，一下子窜到你的眼前，然后像“飞去来器”似地弹回，友好地落在一个视野开阔的枝条上，好像在说：“你们真没用，那么多双眼睛、那么好的设备都找不着我，现在看清楚了吧？”

有时候我都觉得奇怪，为什么我到哪儿都能看到他，为什么每次都能听到它的呼唤。

几乎每次去天坛都能看到它，去圆明园也一样。陆续加在一起，两个地方一年看到它十来次，它只有夏天和冬天不在，而我夏天恰恰经常在外头出差。

四月份，独自到陶然亭，看到了它；五月初，在北戴河学习环志时，在旅馆的院子里，看到它在柳树中过了一夜；接着到北京延庆的松山自然保护区，又看到了它。六月份我到云南，上到香格里拉县海拔二三千米的千湖山，或者沿着澜沧江河谷去德钦，或者在去属都湖的路上，看到了它和不少的它的同类，包括蓝胸红尾鸲、白顶溪鸲、红尾水鸲、金胸歌鸲、蓝喉歌鸲、黑喉红尾鸲、赭红尾鸲、蓝额红尾鸲什么的；七月份上武当山，快到顶时，看到了它和红腹红尾鸲。秋天到时，它往南迁，先是在北京看到了它；接着到江苏苏州和无锡，看到了它；回福建两趟，一次在闽北老家，看到了它，在厦门天竺山林场，也一样看到它；在山东的高唐，它在我面前表演了如何吞下一只小毛毛虫的过程后就飞跑了，有如幻觉；在山西阳泉，它的跃到空调上的鸣唱让我觉得这个城市多少还有些灵魂。

每次，都是先听到它的声音，再寻找到它的位置。

它似乎是热衷于过凉爽生活的鸟类。也许它的一生都在凉爽舒适的环境中待着，虽然为此它必须成为候鸟，必须在全球各地寻找适宜的居所。这居所绝对要“纬度合适”，纬度越高越凉爽；纬度不合适的地方可以寻找“海拔合适”，海拔越高的地方越凉爽；还有一个更加苛刻的条件，是“植被合适”。

可能有些人没有注意，植物能给这世界带来多么大的荫凉。阳光晒在绿叶上，它的热气就像被叶面抽走了似的，化成了植物身上的物质。如果说我们用能量与物质间的交换关系来进行一次简单的思考的话，我们肯定会想，烧柴火，是把物质转化为能量，而晒太阳，光合作用，则是把能量转化为物质，热量被夺取了，转化了，自然就荫凉了。绿色和平组织提醒人们，由于地球变暖，黄河源区冰川退化得很厉害，而冰雪有一个能力，就是把太阳来的能量80%反射回天空，如果这些“冰雪镜子”融化了，大地将越来越热。而且黄河源区种树植草又没那么容易。所以，要想扼制这种趋势，惟一的方法是尽量使用低碳能源、清洁能源和可再生能源。当时我就想，其实树也有这样的荫凉地球的作用，只是它们的作用方法不同而已。

我对北红尾鸲是充满感激的，它与成百上千种鸟一样，自古就在中华大地上生存，也曾经入诗入画，虽然它们可能不为人所知，却肯定是中国的常见鸟。它与其他所有的鸟一样，每一次呼唤都会重新鼓舞我的热情。在厦门，我和姐夫一起沿着环岛路观鸟，因为一直顺着公路走，偶尔才向两边探进，一天下来看到的并不多，但是，先后两只雌性北红尾鸲还是很给面子，专门在一丛三角梅上作了长时间的亮相。

古代的人喜好搜罗奇异。在姐姐工作的图书馆里，翻看《中国传世名画·花鸟画卷》，古代画家的笔下常常有北红尾鸲的身形。能够因为常见而被人喜爱，并非易事。考虑到中国古代人不好调研的特性，那么我们可以想见，在古代，它们肯定是被作为珍禽来养护。看过去史书的“职官志”、“四夷志”，看《周礼》，看那些野史笔记，多少会猜想得出，中国过去是有专门的鸟兽官，它们负责给当朝者寻找美丽的羽毛和动听的歌喉。过去中国的藩属国，或者友好来往的国家，纳贡时往往也会献上些当地特产的珍禽异兽。它们就会被养在专门的园子里，由专门的官员看管，甚至被赐予某种官衔，吃着合乎它们身份（这往往与他们被喜爱的程度直接挂勾）的食物；自然，它们中的一些，会被恃宠专权的人私笼于自家的深宅大院中。但愿我的北红尾鸲遭这样困扼的时段不长，但愿天下的鸟，都能逃出牢笼。

（2005）

圆明园的鸟类幼儿园

鹊血琱弓湿未干，
鹖鹅新淬剑光寒。
辽东老将鬓成雪，
犹向旌头夜夜看。

在古代，人们相信用鹖鹅的油膏涂剑，剑不生锈。因此，唐代大历年间的诗人卫象，写了一首名为《古词》的诗，旧题新作，借古意以抒情。诗歌本身描写传神，形象生动，场面感人。诗歌里面两个细节，也让志在考据“鸟在中国古代人生活中的功用”这一主题的人，有了两个新发现，一是鹊血与琱弓的关系，二是鹖鹅与剑的关系。显然，它们血肉油脂，对于边防战士，很有价值。

2005年年中的时候，“自然之友”——也包括社会上——的很多人，不相信圆明园管理处会对错误有所悔改，他们甚至怀疑那些在圆明园身上动手动脚动刀动枪的人们，是不是认识到了错在何处。于是有很多人，建议我作为记者，到圆明园去暗访一番。

但我更想去圆明园的原因仍旧是去观鸟。在这个社会，讨论错误和归罪于某个群体，总觉得不能那么顺畅。与其指责，不如把心思放到学习上吧。我时常感觉到，指责他人，某种程度上有一种推卸责任的快感。圆明园的问题，其实是生态用水被剥夺和漠视的问题，是荒凉被掠夺的问题。

生态需要的不是精致，而是荒凉。如果精心谋划，圆明园完全可以布置成“都市中的荒野”，即使不考虑遗址公园的创伤因素，仅仅作为巨大城市、坚硬城市、几何城市的缓冲带，也是很让人留连的。北京市区内的观鸟区域来说，圆明园是最好的去处，它足够大，足够荒，足够野，足够隐秘；它有森林有湿地有湖面，它细小的柳枝很受小型鸟类的欢迎，它足够地开阔可以吸引到猛禽，它有麻雀和家燕所喜欢的古典建筑，也有大斑啄木鸟、灰头绿啄木鸟、星头啄木鸟、棕腹啄木鸟所攀援的槐和杨。它完全可以建成一个小型的鸟类保护区，5月份时，去河南董寨的观鸟队伍才看到八十多种鸟，没去董寨而去圆明园的人，也在一天内看到了七十多种鸟。

由于事发突然，2005年圆明园突然间断了水，对定居其间的留鸟和迁徙路过的旅鸟来说，肯定很不适应。我想去圆明园，还是基于这个方面来考虑：水禽肯定是不会太多的了，但哪些走了，哪些还在留连和等待呢？为迎接国庆的“游船休闲”，放水之后，他们又将往哪里去呢？

绿头鸭

大山雀

付老师来的时候，说今天能来的人很少，只有我们三个人。从观鸟来说，三个人反而是比较好的组合，不孤单，能互相商量讨论，不会太分散，又能互相鼓劲。我心里在想，今天圆明园能画出一幅什么样的鸟类图谱呢？

门票倒仍旧是不要的，付老师领队的鸟类调查小组，在圆明园进行了两年多的鸟类调查，每一个守门的人都认得她。虽然她也不知道，她提交的鸟类调查记录，会不会受到圆明园的重视。因为中国，似乎没有一个自然保护区，对个中家底了如指掌；也很少有保护区，对本地区辐射范围内的鸟类进行长时间的跟踪和记录。圆明园只是个公园，它也没有必要了解这方面的底细，鸟类、植物，其他的野生动物，大概都是任其自生自灭，自来自往的。

一进门，看到的是一湖底的麻雀，湖底的草刚刚被拔掉，草籽掉了一地，麻雀集群觅食，正是聪明之举。会不会有鹀类什么的混在麻雀中呢？拿双筒扫了一圈，除了看到几只白鹡鸰的亚成鸟，没看到有其他。

岸边的柳树上一只柳莺在轻轻地跳，秋天时柳莺不爱叫，他们身手敏捷，无声无息。是什么柳莺？不敢下结论，初步认定是双斑绿，又以为是极北。柳莺身体只有十来公分长，颜色与树叶颇接近，身形飘忽如薄刃，每每看到它们我都会起些古怪的联想，以为它们未必是真的鸟，而只是某些树叶精灵们在做着顽皮游戏，一会儿从这个细枝跃到那个细枝，然后静静地长在那里；然后，它旁边的某片树叶接过他的魔法，又从这个枝闪到那条枝；甚至从这棵树移到那棵树，从杨变成槐，从白腊换到旱柳。看到你眼花缭乱，心生钦佩为止。

接着听到了大山雀的叫声和沼泽山雀的鸣叫声。鸣和叫是有分别的，鸣是歌唱，叫就是随便的哼哼。追着它们，往林子里深走上几步，有那么一只红喉姬鹟老在我们面前晃动，它似乎是喜欢让人看的。有不少鸟喜欢让人看，红喉姬鹟也是其中的一种，它们只要意识到有人不但拿眼睛，而且举着望远镜盯着它们看，它们就会很配合地在你周围尽情地炫耀。

施工正在进行，挖掘机轰轰地响着，也不知道是在把防渗膜揭起还是运来更多的土把防渗膜压得更隐蔽？穿过林子，我们直接走到了福海边。福海倒是没有全干，正中偏北，有那么几小滩的浅水，大概是今年的雨水积攒起来的。

站在南岸，拿望远镜远远地一探，发现水中的“小岛”上，集聚着一小群的白鹭；又看到有那么二三十只“雌绿头鸭”把头插在翅膀里，蹲在泥岸上休息。

在不打搅他们的情况下，走得近一点是合适的。我们沿着东岸，过了小桥，到了几排长条椅边。为了看得清楚，付老师拿出了单筒，架好之后，付老师看了一眼说，这些绿头鸭，几乎全是亚成鸟，所以个体和羽色看上去像雌鸟似的。

它们最有可能是在这个小浅池里出生，在这里长大；过上一段时间，再随着它们的父母或者同类，飞到南方越冬。天意可怜，这么一小池水，让几十个家庭得到了繁衍，得到了延续。

为什么没有看到鸻类？从生境上讲，这样的地方反而较适合鹬类、鸻类的生长。左前方有那么一个小水坑，水坑中有一排长得不高的蒲草，绿得正欢。我象征性地拿双筒扫上那么一扫，心想不会有什么新发现。恍惚间，好像有那么一只麻雀大小的鸟在水里洗得甚是起劲。只是它的背部与干湖底的颜色太相似了，几乎有点像是泥块。定定神再看，移过单筒再细看，确定它们是金眶鸻，一家子在一起玩耍，一共有四只。付老师说，不对啊，上周来是三只幼鸟，如果加上两只亲鸟，应当是五只，也许其中的一只牺牲了？在一个更加隐蔽些的快干涸的小水坑里，在看到一只白腰草鹬之后，顺便看到了一只白鹡鸰和两只灰鹡鸰，看样子也像幼鸟。

一只池鹭起飞了，它伸长脖子站在湿泥中时，身上的纵纹颇为明显，一双绿色的脚时常沾上淤泥，其斑纹的形状与泥土太过类似，开始时我们都没有认出它。发现了一只之后，我们再细查，又看到了两只。细细辨认那四只白鹭后又发现，这四只白鹭也可能是今年的幼鸟。整个福海，完全是一个鸟类的幼儿园。虽然种类不多，加上白鹡鸰、灰鹡鸰，不过六七种，但相当纯粹，鸟妈妈们也真是有勇气，在这危急的时刻，在前途未卜的时刻，它们也敢于“托孤”。

靠抽地下水维持，有那么一个荷花塘是有生命的。在这里面，我们没能看到常见的普通翠鸟，倒是看到了十来只小池鹭，傲然站在贴水的荷叶上，人一走近就飞开。水面上还浮着两只小䴙䴘，互相之间离得有几十米，显然还是对人很畏惧，一只已经换上了冬装，全身色调灰黑，毫不起眼；另一只还是繁殖羽，头的两侧仍旧中鲜亮的铁锈红，眼边的小白道也炫然可见。

付老师说这对小䴙䴘夫妇今年孵化了三巢，但身边一直没看到幼鸟，很显然，没有一巢孵化成功。小䴙䴘的巢就筑在水面上，孵化时雌鸟趴在巢中，在静水中随风飘荡，像是海难后趴在小艇求生的船员，看得人心里一颤一颤的。换羽的时间差异如此大，也许是一只灰了心，而另一只还尚存希望吧。而上次来看到的白胸苦恶鸟呢？也许看形势不对，它们今年根本就没有繁殖的打算，它们甚至可能举家搬迁了——可是，北京的附近，还有什么地方能让它们去呢？

（2005）

紧握电线的趾头

电线是什么东西呢？它是城市的蛛网，把许多古城、新景箍得毫无生气；可它里面涌动着社会运行所需要的能量，从西涌到东，从北流到南，让机械转动，让夜晚明亮，这些理由足以让那些乱拉乱扯的人得到有力的支撑。

你沿着任何一条公路——或者说道路前行，都会在路的两侧看到电线。不管这条路多么地狭窄和漫长，所探到之处多么地偏远和贫瘠，那电线都会紧紧地在两边夹着它、跟着走，既像是路的保镖，又像是路的监视者；它偶尔能让道路充满生机，又时常让道路丧失它的灵性；如果你是个爱拍照片的人，你痛恨电线，老想绕开它，但当你回家洗出照片一看，发现在照片的某个角某个边上，总是有电线在游走，如人心里的污渍一般难以去除；如果你是电力工作者，那么你可能就会很留心很自豪地到处拍摄电线，某些善于运用镜头的人，还把绷紧高压线的电力塔拍得像凯旋门，把电线拍得像玉皇大帝那根善良的神经。

电线对鸟来说意味着什么呢？许多人担心地望着电线上的鸟，哦，它们的两趾紧紧地握在裸露的铝线上，铝线里面流淌着高压的电流，人一碰就要倒地，难道它们这鲜活的生命却是绝缘体？有些人则喜悦地望着电线上的鸟，对于他们手中的汽枪来说，这些蹲在电线上发呆的小蠢蛋们，正好用来炫耀枪法和眼力。

有些鸟喜欢电线，有些却不喜欢。电线方便许多鸟休息、觅食，如隼类、燕类、鸠鸽类都喜欢长时间地呆在电线上；更大型一些的猛禽，如黑耳鸢，则时常蹲在电线杆和头顶的两臂上。伯劳（不管是什么伯劳）则把电线作为它觅食最好的场所，因为电线的高度正好便利它对地面进行最精细的筛查，任何一只甲虫都逃不过它的眼睛，任何一只麻雀都容易为其所捕获，他们的内心肯定对电线充满了感激之情。可电线终究是有电之线，许多鸟不是命丧其手，就是被处心积虑的人们屠杀。鸟与电线之间，终究有那么一些爱恨情仇的。

电线和电线杆让许多观鸟者很轻易地看到了想看到的鸟。电线为什么电不死鸟？这就涉及电学的常识了，因为鸟的身体多半很小，很幸运地满足不了电的必备条件：形成一个闭合回路。也就是说，它们的脚趾多半站在同一条线上，电流与电流之间没有压差，所以不管电压多高，对他它们的身体也不会形成损害。

电线为什么会电死鸟？我们看看黑颈鹤的遭遇就知道。云南香格里拉的纳帕海，也是黑颈鹤的一个越冬地。据说这个地方的环境在不断地变好，所以最近几年到此越冬的黑颈鹤越来越多，多的时候超过了100只，最多的时候快达到200只。我到这个地方考察过好几次，我怀疑黑颈鹤到这来的原因未必是这里环境变好，而是因为其他地方，像西藏、贵州等地的栖息地越来越不利于它们的生存，导致它们不得不在此屈居；当然也不排除黑颈鹤近年来数量增长，种群向优势化方向扩张——但这只是观鸟者的幻想，更不可能。

纳帕海离香格里拉县城只有不到10公里，用旅游者的眼光看，风光绝美，在太阳光下，色彩变化莫测，有如魔湖，与周围的草原和森林、村庄配合得很是默契。用观鸟者的眼光来看，则是一片正在萎缩的湿地。

纳帕海边上有几个前几年开山炸石留下的大伤疤，有个朋友是搞景观规划的，她说，现在惟一的办法，是在这大疤上覆上土，然后让植物快速生长；或者找些催化剂，加速岩石风化为土壤。当然还有一个办法，是在大疤前盖所房子——可是，房子本身又会成为碍眼物。

纳帕海是个古怪的地方，它时常在秋天接近干涸，在春夏则四处弥漫，湖面小时只有十几平方米，大了，有那么几平方公里。据说边上有个“落水洞”，当地人是说它是神圣的，因为它“连接着大海”。实际上就是把纳帕海里面的水穿过自然形成的山内暗渠，排到远处的一条溪流中。有一次我在214公路的观景台上站着，头顶上一群红嘴山鸦在聒噪着逆风嬉戏，眼前是一小池死寂的污水，似乎是纳帕海惟一的湿处。当地人称这为“无底洞”，据说永不干涸。山上原来有个寺庙，喇嘛在遭遇急难时，曾经把许多宝贝扔进无底洞里。

记得以前听过一个“脑筋急转弯”：什么东西越洗越脏？答案是水。现在大家注意宣传环保，厦门的电台就在做公益广告：“东西脏了，可以用水洗；水脏了，用什么来洗？”湿地可能是“洗水”的惟一去处，只有面积宽广的湿

地能让水得到净化。几十年上百年来，纳帕海一直就是香格里拉县城的“洗水之地”。据说这个小城市在盖一个污水处理厂，甚至在某个展览馆上还看到了它的规划图和选址开工的照片。然而我找了许久，也没找到现场。在这个传说中的污水处理厂建立起来并正常运转之前，纳帕海就是收集香格里拉的污水之地。污水某种程度上就是“肥水”，它经过十几公里的缓慢蜿蜒，把纳帕海这个湿地养育成了一片肥沃的、永不干涸的自然景观，让大量的鸟类在冬天有了庇护之所。

纳帕海是当地旅行社最常做的一个项目，本来不收费。最近几年香格里拉旅游财“挣大方”了，于是就有老板想着和纳帕海周围的村庄居民做交易，买断这片地区的经营权，给村民以高额的补偿。据说每人可得几万元的补偿费，同时，还可以到这旅游经营公司里面工作，牵马，或者烤羊肉什么的。除了卖门票之外，旅游公司要发展的主营业务，就是骑马，因为纳帕海在水少的时候，周围的浅滩就是一片好的牧场，牧场在骑马者的眼中，则是最平坦的纵马娱乐之地。当地人养的马都被征用光了，家家户户都指望靠这旅游致富万万年。现在搞旅游的人也聪明，当地旅游局规划的“旅游看点”中，也把“冬天观国家重点保护动物黑颈鹤”作为一个项目。

有个叫方震东的人，原来是搞植物出身，在云南省“绿色经济产业创新办公室”的带领下，把香格里拉的山山水水都调查了个遍，还曾经帮助往香格里拉引种过郁金香。现在，他在纳帕海边搞了个“高山植物园”，里面，修了座三层楼，作为办公室，据说也可作为观鸟塔。然而这个地方因为高处山顶，冬天风大得很，在露台上根本无法静呆着观察，而屋里面，居然没有一个合理设计的观察孔和观察窗，想观鸟的人要么得踮着脚，要么得弯着腰，非常费劲。

因为有村庄，自然就有高压线的架设。黑颈鹤个体颇大，而高压线的三根线之间，距离往往不到一米。这些电线就架设在纳帕海边，拦着黑颈鹤起飞和降落的路线。大型的鸟往往动作都迟缓一些，对电线的危险也不容易预见，所以，它们撞上之际，就是电流击穿身体之时，左翅膀尖碰到火线，右翅膀尖碰到零线，或者头碰到火线，尾沾上零线，惨案就发生了。这些电线就像是沉默的杀手，一天天静候着黑颈鹤“自寻死路”。每年的冬天，都有那么十来只黑颈鹤死于非命。

中国是个很有意思的国家，如果说这个国家有谁对自然鸟类有管辖权的话，或者说谁有权替鸟主张权利的话，那么只有林业部门。他们负责调查中国鸟类的生存状况，他们负责对滥捕滥杀鸟类的人进行“执法检查”，只有他们

领雀嘴鹎

有权从行政上帮助鸟类。遇上这样的事情，只要有“群众举报”，林业局的人就不能坐视不管。他们管的方法也简单，就是提着死去的黑颈鹤到电力部门去讨说法，要求赔偿损失。电力部门的人不想重新施工，让电线改道，高兴的时候，就赔偿林业局那么一小笔钱；不高兴了，就和林业局的人扯皮，说鸟死了，跟我们有什么关系？跟你们又有什么关系？

纳帕海身边的高压线，就这样让不少黑颈鹤，甚至包括大天鹅、黑鹳、斑头雁、绿头鸭、金雕什么的，含冤谢世——而鸟似乎是不长记性的，同类的死亡不会成为其他鸟类的躲避死亡的经验和智慧，其他的鸟仍旧有可能重蹈前辙、重撞前线、重续无常的香火，盲目而勇敢地延续着一次次“最后的撞线”。

（2005）

幸生无事之时也

有时候我都记不起来，1998年，临要上飞机的那个凌晨，或者说半夜吧，我坐在布达拉宫前的草地边上，等待天亮。那一个夜晚我根本没睡，我告别了朋友之后，独自在布宫前冰凉的石块上坐着。天色渐渐发白，几只大鸟突然从草地上腾空而起。当时我对鸟类甚是陌生，只能胡乱猜测是某种乌鸦。

2005年的6月份，我有幸又随一个采访兼旅游团来到了西藏，去的地方，算起来都是我熟悉之处，拉萨、山南、林芝、那曲。这次我的胸前，挂着了一个用了快两年的8倍望远镜。此时我已经成了一个地道的观鸟爱好者，我独自带着望远镜和《中国鸟类野外手册》，我相信能够有所收获，我也相信西藏会在我眼前更加清晰起来。

一下飞机，坐上大巴，沿雅鲁藏布往拉萨走，几只渔鸥就在我身边的河流贴着低飞；水面上浮着几只野鸭，由于车子开得太快，又没有理由让司机停车，我只能猜测大概是绿头鸭；又看见了另外两种鸥，它们个体比渔鸥要小，我就姑且相信它们是棕头鸥或者红嘴鸥。

几只燕子在水面上盘旋觅食，它们是些什么燕子呢？反正我以前没有见过，翻看图谱，对照他们的姿式和造形，很像是崖沙燕。但都因为是坐在车上，隔着玻璃，人动着，燕子也是动的，以动制动，根本无法对焦。我所看见的一切，都只能是存疑，身边又没有个能够咨询的伙伴，大家要么对我表现出惊奇，要么就对我表现出疑问。他们和我以前一样，对自然漠不关心，也不想多少知道一些自然界的本底。我是从鸟类着手，有一些人，可能是从植物着手，可能是从星星着手，有一些人则可能是从岩石、水流和泥土着手。更多的人，可能对人事更为经心。

绿头鸭

家燕

白腰文鸟

电线上停着不少鸠鸽类，我认出了几种，除了家鸽，可能还有雪鸽和原鸽，也可能还有点斑林鸽以及珠颈斑鸠、火斑鸠。

住在西郊某省援建的旅馆里，透过窗户就可以看到白鹡鸰在屋顶上叽叽地溜走着，它们是仅次于树麻雀的精灵。拉萨西边有个拉鲁湿地，据说保护得不错，拉鲁家族是西藏的一个大贵族，所以他们出面要求保护，多少还能得到一点点的特权。可惜时间腾挪不开——其实是我没有愣过神来，找时间独自去。

接待者安排得很周详，第二天就让我们去了林芝。鲁朗林海、巴松湖地一通猛逛。我的用心都在鸟上了，除了棕背伯劳、普通燕鸥和云雀，看到了一种鹛，鹛是害羞的鸟，它只肯躲在树枝间叫，哦，几只一起互相呼应，叫得让你

觉得这个世界真是安全静谧。我算是幸运的，在水渠边我透过一排小树看到了它们。翻了半天图谱，才在鹛类中确定出它——也许是灰腹噪鹛。在古柏林，一只雄白颈鸫在柏树枝上高唱，它的雌鸟，则在离地一米左右的枝上一声不吭，即使人走近了，也是避嫌似地挪一挪。而在入口处，一只北红尾鸲总在我们面前跳动，用嘀、嘀、嘀来提醒我，它们是喜欢让人观看的鸟，几乎在全国各地都能见到它。

巴松措的小岛我尚未走上去就感觉异样，在过渡时，有一只大鸟一直只闻声不见形，绕着小岛也无法追查到它。正沮丧间，在最高的那棵雪松顶上，呼啦啦飞来四只大紫胸鹦鹉，两雄两雌，雄的嘴是红色的，与绿色的背和紫色的头、胸一搭配，很是漂亮。正是因为漂亮，给它们惹了灾难，掏鸟的人直接爬上树，从它们的巢里把它们取走，然后卖到鸟市上，让喜欢它们美色的人陶冶情操。

鲁朗林海和踏访的一些村庄也给了我惊奇，我看到了好几种朱雀，白眉朱雀、普通朱雀和红眉朱雀是能肯定的。酒红朱雀就在林海卖门票兼停车场边的树枝上站着，趁人不注意还迅速落到水泥上地来取食。它长得太漂亮了，雄鸟的胸前就像被一瓶法国干红葡萄酒透身泼过。我没有相机，于是我叫有相机的朋友来拍，他找来找去没找着，我失望，正要上车，却又听见他在后面得意地叫我，说他拍到了，上车后就翻给我看，果然，他拍到了好几次，近，加上用长焦调，图像很清楚，整车的人看了都发出感叹声。从林芝回拉萨的路上，大家要求停车拍照的时候，一只白顶溪鸲低掠着从小溪边飞到树窠里；头顶上，有十几只高山兀鹫在盘旋。

雍布拉康，山下的停车场，好些只百灵就在地上像麻雀那样结小群觅食和嬉戏；在宫殿前的拐角处，一只北红尾鸲时不时地在我面前的山路上亮相，惹得我追逐着它不舍。宫殿的背后，是陡峭的崖壁，一群山斑鸠呢，时而隐身其间，时而耐不住地飞翔。

那曲呢？路两边的草场时常有各种雪雀在跳动，它们的巢就在草中，草场就是它们的领地。可以肯定的有白斑翅雪雀、白腰雪雀和棕颈雪雀。在一个牧民聚居点，角百灵时而在牛粪堆里找食，时而在草甸上歌唱，人一走近，它们就低低地飞开。

在赶去和赶回的路上，路两边电线杆上每隔几百米就蹲着几只猛禽，他们是些什么？我至今无法判断，因为，当我停车的时候，它们没有在房子边的电线上，当我坐在车上的时候，路边的电线上就会有它们。乌鸦在藏北显得个体超群，有几只甚至停在经幡上，它们中有大嘴乌鸦，也有小嘴乌鸦。

布达拉宫是最后去的，就在上去和下来的几个小时之内，我看到了十几种鸟，比如红嘴山鸦，比如山斑鸠，比如岩燕和家燕——它们就在布达拉宫身上筑巢。

可能有人不相信，八角街上也有鸟，是的，那个地方的屋顶上至少有麻雀在活动。而一些店面的门前，还挂着一些笼子，里面养着美丽的朱雀。笼子对于鸟来说，就是欧阳修《送杨实序》所说的“以多疾之体，有不平之心，居异宜之俗”了。养鸟的店主人说：“这是鹦鹉，他的叫声很好听。”世界上所有的笼养鸟爱好者都一个德性，他们不太知道自己养的是什么鸟，但可以肯定的是，他们养的鸟，都是待其成年后从野外设法捕获的，只有极少数，是“笼生世家”。

说起来，只有在北京能够与同好们定神、定期观鸟，因为无论是出差还是旅游，都因为受种种限制，只能调整心情，带着一种满不在乎的态度，以知足常乐之心，能看到多少就是多少，能看上几眼就看上几眼。这样，一次次下来，居然每次都能给我的“鸟类见识录”中，增加上一种几种，有时候是增加新的种类，有时候，是看到老相识们的新表演，无论新朋旧友，只要掺入时间和地点的因素，每次都让我为之心满意足，觉得不枉此行。我很少拍照片，我甚至很少做记录，但我相信，我的心是最好的硬盘，我的眼是最好的扫描仪。

多年以来，我极愿意把冒充成一个慷慨任侠之人，可我是怎么行为的呢？多半是慷慨付出的少，慷慨得到的多。固然，在这个世界上，真正的慷慨是两面体，一面是慷慨地给予，一面是慷慨地收受。如果一个人只能慷慨地给予，那么他只磨光了其中的一面；如果一个人只能慷慨地收受，那么他连一面都尚未磨光。持着这个观点，我经常安慰内心，说，现在慷慨地收受，未来总有慷慨地给予的时候，或者说，从这个人身上慷慨地收受，将来一定能够慷慨地给予到其他某些人身上。只要我不将其据为已有，只有能够受恩知报，“以国士待我，以国士报之”，想来终能无愧于心。

（2005）

从神话叫到现实中的“鹁鸪”

重新翻读《古文观止》，读到苏轼的《放鹤亭记》和《石钟山记》，难免留心起来。《放鹤亭记》对鹤本身的细节描述不多，美学与哲学的着意则不少，最后信手讨论了皇帝的爱好与俗人、隐士爱好间的差异。他说鹤虽然历代被比喻为“贤人君子”“盖其为物清远闲放，超然于尘埃之外”，而卫懿公“好鹤而亡国”；酒似乎不是好东西，历代有不少国君因酒而亡国乱性，“而刘伶阮籍之徒，以此全其真而名后世”。所以，他感叹道：“南面之君，虽有清远闲放如鹤者，犹不得好，好之则亡其国。而山林遁世之士，虽荒惑败乱如酒者，犹不能为害，而况于鹤乎？由此观之，其为乐未可以同日而语也。”

《石钟山记》则讨论了一种对待未明之物、未解之理的态度。小时候读语文课本里的这篇文章，没什么太大的想法，只似乎感觉到他有点“好为人师”；现在看，他的观点倒很适合用来解释“中国人的科学态度”。对鄱阳湖口的石钟山因什么得名，大家各有说法，郦道元的《水经注》有解释，唐代的李渤也有一套说法；苏轼到当地时，“寺僧”唤使小童持斧于乱石间乱“叩”，以试着对他阐疑释惑。苏轼对此“笑而不信”，他带着儿子，夜晚雇舟到潭上进行查勘，他们惊起了“山上栖鹘”，听到了“若老人咳且笑于山谷间者”的“鹳鹤”。最后，他发现石钟山的石头“中空而多窍，与风水相吞吐”，导致“窾坎镗鞳之声，与向之噌吰者相应，如乐作焉”。他对儿子说：“事不目见耳闻，而臆断其有无，可乎？郦元之所见闻，殆与余同，而言之不详；士大夫终不肯以小舟夜泊绝壁之下，故莫能知；而渔工水师，虽知而不能言。此世所以不传也。”

这时候弟弟发短信来问，“鹁鸪”是什么鸟？是啊，他一问倒提醒了我，前不久看一本画册，上有一张图片，画的一张鸟，注释居然是“鸜鹆图”，当时我想，这是什么鸟呢？段成式《酉阳杂俎·羽篇》：“鸲鹆，旧言可使取火，效人言胜鹦鹉。”古代的书上，有很多类似这样的名字，比如《山海经》有句话说：“兽多猛豹，鸟多鸤鸠。”而鸩，被人认为是有毒的鸟，羽毛泡在酒，能毒死人，左思《吴都赋》说：“白雉落，黑鸩零”，可它是谁？有成十上百个鸟作偏旁的字，现在都很少用了，如鳦，如鵟，如鶱，如鷖，它们的所指，在今天更是不太容易找到对应。

手头正好有《周礼》，《周礼·考工记》中有“橘逾淮而北为枳，鸜鹆不逾济，貉逾汶则死，此地气然也”。据说这是关于天然动植物的地理分布有某个界线的最早记录。根据专家的解释，我才知道，“鸜鹆俗名八哥”，八哥多留居我国中部、南部各省平原和山林间。目前的《中国鸟类野外手册》上标示，还是主要分布在黄河以南。济就是济水，古代四渎之一，地理位置由黄河泺口以下至海，与今小清河河道略同；“鸜鹆不逾济”，自然是指鸜鹆只能留居在济水以南。北京的观鸟者，近几年频频在北京的各大公园里看到“鸜鹆”，可能是因为笼养鸟逃逸的吧。有人担心它们多半都捱不过冬天，虽然有不少记录，就是在冬天得到的。

过去，有人认为颐和园是北京观鸟的最好去处，其实，更合适的去处是圆明园。而现在，经过几年苦心经营，颐和园变得通身透亮，水面像清淤消肿一般挖除了芦苇，林地清除了杂草和灌丛，岸上修了水泥路，岸边垒起了立壁般的石面。这样，昔日的皇家园林里，更是“门内冷落鸟兽稀”。北京观鸟会进行的一次鸟类同步调查，圆明园能看到几十种鸟，而颐和园只能看到十来种。开始的头两三个小时，只能看到喜鹊、灰喜鹊、乌鸦、麻雀、珠颈斑鸠这些“老五样”。后来，才慢慢添加了星头啄木鸟、小鸊鷉，绿头鸭、斑嘴鸭和白头鹎，它们仍旧是“常见中的常见”。种群数量倒算是大，就是种类太少。喜鹊成群集于枯树上，远看像是这些树结的大黑白果子。它们又成群地飞到荷田的败梗上，过去是“留得残荷听雨声”，现在是“留得残荷任鹊噪”了；绿头鸭也是，开始时只看到一只，后来换个湖面，看到四十几只；接下来，也不知道是时间到了还是怎么回事，从东边的昆明湖那边，穿过杨柳，一群群地陆续飞落过来，半个小时之内，数量就超过了一百三十只。看来它们都是“丐帮弟子”，白天分头到城市各处去乞讨，天黑了，脑中的集合哨一响，它们都回归这暂时的共同家园。而北京，确实也只有公园里的某一两块尚未被人工和机械清理的水面，还能让它们安宁地呆上那么一呆。它们的存在也构成了风景，十几个手持照相机的人，围着

湖，拍着他们，拍着夕阳下的水面，拍着秋风中的芦荻与败荷。

说起来我第一次在单筒望远镜里清晰地看到的林鸟，算是山斑鸠。当时是2003年年底，在北京郊区，风很大，一只山斑鸠伏在树杈上，羽毛被吹得蓬松，目镜里，觉得它身上的棕褐色鱼鳞纹很是美观。而小时候，村里的人下的竹夹子，抓住的鸟，常常也是斑鸠。有一些尝过各种各样的野鸟肉的坏人，比来比去，觉得“还是斑鸠肉最好吃”。鸠类与鸽类是同宗，被称为“鸠鸽类”，一般来说，观鸟人的眼中，斑鸠其他方面都与鸽子相像，无论是飞行姿势还是日常习惯，就是体形小那么一些。家鸽在观鸟者眼中不算鸟，从来不会被记录在案。会被当成鸟的原鸽、雪鸽、岩鸽、灰林鸽、紫林鸽、黑林鸽、点斑林鸽、中亚鸽、欧鸽、斑尾林鸽则主要在中国西北部和西南部才可能望见。斑鸠最常见的是山斑鸠和珠颈斑鸠，此外还有灰斑鸠、火斑鸠、欧斑鸠、棕斑鸠、斑尾鹃鸠、栗褐鹃鸠、棕头鹃鸠、绿翅金鸠、红翅绿鸠等，至于更多的绿鸠、皇鸠和果鸠，主要往还于云南和东南亚一带，它们是无国界的，有国界的人，要有足够的运气和细心，才能看到它们。

《养鸽常识》说，斑鸠，亦称“勃鸠”“鹁鸪”。野鸽的一种。亚种甚多，体型大小及羽毛色彩因种类而异，多栖于平原和山地的灌木林中，食果实及种子等。在我国分布较广的有棕背斑鸠，亦称“金背斑鸠”或“山斑鸠”。此外尚有：新疆亚种，分布在新疆北部、西部及中部；云南亚种，分布在云南西部以至西双版纳；台湾亚种，只分布在台湾省。另一种珠颈斑鸠，亦称“珍珠鸠”或“花斑鸠”，多栖于平原，觅食杂草、谷类和其他种子，主要分布于我国东部、南部、以及西至西藏东部。

虽然有人说鹁鸪可能是“播谷”，即可能是布谷，也就是大杜鹃；但我仍旧怀疑“鹁鸪”与“斑鸠”就是同音异字。从古音韵学的角度来看，它们的音调相近，而古代的人命鸟名，多半以声形来模拟。斑鸠二字猛一听与它的“咕咕”声不太像，但“鹁鸪”就很像了。四声杜鹃的“咕—咕—咕—咕”会被全国各地的人用不同的词来“会意”，母鸡下蛋的声音在全国各地的汉语“用词”也不一样，原因只在于全国各地方言的喜好不同。闽北方言中称斑鸠很像“八鸪”，想来也是同样的道理。

有人专门列了一张表，把《诗经》里提到的鸟名作了对应，什么鵻是鹁鸪，鸿是天鹅，翚是野鸡，凫是野鸭，鷖是鸥，鵙是伯劳，桃虫是鷦鷯，流离是一种鸮类，晨风是一种似鹞的猛禽。由于解释者也不太懂鸟，一半的胡乱猜测加上一半的胡乱对应，搞到最后，还是让人不知所云。

《中国的上古神话》甚至编撰说："少昊又称穹桑氏、金天氏，名字叫挚，本相是一只金雕。他起初在东海外几万里远的海岛上建立了一个鸟的王国，文武百官全系各种各样的飞禽：凤凰通晓天时，负责颁布历法；鱼鹰骠悍有序，主管军事；鹁鸪孝敬父母，主管教化；布谷鸟调配合理，主管水利及营建工程；苍鹰威严公正，主管刑狱；斑鸠热心周到，主管修缮等杂务。五种野鸡分管木工、金工、陶工、皮工、染工；九种扈鸟分管农业上的耕种、收获等事项。"这算不算真正意义上的神话不好说，如果是神话，那么这些古代的鸟如何与今天的鸟对应？古代的人如何对这些鸟类进行品性的觉察，进而对它们授予不同的分工？想来终究没有什么道理。何况，斑鸠与鹁鸪本是同类，里面将其分为两类，显然也很随意。古人本来说是随意的，加上讹谬流传，只能姑妄言之，姑妄听之，傻呼呼地非要枘凿起来，也是迂腐。手头还有一个更妖异的，《尔雅·释鸟》记了一个古代传说，说"鸠天阴则逐其妇，天晴则呼唤之"。

南宋诗人方岳有《农谣》一诗："春雨初晴水拍堤，村南村北鹁鸪啼。含风宿麦青相接，刺水柔秧绿未齐。"而苏轼有一阕词《望江南·暮春》说："春已老，春服几时成。曲水浪低蕉叶稳，舞雩风软纻罗轻。酣咏乐升平。微雨过，何处不催耕。百舌无言桃李尽，柘林深处鹁鸪鸣。春色属芜菁。"陆游的《秋思》说："村南村北鹁鸪鸣，小雨霏霏又作晴。拂枕欹眠不成梦，却拖藤杖出门行。"《小园》组诗中有一首说："村南村北鹁鸪声，水刺新秧漫漫平。行遍天涯千万里，却从邻父学春耕。"

鲁迅在《故乡》中也提到了斑鸠。他与闰土认识后，"第二日，我便要他捕鸟。他说：'这不能。须大雪下了才好。我们沙地上，下了雪，我扫出一块空地来，用短棒支起一个大竹匾，撒下秕谷，看鸟雀来吃时，我远远地将缚在棒上的绳子只一拉，那鸟雀就罩在竹匾下了。什么都有：稻鸡，角鸡，鹁鸪，蓝背……'我于是又很盼望下雪。"

2003年4月7日，《浙江日报》郑重其事地报道"兰溪鹁鸪声声闹城区"，说"每天清晨，上千名在兰溪府前广场晨练的市民，边听咕咕咕！咕咕咕……的鹁鸪欢叫声，边打着太极拳，享受着城区优美的生态环境。市民余志昌感叹地对记者说：'鹁鸪是稀少鸟种，只有在树林较多的乡村才能听到鹁鸪叫声。如今，在兰溪城区也能听到鹁鸪叫声了。'近年来，兰溪市相继投入5亿多元资金，从城区搬迁出了40多家污染严重的企业，开展了以建立噪声达标区和烟尘控制区为主的'四禁三包二建'活动，在市区黄金地段铺设草地，种上了香樟树、广玉兰等常青树种。全市干群纷纷出钱出力种树植草，认购公共绿地，全

市每年新增绿地多达10万平方米。优美的生态环境，让上千只鹁鸪在兰溪城区找到了栖息之地。”

而2004年8月17日《丹阳日报》则报道了“鹁鸪鸟阳台育儿”的事件，说从6月中旬开始，一只雌性鹁鸪鸟便飞进龙凤山庄居民沈先生家中，在他家阳台上的花盆内做窝、生蛋、孵化小鸟。当雌鹁鸪鸟衔来小树枝在花盆内铺好“软垫”后，便生下了两只蛋，随后便一直趴在盆内孵化。其间，时常有一只雄鸟前来送食。大约过了一个星期左右，两只小鸟破壳而出。之后，雌鸟又忙着照顾小鸟，每日的早、中、晚三个时段，雄鸟还会准时从远处飞来给小鸟喂食。其余时间，雌鸟便带着小鸟围绕着阳台练习飞行。到了7月底，雌鸟见时机成熟，便带着小鸟一起飞走了。不料到了8月7日，雌鸟又飞了回来，并且又生下了两只蛋开始孵化。沈先生“奇怪自己家中几只普通的花盆为何会成为鹁鸪鸟中意的育儿场所”。

不知道这是常识的缺乏还是故意的夸耀，反正看到这样的报道，一方面欣喜于人们的热情，一方面又悲哀于人们的冷漠。有些理由说起来都那么牵强，也如科举时代八股文的“生勾硬拽”术一般，不顾死活地将其拉在一起。颐和园里面，条条游路两旁，安放了不少水鸟的解释牌，我们细看了几张，发现有一张介绍夜鹭的照片，用的似乎是黄苇鳽。不过，我们还是打心底里希望这样的宣传越来越多。

中国有不少旅游景点以鹁鸪来串线，什么鹁鸪洞、鹁鸪岩之类的。有意思的是一本叫《餐巾折花二百例》的书，里面能用餐巾折出各种鸟类的花样，包括凤凰、孔雀开屏、小孔雀、大鹏展翅、青鸟枝头、喜鹊迎门、小喜鹊、双背鸟、雪雁、雄鹰、和平鸽、金鸡唱鸣、鹁鸪鸟、双天鹅、鹈鸪在唱、彩风、双鸟比美、海鸥、鸳鸯戏水、松尾鸟、火鸡、啄木鸟、鹏程万里、苍鹰、夜莺、知更鸟、鱼鹰、百灵鸟、春鸟相思、画眉双鸣……我真的不知道，是我抄错了名录，还是这些鸟有许多的别名——比如知更鸟，我知道它的学名叫欧亚鸲；夜莺也不能说是诗人纯粹的臆造，可能是一种歌鸲，因为《辞海》中夜莺的词条似乎这样说：“鸟纲，鹟科，歌鸲属部分种的通称，体态玲珑，鸣声清婉，且多鸣于月夜，故名。”——或者文学的意象向来就不能用现实来进行死板的对应？不过我真的很想知道，这里面的“松尾鸟”是什么？“鹈鸪在唱”又如何来表现？而“鹁鸪鸟”，被服务员的妙手折出来后，是不是很像斑鸠，如果是，与“和平鸽”如何区分？

(2005)

克隆一只渡渡鸟

据说渡渡鸟是地球上最先灭绝的鸟类。可能是在科学的水塘里泡得太久了，这话我总怀疑不太可靠，如果说它他是地球上人类可以肯定纪录的最早灭绝鸟类还差不多。虽然人类已经导致近百种鸟类绝灭，但由于人类至今不完全清楚地球的“鸟类本底”，有些鸟悄悄地生存，悄悄地死亡，又哪里知道谁在何时灭绝？

靠近非洲马达加斯加岛的印度洋上，有一个火山岛国叫毛里求斯。渡渡鸟是岛上特有的鸟种，和鸽子是近亲，科学家把它命名为“愚鸠类”。它是一种大型地栖性鸟类，高1米左右，体重可达30磅，几乎不会飞。肥大的体型总是使它步履蹒跚，一张大大的嘴巴，就是在喜欢吃它的肉的人眼中，样子也显得有些丑陋。在野蛮人入侵之前，岛上没有它们的天敌，渡渡鸟很多。1598年荷兰殖民者到达该岛，这些欧洲水手带着来复枪、猎犬和凶残的本性踏上该岛后，看到这种鸟只会慢吞吞地跑，身上的肉多而美，巨大笨重，性情温良，对暴力毫无反抗能力，于是对之进行大肆捕杀，打猎以取乐，食其肉以活命。他们又引进岛上本来没有的外来物种，这些猪、狗、猴、鼠们毁坏渡渡鸟的巢，吞食鸟卵，使之数量急剧减少。开始时，欧洲人每天可以捕杀到几千只到上万只渡渡鸟。可是由于过度的捕杀，很快他们每天捕杀的数量越来越少，有时每天只能打到几只。1681年，岛上最后一只渡渡鸟被杀死，邻近一些岛屿上的渡渡鸟在1760年左右也差不多完全灭绝——当然又不能完全这么说，因为渡渡鸟存活在毛里求斯的国徽图案中；它也存在于博物馆的标本室和画家的图画、小说家的文字中。

岛上有一种特有的树名叫卡伐利亚树，自从渡渡鸟灭绝后，这种树丧失了

繁殖能力。此树年年开花结果，却没有一颗种子发芽。就在所有的树都行将老死的时候，1982年，美国威斯康星大学动物学教授斯坦雷·坦布尔，在岛上对卡伐利亚树作了几个月的深入研究。最后他作出判断，是因为渡渡鸟食用这种树的种子，它的肠胃溶薄了果核，排到体外后，芽苗得以穿壳而出。渡渡鸟灭绝了，卡伐利亚树也只能静候灭绝。现在，科学家想出的办法是人工磨薄卡伐利亚树的果核，或者找其他与渡渡鸟有类似消化能力的鸟——比如吐绶鸡，来吃下树的果实，卡伐利亚树就又能繁殖后代了。

英国牛津大学的沙皮罗、库柏等人从该校自然历史博物馆的渡渡鸟标本皮肤上收取了DNA样本——正是这只鸟赋予了刘易斯·卡罗尔灵感，促使他在小说《爱丽丝漫游奇境记》中加入了一只渡渡鸟，从此让不少读过了这本书的孩子们知道了渡渡鸟这个好听而顽皮的名字。

现在是基因时代，靠着这个样本，他们又取来其他的鸟类的样本作参照，绘出了渡渡鸟的基因图谱，从而确定了它在生物进化树的位置。自然，就有另外的一些人想：为什么不能用这些DNA，复原渡渡鸟呢？科学家即使做不了保护工作，也应该做些抢救性的恢复工作啊？这对科研是多么有意义的事。

这个研究小组真的试图重造渡渡鸟。当然，让已经灭绝的动物复活是不太可能的，科学家只希望能利用渡渡鸟的DNA，对现有的鸟儿进行基因改造，培育出与渡渡鸟相似的鸟类。据说渡渡鸟与如今的鸽子确实很像，但有些重要基因，也许如肥胖基因、性格基因、行走基因、飞行基因可能大不相同。但这些几百年前留下的DNA已经降解得十分严重，仅能找到很少部分的DNA序列，只是几百个碱基对而已。这与以亿计数的全部碱基对来说太少了。让渡渡鸟复活是不可能的。不过，万一这些残留物，都是渡渡鸟的那些特殊而重要的基因片断，把它植入现有鸟类的卵，就可能培育出一只“类似渡渡鸟”。然后再通过基因的敲除和修正，也许慢慢地还真能把渡渡鸟复原出来呢。

也有人说，是没有天敌的安逸环境，导致了渡渡鸟进化成这种天杀的活该灭绝的熊样。要不，它作为鸠鸽类的近亲，为什么不能像它们一样既灵巧敏捷躲开人类的捕杀，同时又成为人类的朋友的肉食提供者——成为人类的家养动物呢？

在中国，有人吃苍鹭，有人吃金雕，有人吃天鹅，有人吃麻雀。有人什么都吃，有人在那公然赞叹“还是斑鸠肉和雉鸡肉好吃”。今年8月份，沿着伊犁河的支流巩乃斯河谷前行，突然大巴车来了个急刹，把大家从昏睡中吓醒，下车后才知道，是一小队石鸡过马路，其中一只不幸被前面的面包车给撞死了，面包

颐和园拍鸟爱好者

车司机喜滋滋地停车去拣。我们下车顺着他的视线回望，看到后续部队还在零零落落地过马路，着急得某些人跳着跑着要去追赶，嘴里呼啦啦地喊着，倒像是进村剿民的部队。

想来，克隆一只“类似渡渡鸟”如果成功，然后再基因放大、种群养成，到最后会成为人类新的肉食来源呢，让那些因为富裕和权势而变得褊狭邪恶的人，满足口腹之欲。科研是为人类服务的，即使从这么一个简单的功利因素考虑，科学家也应当得到经费的支持。

有一天我带外甥去参观自然博物馆。正逢暑期，里面都是孩子，他们来自全国各地，他们到这来以旅游的速度吞食知识。我一进门，一转眼就找不到外甥了，我想，与其急呼呼地四处瞎找，不如静下来独享空闲。于是我背着手也参观起博物馆来。

正好看到一个小专题，叫“国旗国徽上的鸟”，看得我情绪大开。趁着这个由头，接连到网络和书本上去查国徽、国旗上的鸟，也查各个国家的国鸟，慢慢地盗版来了一些知识。

比如基里巴斯共和国的国旗图案中，有一只展翅飞翔的军舰鸟；巴巴多斯的国徽图案上除了一只海豚，还有一只翼大嘴长的鹈鹕；巴布亚新几内亚的

相思鸟

国旗国徽上有极乐鸟；澳大利亚国徽左边是一头袋鼠，右边是一只鸸鹋，中间扶着一个盾面；危地马拉共和国的国徽中有一只彩色艳丽的“自由之鸟”，当地人称为“格查尔”，又名彩咬鹃，与啄木鸟同宗；多米尼加联邦的国旗图案中，有一只当地特有的鹦鹉“西色罗”，极为稀有；泰国皇徽的图案是一只大鹏背上载着那莱王展翅飞翔，这种鸟是泰国古典文学中描写的“鸟中之王”，那莱王则是传说中降妖灭怪的神；美国将白头海雕作为国鸟，自然也将其铸在国徽上；阿尔巴尼亚国旗中间有只黑色双头雕；厄瓜多尔共和国徽图案中包括一只展翅的美洲雄鹰，这种鹰叫大兀鹰；玻利维亚共和国国徽图案中，屹立着一只展翅的安第斯山鹰；墨西哥国徽图案中一只展翅的雄鹰，它嘴里叨着一条蛇，一只爪抓着蛇身，停歇在一棵仙人掌上。

猛禽大概在形容国家才干和民族智慧时用得最多的，其理由不言自明。奥地利的国徽中有一只雄鹰（雕），其他如埃及、赞比亚、德意志联邦共和国、西班牙、苏丹民主共和国、波兰、印尼、约旦、伊拉克、也门、叙利亚等国家的国旗或国徽上也有猛禽的图案，如科威特、阿联酋、冰岛则用隼来形容它们的国徽，比如冰岛是白隼。比利时干脆用红隼作为它们的国鸟，日本用绿雉，英国用知更鸟（学名为欧亚鸲或红胸鸲），德国用白鹳，印度用蓝孔雀，奥地利和爱沙尼亚则用家燕，挪威用河乌，荷兰用白琵鹭，卢森堡用戴菊，丹麦用云雀和白天鹅，瑞典用乌鸫，新西兰用几维鸟（也称无翼鸟），澳大利亚用琴鸟，特立尼达和多巴哥用蜂鸟，巴哈马用大红鹳，缅甸用绿孔雀（又称爪哇孔雀），爱尔兰和隆尔瓦多都用著名的海边涉禽蛎鹬。

红嘴相思鸟

它们被重视和选拔出来，要么是因为“对本民族有特殊感情”，要么“能除害虫、对农林有贡献”，要么“容貌漂亮或歌喉动听”，要么像渡渡鸟一样，从生态角度出发，因为“有关物种或类群（例如琴鸟科、蜂鸟科和极乐鸟科）的主要产地与该国有关”。1782年6月20日，美国国会通过决议，把北美洲的特有鸟类白头海雕定为美国的国鸟，并将之作为美国国徽的图案，成为世界第一个确立国鸟的国家。此后一些国家相继效仿，至今已有40多个国家选定了自己喜爱的鸟类作为国鸟。据说我国也在确立之中，但愿不是渡渡鸟这类已灭绝或者濒临灭绝的鸟，如果要用它们，还不如用凤凰呢。

中科院院士、北师大教授郑光美先生在发表于《生物学通报》1998年第3期的《漫话国鸟》一文中，认为丹顶鹤虽然好，但不是中国特有鸟类；画眉、红嘴相思鸟等虽然“鸣声婉转动听，羽衣华丽、体态玲珑”，但千年以来都是“笼中鸟”，现在每年有数以百万计的个体被活捕出口或内销，“在中国未彻底改变这种将野生鸟类关在鸟笼里‘爱’的‘鸟文化’之前，选它们作为国鸟将是一种讽刺，也是一种悲哀！”他主张选红腹锦鸡（金鸡）（Chrysolophus pictus），它是我国特产鸡类（或鸟类）代表作，身兼留鸟型、野外鸟型、文化鸟三种特征，最合适作为国鸟的候选，因为“金鸡是雉类中羽色最为绚丽的一员，广布于我国华中、西北、西南的山地森林内，行动敏捷矫健，种群数量较多，自古就深为人知，陕西省宝鸡市之得名即源于当地（秦岭）盛产金鸡。晋代郭璞《尔雅注疏》即有‘似山鸡而小，冠背毛黄，腹下赤，项绿色鲜明’的生动记载；故宫博物馆珍藏元朝（1349）王渊《花竹锦鸡图》，对金鸡有如实的写生。中国鸟类学会经过反复蕴酿、比较，最终经投票表决以红腹锦鸡图案作为会徽。”

(2005)

鸟类进了集中营

松树还是友好的，它的林下至少在夏天会长起松蘑——虽然我家乡的人认为吃了这蘑菇会消散身体的力气；松林下也允许其他的植物生长，不像桉树那样，仅仅能列得出满目的铁线蕨之类。杉树就霸道多了，它的针叶刺人生疼，它的林下什么都不让长；人一钻进去，蚊子就扑过来，蛛网就沾得你一脸。

在南方，有多少个村庄被杉树、桉树和松树包围？在北方，有多少个土地被杨树、槐树和榆树所占有？当林业局的人美滋滋地说今年又造了多少亩林的时候，当全国所有的干部在春天都被强制上山绿化祖国的时候，不知道他们的心中，是否知道，什么叫生物多样性？那些人工纯林，表面上是笑嘻嘻的自然生态，骨子里，却是凶残血腥的“绿色沙漠”。

中国真是个古怪的国家，林业局居然能管着野生动物和鸟类，又能管着树林、草原、湿地，既希望借助森林发展“林业经济”，又想借着生物资源和世界进行接洽，管理、建设中国的绝大部分保护区。即使从植物学意义上讲，他们也应当更名为国家森林资源局，而如果加上动物的因素，就应该更名为国家生物资源管理部了。他们的任务首先不是想着如何把所有的天然林都替换为人工林，而应当是调查一下这个国家的生物资源的家底，然后抓紧进行保护。在南方，你根本就不要去造林，你只要封起山来，山上什么都能长，十年二十年之后，就又是一片次生天然林，因为种子和根无所不在，因为土壤肥沃，气候良好，雨水充沛；在北方也是如此，其实只要你耐性，等得起，山自然就会绿，水自然就会清，只要你不干扰它们。

记得几年前到湖南采访中科院下面的一个亚热带农业方面的研究所，这个研究所在桃源县有个研究站，他们把一个坡分为几大块，好像是一块任其生

长，一块隔一年砍一次，一块隔三年砍一次，一块隔五年十年砍一次。这个实验需要由科学家来做，说起来也滑稽，因为任何一个对自然有些贴近的人，都会明白这个道理。实验结论自然很明显，头一年是芦苇，第二年就长了梧桐的小树，第三年连普通的阔叶树也长起来了，五年十年之后，林下落叶和荫凉还刺激了菌类的生长。显然，人类活动干预越少的地块，生态的演替越自然，自然界给予人类提供的财富也就越多。这财富包括对气候的调节、水量的蓄养、生物多样性的促进、优美风景对心灵的滋育、林下产品对周围村民生活的恩赐——丰富他们的餐桌，加热他们的柴灶，时不时用山珍让他们换取些意外现金收入等。

在这样的地方，鸟类自然是多的，而且多得相当随意和率性。一百年多前，有一个美国人来到中国，他惊讶地发现，在一个“古老而人口稠密的国家，有如此多的野生动物”，他猜来猜去，认为有那么两个原因，一是政府多方设法限制国人执有枪械，顺手工具的缺乏减少了伤害自然界的机会；二是因为中国的绅士们喜欢以抽鸦片、赌博、嫖娼、看戏、胡思乱想来娱乐身心，很少有人“以摧残动物的生命取乐”，猎户在中国要么是谋生型的专职猎户，要么像农民于农闲时节到山野中找些贴补，不像欧洲，贵族们有以打猎取乐的传统。

一百年后，这个叫E.A.罗斯的美国社会学家，可能想不到，中国人正在以另外一种不声不响的方式，把山河割碎，把生物赶入新型牢笼，把鸟类逼入“集中营”里。这一方法我将其归纳为“生态替换”。

人工经济林替换了天然林、致富的果园替换了天然林、污水替换了清水、城市替换了村庄、工厂替换了农田、沙地替换了草原、湖底替换了湖面、矮树替换了高树、农田替换了湖泊、农药替换了天敌、化肥替换了农家肥、汽车替换了马车、钢筋水泥替换了竹木，说到底，都是因为人类替换了自然、城市恶习替换了村庄的质朴、化学合成型经济替换了自然物理型经济。

其结果就是把野生动物挤兑得无处可去。起先我这方面的感觉不明显，一门心思地以为动物是被人毒害、枪杀、网沾、套取、陷坑捕捉得光光的，以为是农民在破坏环境。有一次去四川出差后猛然发现，沾网、猎枪（汽枪）、索套这些邪恶之物的威力，远远比不上人类活动中最缺乏罪恶感和前瞻意识的“经济发展”，比不上无孔不入的“工业化生产”所带来的危害。当地也有森林，但都被分割成碎片，一小片林子最多几十棵树，如果说这样的森林鸟类尚且可以忍受的话，那么对大型的鹿科、猫科动物就形同虚设，无异于把一个饱蘸伦理道德的人通身衣服给扒光、强迫其在大街上游行。即使没有人举枪打

他、提刀捅他、挥拳揍他、拿电击他、甩鞭子抽他、掀起嘴角笑他，光是用目光看他，发话来议论他，也足以把他看得羞愧而死。

经济发展最原始也最自然、最朴素也最省劲的办法，就是倒卖资源，中国人天天夸自己富有智慧，甚至编制虚假报告自称比全世界所有国家的人都聪明，但是，中国人至今，发展经济的主要方式，仍旧是以各种各样的粗暴形式倒卖资源。很少有人是靠智慧、知识和真诚的体力来支持个人生命和他所在的家庭。

李白《行行且游猎篇》似乎在夸一个“不读一字书，但知游猎夸轻趫”的“边城儿少年”，写此人成天只知喝酒跨马、带剑横行，类似任侠之客。有一天“半酣呼鹰出远郊”，“满月不虚发，双鸧迸落连飞髇”。由此他感叹“儒生不及游侠人，白首下帷复何益？”似乎是对人们的射猎英勇行为进行赞叹，“有朝代的局限性”，但他的那首《鸣雁行》，却是对人们的行为作过警告：“胡雁鸣，辞燕山，昨发委羽朝度关。一一衔芦枝，南飞散落天地间。连行接翼往复还。客居烟波寄湘吴，凌霜触雪毛体枯。畏逢矰缴惊相呼。闻弦虚坠良可吁。君更弹射何为乎？”

徐渭作的“乐府体”中，有一首叫《张家槐》说：“张家槐，鹊巢枝。使君户合扉，鞭行人，上及飞；弹鹊母，连鹊卵，鹊母弃雏走何所。曙衙开，邸报

丹顶鹤

来，使君朝去鹊莫归。”他又有一首叫《刘巢云雁》的七言古诗，写的是看到一幅知名画家画的雁图的联想，其中提到了雁被人伤的惨状：“本朝花鸟谁第一，左广林良活欲逸，巢云花鸟学林良，巢云之手亦称国。他师丹绿入胶矾，女儿刺绣针为刓，老巢水墨不着色，自有活鸟飞云天。陈贤购得老巢写，汀芦八雁掌略赭，其他并是墨为之，芦疏雁密栖于野。我闻雁宿有知更，弋雁之儿诒雁鸣，雁怒乃不听，雁儿乃得屠其城。老巢画此亦故本，一飞一宿余俱鸣，一喑不鸣顾而蹲，主人将取饭庄生，我今评此评不得，巢如欲画画不成。”

晋文公出去打猎，碰到一个渔父，这个渔父对他说：“鸿鹄保河海之中，厌而欲移徙于小泽，则必有丸缯之忧；鼋鼍保深渊，厌而出之浅渚，则必有罗网钓射之忧。”现在，鸿鹄们已经无法分心去担忧人类的迫害了，因为它们经常找不到吃的。过去的深渊浅泽，今天要么变成了房子，要么变成了良田。北京郊区的一些养殖大户，他们养的鱼最近老是被涉禽和水禽所食，苍鹭、大白鹭什么的老是结小群到这来聚餐，怎么赶都赶不走，于是就想找政府要赔偿；圆明园、颐和园、天坛、陶然亭，甚至包括北大、清华这样市内的“生物多样性大院子”，最近几年也出现了“高尔夫魔症”，把原本无人注意的荒角僻落的所有杂草灌木全都清除，种上了美国加拿大等引来的“冬绿”青草，结果，棕头鸦雀等只能依靠某些矮小的竹林保护它们的胆怯；“长三角”的一些“螃蟹大王”可能尚未觉察，他们养的螃蟹被白脸琵鹭叼去充饥；厦门天竺山林场“农家乐”里养的鸡鸭，本来是要卖给游客的，时不时也让蛇雕抓去一只。河南鹤壁市，据说过去是因为“鹤集于崖壁”而得名，后来生态极度恶化，被中国人视为吉祥仙子的鹤们再也不在这停留，也就是去年吧，有那么几只“灰色的鹤”惊现于其市边的水面上，当地人甚至不想费心去搞清楚它的真正学名是什么，就赶紧在报上发表起报道来，夸耀当地生态环境在好转，“鹤壁又见鹤飞翔”。有些鸟是善于学习的，比如红隼，据说过去不喜欢在城市里生活，现在，红隼已经适应了北京这样的城市，在它的眼中，城市获取食物的可能性，甚至比在荒野要容易；如果北京据此说生态环境正在好转，那红隼听了肯定会哈哈大笑的。

经常有些地方政府在那夸耀当地今年某种鸟——比如夜鹭吧，又多了多少只，有些专家倒不担心这些政府在虚报，他们在想：这地方生态并不很适合这类鸟生存，湖面小，树也不高大成材，成材的也不成林连片，它们一向对居留地要求苛刻，为什么会选择这里繁殖呢？需要担心的是因为其他适合夜鹭居住和繁殖的环境被破坏了，才不得已迁居此地，忍气吞声，将就过上一段时间；

以后还来不来，就很难说了。就像农村的人到城市打工一样，他在农村实在找不到出路和做人的尊严，才捂着心灵跑到城市里低声下四地讨生计。

社会进步似乎只能用经济发展来衡量，发展经济似乎才是最仁慈的，谈环保似乎就是反对发展，阻挡进步，“让人类掉入野蛮”，其实发展的方式往往粗暴和野蛮。这种悄无声息的、大义凛然的、表面理由强硬得让你无法反驳的对鸟类和野生动物的挤兑，无异于把他们一天天逼入退无可退、守无可守，上天无门、入地无缝的“集中营”。当德国士兵把犹太人赶进集中营时，如果你是个昧着良心的人，你会夸耀说，哦，全世界的精英都集聚在我的村庄我的房子里了，这足以说明我这个地方对英才的吸引力是多么的优越。然而你不能这么说，因为他们是被迫来此，他们接下来的命运将无比悲惨。

环保是在寻找一条更加合理和智慧的发展道路，环保试图给出一个物理学上“融洽的解”、生态学上互为依赖的场面、文化学上互相敬重的气氛。据说苏南发达，苏北则落后，而位于苏北的盐城，有个苏南所无的“国家级自然保护区”，丹顶鹤是作为设立这个保护区的最重要论据，所以盐城人自称“鹤乡”。然而鹤乡的人本质上并不怎么爱鹤，不怎么爱鸟。苏南的人发展了经济

诱拍红耳鹎

诱拍红耳鹎

却毁了太湖，苏北人准备步其后尘，做逐臭之夫。盐城湿地保护着几百种鸟类，因为中国的东南沿岸，正是全球鸟类迁徙大通道之一，成万上亿只的“迁徙的鸟”，春自南来，冬由北下，都要在这个“高速公路休息站”里停羽、喘气、加油、休息上那么几天再鼓足勇气起飞。

而现在，这个保护区的面积将缩小一半，原因非常简单，当地要发展经济，梦想着找国家投资，建一个“世界级良港”。选来选去，似乎就这个地方合适，割来割去，保护区那成千上万亩的“荒地”让人垂涎，保护区软弱无力的编制最容易动刀。站在“支持地方经济发展”的大狼牙棒面前，保护区的软筋弱骨毕现无遗，保护区干部受组织专制的能力则又一次得到了体现。

将来，湿地面积缩小之后，即使这些鸟类还愿意到这来——它们确实也得到这来，因为自广东往北，直到东北，盐城正好差不多位于中间，这地方是它们在疲惫的旅途中能找到的惟一稍微安全和宽阔的歇脚停趾之地——那么很显然，不几年之后，盐城保护区的“鸟类平均居住面积”将少一半；但如果用另外一个眼光来看，则是“每平方土地平均拥有的鸟类多了一倍”。怎么看待这些数字，怎么巧妙利用这些数字，就看当地人的良心和才智了。

（2005）

鹭岛寻路记

表面上严厉的户籍制度正在土崩瓦解，姐姐在厦门买了一套房子，于是他们一家三口的户口就可以迁到厦门去了。

然而麻烦得很。要到厦门去，自然就要到厦门找工作。一年来的奔波，他们夫妇发现，在厦门找工作是如此之难。两人原来都是在事业单位，但“到厦门去”完全是个人原因，在系统内调动就难。从闽北往闽南走，像是“人往高处走”，自然就得让工作“水往高处流”。闽北于闽南，二者间的差距，用经济指标来衡量，就如“内地于沿海”，太穷的穷人于太富的富人，保守区于开放特区，资源供给区于资源消耗区，文化陷落区于文化标榜区，以弱搏强说不上，以虚求实、以动荡求平静总有一点，心理上多多少少是有些障碍的。闽北的人讲闽北话，闽南的人唱闽南歌，闽北的人吃山产地产田产时多，闽南人则

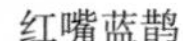

红嘴蓝鹊

红嘴蓝鹊

吃海产平原产的时候多，闽北的地瓜、柑桔、甘蔗闽南都有，闽南的香蕉、龙眼、芒果、荔枝、番石榴却为闽北所无。

他们怀疑我多多少少是能够帮得上些忙的，理论上说我曾经认识闽南某位副市长。这在十年前无意间结识的关系，在今天看来是如此的珍贵和稀罕。我深深地体味到这种旧关系的可能，于是我趁着出差到上海附近的关系，偷空出来，再坐火车，到了厦门。帮得上帮不上，我心中没底，但至少可以到他们的新家住一住，到当地观一次鸟。

这个地方十年前我曾经来过，当年大学刚刚毕业，在到工作单位报到前，好好地旅游几天。和所有传统的闽北人一样，我们从小见到的都是山与河，一直没见到海。那次到厦门倒是我第一次看到海。看到了海，看到了鼓浪屿，参观了厦大和南普陀。其他关于这个城市，关于这个城市的鸟，我是一点记忆都找不出的。

厦门是鹭岛，这在过来的火车上就有所显现。铁轨两边的渔塘、水坑、田地和小溪边，时不时可以见到那么几只鹭或者一只单鹭。他们中以小白鹭居多，偶尔也能见到牛背鹭、大白鹭、中白鹭。厦门可能是靠海，又因为位于南方，鹭不但多，而且种类也有成套之势。从鸟谱上看，中国有的鹭，除了白腹鹭在西南、白颈黑鹭在台湾之外，其他的这里似乎都能看得到，黄嘴白鹭、苍鹭、池鹭、夜鹭、绿鹭、草鹭都甚常见；多半只在海中礁石上生存的岩鹭，“鸟谱”也在福建沿海涂有一条表明是夏候鸟的黄色，说明它们在这里每年至少会待上那么一段时间——可能是留鸟。

红嘴蓝鹊

要到厦门自然要和厦门观鸟会联系。厦门观鸟会在国内名声赫赫，有会员几十人，活动开展得扎实稳妥，核心成员大有由志愿者晋级为专家的趋势。前几年，他们还得到英国皇家鸟类学会的小额赞助，沿着福建的海岸调查“神话之鸟”黑嘴端凤头燕鸥。他们还真的发现了，陆续两年都有观察到的记录，有一次还确认它们在繁殖。

苍鹭和喜鹊

中国现在“民间观鸟活动”处处都在爆发。只要有几个热心的带动人，当地往往就能发展出一批。厦门、深圳、上海、成都、北京、广州、香港等地的火热程度都证明着这一点。尽管说中国存在这样那样的问题，但必须承认，无论是从政治开明程度、个人自由程度还是从社会集体富裕的程度上看，中国都处于历史上最好的时期。现在中国的惟一缺憾就是环境伤害得太厉害，原因倒是简单，是因为我们对自然界严重缺少“带感情的知识”和“带知识的感情”。而观鸟，从某种程度上说可以缓解这个缺陷。

似乎是一个不成文的行例，也因为是网络的诱发，所有的观鸟者都会取一个鸟名作为网络上常用的ID，大家交流很少用正名，都是用网名，所以，厦门观鸟会的副会长“斑鱼狗”问我的第一句话就是：“你的网名叫什么？”

我是周四到的，他在短信中说：“周六有活动。”很早以前我就给姐姐一家买了《中国观鸟指南》和《中国鸟类野外手册》，现在机会来了，也许应当趁

这个机会带他们入行。他们原来在小县城里，身孤力只，不太可能观鸟，厦门算是“国际大城市”，人与人之间的来往方式可能要比小县城有趣味一些。他们搬到厦门，正好可以“新手上路”。当然，前提是两个人得找到合适的工作，先安居，心里才可能不那么颤巍巍的，与人说起来话来，也才会心安神宁、收放自如。

当周六早上七点钟我们到达市体育中心门口集合时，“斑鱼狗”挨个把参加活动的成员向我们介绍，这是“岩鹭”，这是“燕鸥”，这是“鹫”，这是“海豚队长”，这是“伯劳”，这是“蓝色”，这是“雪雁”……此时我没有名字，只有笑容。

我们要去的地方是天竺山，这座山被漠视了成千上万年，所以植被没遭到破坏，鸟类发展得很好。现在要开发了，要正式成为“国家森林公园”。封起山来，要做的第一件事就是修道路建办公楼和宾馆，与我在河南董寨自然保护区见到的一样。厦门是闽南的“政治经济文化”中心，四面八方都在向厦门伸出“吸管”，每个有可能的城镇和村庄都准备修一条方便直捷的通向厦门的公路，以让厦门的辐射带动作用早日发挥。就连偏僻的天竺山，长泰那边的一个村庄已经不由分说地把一条路劈山修了过来。

记得钟嘉在“周三课堂”上的一次讲演里说，初次观鸟的人最好具备两个条件，一是要有高手一起观鸟，二是要带他们去观水鸟。高手虽然经验丰富，但几年前也是从门外汉、墙外汉而登堂入室，由旁观者成为局内人，由无心客成为痴情家。看水鸟时场面开阔，如过去看的宽幅电影，如现在看的“大片”，很容易震撼人心。水鸟也安静，它们花色虽然较简单，但是个体庞大、数量惊人、种类繁多，有一种壮观的美丽。这些鸟配上波光荡漾的水，配上秋草霜树和收割后的田野，配上路途中顺便看到的那么几种常见林鸟鸣禽，一天下来，既有美的获取，又有知识的引诱，自然而然，就能逐步入门、拾级而上。

天竺山上倒是有水库，我们下车的地方就在一个小水库边，但这样的水库岸陡水深，很少能留住水鸟。边上有几间房子，可住宿可吃饭，据说是几个人从天竺山林场那共同承包的，他们忙着杀土鸡宰土鸭。房子周围种着桔树、柚树和橙树。房子前面的空场上，露营者的帐篷尚未收起。显然，这是一个很好的户外活动场所，每到周末，可以说得上是人声鼎沸了。

上尉头天晚上就来了，他的车子后面贴着一张椭圆形的黄色“私章”，上面是厦门观鸟会的图案，下面是他个人雅号的英译。我们顺着防火道往山上走，这条道路据说不久后就要铺成水泥路，以方便期待中的大量游客的通车和

步行。几个小时下来，看到的鸟类不算多，算一算只有三十来种，天气倒是阴凉，只是能见度不高。看到了熟悉的北红尾鸲、画眉、红嘴蓝鹊、大山雀、黑卷尾、黄眉柳莺、黄腰柳莺、褐柳莺、白头鹎、红耳鹎、栗背短脚鹎、红头长尾山雀、树鹨、白鹡鸰、紫啸鸫，听到了灰胸竹鸡、四声杜鹃、白鹇，初次见到了棕颈钩嘴鹛、红头穗鹛、灰眶雀鹛、长尾缝叶莺、灰林䳭、褐头鹪莺、白喉红臀鹎、赤红山椒鸟等。吃饭时，大家还在担心厦门机场边的栗喉蜂虎，因为它们的生存的林区正要被推翻，修建成一个什么高档社区。

我把望远镜和书给了姐姐和姐夫，我知道这初次入门是难的，因为林鸟多半飘忽迅速，警觉敏捷，前面说看到看到，在这里在那里，后面的人眼中茫无所见，不知所指，等有所觉察，再对上望远镜时，鸟又跳跑了，能看到的只是树叶和芦苇。想一想也明白，一个尚未有观鸟经验的人，在这个时候，难免被淡淡失望所钳制。甚至心里头想：我跟着这些人瞎起哄个什么劲呢？看到了又能怎么样？

当城乡差别、地域差别能够用钱来进行通融和改善的时候，爱竖墙垒壁的人们能想出来的招数，是文凭和学历。姐姐正在福州大学进修一个本科学历，她说由于现在的假学历、水分学历太多，填表的时候用人单位往往会要求在任何学历的后面填上附注，是“第一学历”，还是进修生、电大生；是全日制学位证，还是“在职修行”得来的毕业证。

第二天我到姐姐的单位去玩，她是幸运的，她在岛外找到了工作，单位离家极远，早上六点多出门，晚上过六点才能回家。她的单位倒有那么几种鸟，珠颈斑鸠、鹊鸲、白鹡鸰、白头鹎、家燕、麻雀、大山雀、棕背伯劳时常撞入眼线。姐夫说，还不如先在这看起来呢，能把这些常见鸟认清楚，就不错了。他说得有道理，观鸟最好从当地看起，从身边看起，从城市小公园看起，从单位的大院子看起。

在她单位的体育场边，我边和保安聊天，边欣赏着时常从榕树下到地面上的暗绿绣眼鸟，这是南方很常见的小精灵，喉咙鲜黄，全身嫩绿，眼眶“绣”着一圈白边，在树上缠绕着悄无声息地找小虫、吮花蜜。用她办公室的电脑，上到厦门观鸟会的网站，从上面下载了他们刚刚发布的“厦门鸟录”，岩鹭（她说：我第一次观鸟时看到的第一种鸟是岩鹭，所以我叫岩鹭）在注释中标示说，厦门目前调查到的鸟类共有303种，外加逃逸6种。我想，如果姐姐他们一家要是保留着对观鸟的兴趣的话，那么，这三百多种，足够他们积累上几年的了。

回家的路上，姐夫眼尖，看到芭蕉宽阔的叶面上有一只鸟飞过，然后停留在杨树上，接着后面又是几只。他拿望远镜过去对着看。那是灰喜鹊，城市中的常见鸟，不过在厦门，我也是第一次见到它们。

（2006）

被漠视与被忽视的，是鸟

海子有一首诗，叫《亚洲铜》，他在诗中说："爱怀疑和爱飞翔的是鸟，淹没一切的是海水。"我坐在云峰山谢道长的起居室内，窗外的树冠上，一小群短嘴山椒鸟正欢鸣。无论是雄性的赤红色还是雌性的鲜黄色，在近黄昏时的光线下，显眼，却又安宁。

正是欧阳修《醉翁亭记》中所说的"游人去而禽鸟乐"之时，此时我心中有无数的感触，但正如苏轼《乞校正陆贽奏议进御札子》所言："才有限而道无穷，心欲言而口不逮。"

坐公共汽车从保山往腾冲走，前半程路两边分外凄惨，所有的丘陵都被人类的推子剃光了头，上面露着辛酸的红壤。路两边的行道树，全是桉树，它们翻着灰白色的叶子，在风中，在微雨中，显露出一种愚蠢分明的骄奢之色。但上到高黎贡山时就好了，这地方是"世界人与生物圈计划"保护地之一，自然，国家也就相应地给足了优厚待遇，将其立为国家级自然保护区，于是当地的居民就收起了斧刃火种，一大片天然林就保护下来了。

云峰山道观明朝万历年间就建有了，有时是僧寺，有时是道观，供的主神幻化多变，但一样都为当地百姓所信任。几百年来历经多次圮毁和重修，几十年前又一次荒芜之后，为道士所进占。我的记忆中，道观似乎乐意结茅于山之极顶，而寺庙多半偏好营构于山之半腰，尤其是两山夹峙中的凹部；建于顶有利于登仙，建于腰有利于集气；山腰易伏藏于树，不易见但易达；山顶突兀而出但难以登临，心生畏而后久持。从修行理论上说，各有千秋，各阐宏旨。我偏向于此地原本就是一个道观。《徐霞客游记》里也没说清楚，县志里的记载似乎有些偏颇。对于民间来说，观与寺，玉皇大帝与元始天尊，真神与假偶，

原本都容易混淆。香火旺盛只需要一个理由，那就是灵异，或者，只需要它们能够起到调节心灵的作用。

云峰道观建于当地一个名叫尖山的顶上，海拔超过2400米。到达之后，我惊异于它与武当山如此的类似，只是建筑的规模远不如武当山，毕竟它未受过明清时国家领导人的册封，现在连国家级文物保护单位都不是，因为许多建筑都是改革开放后慢慢地苦心重建起来的。

中国现在，自然生态算得上好一些的地方，多半有几种，一是保护得较好的自然保护区核心区，二是某些公园、纪念地、风水林或者旅游地，三是由于交通不便而开发之魔手暂无法伸探到的地区，四是某些寺庙和道观周围。小时候我时常随父母在春节期间到某个小庵里进香，对其周边的幽深厚岚的天然林深怀敬意；云峰山也有“山林四千亩”，这四千亩天然林印证、养育和护卫着道观的一小缕灵气。而四千亩之外，几乎也被砍伐一空，因为它们的经济效益被过度重视了。与武当山一样，站在云峰道观，最容易看到的就是远处大自然的伤疤。“伤口长在谁身上不疼？”答案是“长在别人身上”，想来更好的答案是“长在大地爷爷的身上”。

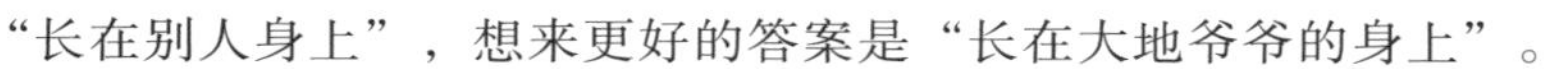

谢道长给我讲山上有许多鸟，但要他描述，他也说不清；他说有一种鸟叫“娃娃鸡”，个体超大，“有这么长”，每到傍晚叫声就如娃娃哭鸣，然而要他提供更多具像，他也无能为力；翻《云南鸟类》，介绍红腹角雉，就说当地人称为“哇哇鸡”；红腹角雉还是一张邮票的主角，据说这张邮票卖得超级好。

想来生活在自然界中的人，对于自然界都是漠视的，他们在忽视中，给予自然界是一种保护。中国人似乎不能了解某个地块的深浅，一旦了解，就想去控制和占有，就想去开发和采掘。说是狗急了会跳墙，兔子急了会咬人，母鸡急了会飞上那么几米，小孩子急了会尿裤子；大自然急了，它们能干些什么呢？难道真的能如我们暗地里所猜想的那样，对“人类进行疯狂报复”？我认为大自然没有那么狭隘的心胸，它的种种灾难性发作，其实伤害得更深的是它们自己。

厦门的天竺山林场，原来很寂寞，在被漠视中有一种怡然自得。现在热火朝天地申请成为国家森林公园。它们要被重视了，第一道关就是大兴土木和

苍鹭　艾怀森 / 摄　（本图片由艾怀森先生拍摄，在此深表感谢！　——作者）

隆重开发。也许中国实在是有太多的人谋财无门、暴富无望，任何稍微有点特色的资源，都会被流氓地痞、政府官员、奸商巨贾看在眼里、图在心头。在中国，自古就有老、庄这样的人，揣着深深的担忧，怀疑受重视到底会给那些受体除了灾难之外还能带来什么样的好处。即使不谈“盖智可以谋人，而不可能谋天。良医之子，多死于病；良巫之子，多死于鬼”（方孝孺《深虑论》）这样的业报，就谈当世承恩受隆的个体本身，往往要么是殚精竭虑的肇始，要么是助纣为虐的开端；要么是珍宝被显目地损毁，要么就是美貌被渐进地划伤、恶化。

河北承德某个小村庄的商鹤羽，受父亲之遗命，默默而坚韧地保护苍鹭几十年，让苍鹭种群从8只繁衍到今天的2000多只（应当说是改善了环境让更多的苍鹭敢于在此居留），让当地生态小范围内一日日好转。为此他借债巨量，得罪人无数。现在，过去的荒山被重视了，更名为千鹤山，他频频接受采访，获得奖励，为当地扬了名。结果是什么呢？村里有人公然说“保护的功劳中也有我一份”，而这个人，可能就是爱偷鸟蛋吃鸟肉的人；结果呢，某些有钱人想

投资开发“旅游资源”，可行性报告上的借口说得多好啊：“让游客体验到人与自然的和谐，让更多的人感受到美好自然的珍贵，让孩子们得到爱鸟主义的教育，让村子里的农民有个打工赚现金的好地点，让当地的经济找到一个新的发动机，让承德的文化在新时代有了新的诠释和延伸。”

于是我感觉到某种无耻在这些报告和言辞中荡漾。我担忧商鹤羽护住了苍鹭和村庄周围的小环境，却永远无法加固人性的道德之堤，让贪婪之洪水不外泄，不管涌，不漫滩，不决口而下。

云峰山也正在被重视之中。据说这个地方许愿、抽签、算卦是很灵的，祈财发财，求子得子，祛病病除；山顶上可仰星，下可俯瞰，中可眺望四周风光，所以很是得人。云南腾越地区就不用说了，连东南亚乃至美国英国的不少人都很归认它。

2005年6月初，保山市委宣传部负责人陪同云南省委宣传部的高官大员来此闲游。道观主持李宗稳道长听说了，就让道友给他们递了两份写得颇为笨拙的宣传单，说消防局指出他们木质结构的厨房存在消防问题，需要整改；想出的办法是另择地盖一个砖混结构的小楼，马上就要封顶了，准备在国庆节时把厨房搬过去；同时留出部分客房，供愿意在山上流连的一些人居住。希望宣传部“帮助宣传宣传”。这些人笑脸答应，不想，两天后，当地政府就接到保山市某个领导人的口头命令，要把房子拆除。几番僵持的结果，开了无数次的会，甚至动用了防暴警察来镇压，吓坏了李道长，吓昏了某道友，吓哭了不少坤道，吓气了一些原本不相干的人。国庆黄金周的最后几天，终于开始动工拆除。一座花费将近一百万元的未完成建筑，就在一个厅级干部刻意不留任何记录痕迹的“口头命令”下，在腾冲县政府近十个部门组成的拆迁工作组的“共同推动”下，在五十来名民工几十天的锤砸锨铲袋装肩背中，慢慢地化为乌有。

我就是为勘察这件事的真相而来的。云南是全国鸟类最丰富的地区，尤其是林鸟，中国几乎所有的鸟这里都有，而这里的许多鸟却为其他地方所无。它们都带有热带亚热带地区林鸟的那种万千姿色。自然，我不会忘记带上无论去哪出差都如影随形的望远镜和《中国鸟类野外手册》。

坐在车上，看到路边电线上的伯劳和野鸽，我没有喊停；看到路下方一个小湖里凫游和觅食、休息的雁鸭类，我没有喊停；看到漫游在收割和打谷的田野边的白鹭，我也没有喊停。坐在赶路的车上，任何人都只能默默忍受和等待。

黑领椋鸟

棕头鸦雀

但在云峰山道观上安顿下来后，我和谢道长就可以在四周闲逛了，他一边和我讲山的历史典故，一边夹杂着谈“莫须有”的如“被鬼打了一巴掌”似的“拆房事件”的来龙去脉，以及他心中对此事件的“理想处理结果”。我一边听着，一边拿着望远镜逐鸟而观。同时也不忘让他来分享，看得他连连赞叹。

我看到了些什么？一群群的灰眶雀鹛、棕头雀鹛与红头穗鹛，他们与橙斑翅柳莺、黄腰柳莺、白眉雀鹛等一样，从来不肯安分，在乔木树丛的中下层游荡；两只绿翅短脚鹎则安分如道士，坐在松枝上悄然修行。大嘴拟啄木鸟、星头啄木鸟和金胸拟啄木鸟几乎同时出现在一棵高杈上。黄颊山雀、切背山雀与黄眉林雀往往混在一起，北红尾鸲形单影只，站在灌丛枝上，抖动着它棕红色的尾巴。

谢道长在我身边闲目四望，突然他喊道，看，那山脊的松树透光处，有红色的鸟与黄色的鸟。我抬起望远镜一看，那是一小群山椒鸟，可到底是赤红山椒鸟还是短嘴山椒鸟，当时距离太远，不敢肯定。也许两种都有。我听到了什么？我听到了四声杜鹃？听到了鹰鹃？听到了某种噪鹛？什么都不敢肯定。

在寿星石的旁边，有一个洞，原来是天然的，后来经过了人工的修凿，深进了一些。我们就坐在里边静静地等待鸟族经过。果然不久，就看到一只雉鸡或者鹧鸪似的鸟探了一下头，但马上就踱开了，只听地面有响声，但根本瞧不见。地上插着香。谢道长说，傣族的人，一年往往要积攒至少三百元钱，以能够到云峰山来进香；她们随身带着香线，上山要是累了，只需要往路边插上一

夜鹭

支香，身上就又重新注满力气。这上山的路边，随一段就会看到这些从未点燃的香线。谢道长想到这个洞里修行上几年。他说，要是能修行到鸟那样收放自如的境界，该多好啊。

旅游局在门口修起了大门，要收二十元的门票；为了上山方便，当地某些单位和个人打通旅游部门，修起了索道，一上一下五十元。一些信众从几百里之外赶来，到了山下，打听得价钱，吓得不敢上山，掉头坐车回家。门票和索道方便了游客，却吓走了香客，而云峰山却是为香客的山。旅游让这个地方受到了重视，公路与索道方便了通达，可这个道观再也无法清静了，稍微有点势力的人，都可以结队过来频繁骚扰。政府作恶起来时，会谋划比流氓地痞高明得多也恶劣得多的招数，让他们生不如人，死不如鬼。

据说整个拆除工程费用要十万元，统统由道观出资；拆除工程则由乡党委书记的堂兄弟包工。几十个忙于拆除的人都来自附近村庄，除了伙食费他们能得到二十元的工钱。据说部分人在建筑这小楼时也出工往上驮过材料，一头骡子一次能驮两包水泥，或者驮四十块砖；长一些的钢筋，则需要人扛上来，一天只能扛一次；沙子一方，买价只需要三十元，而运到山上，价钱就飙升到四五百元。于是一座建筑面积才四百多平方米的小楼，花去了道观的几乎所有收入，而这些收入，全是信众的血汗钱，主要是他们来进香时一元一元供奉的“功德钱”。

可能是正在混乱中的缘故，加上山上突然人口爆增，道观心神不宁，无法保持环境的清洁，建筑物的周围往往抛洒着垃圾，厕所的臭气飘荡；而小楼拆除下来的所有渣土，乡党委书记命令不必拉下山，而是“就地处决”，全都像污水一样顺着陡峭山势往下顺溜，据说流下去的地方很隐蔽，是一个深谷，有树木覆盖，有岩石围挡，人们既无法看到也无法接近。人们对待垃圾的办法，就如传说中的有德之君对待“虫蛇恶物为民害者”，只是一味地“驱而出之四海之外”，好像污染转移、迫害隐藏，看不见了，就等于没有实施，看不见就伤害不了自然。

但愿这山上的鸟不会受到游人目光和身手的惊吓和残害，这个世界不会再有“材技吏民”“操良弓毒矢”，对动植物“必尽杀乃止”（韩愈《祭鳄鱼文》）；但愿这周围林下的各种菌类不会让游人吃尽荡光，但愿每一个道人都能修行到鸟的境界，但愿“拆房事件”这样的劫难不再发生。

下山离开时，我先是在空中看到了一只猛禽；在索道站的小溪边看到了白顶溪鸲和黄鹡鸰；而在云峰村民院子中的柿子树上，看到了黑领椋鸟；在村庄边上看到了黄臀鹎、白鹡鸰和斑鸠。收割后的田野里，小白鹭站在埂上休息，白腰文鸟结群嬉戏；田埂上的一棵草枝上，一只小鵐悄无声息地蹲着；而它上面的电线，刚刚跃上来一只欢快的灰林䳭；在一片未收尽的烟地里，一个女孩赶着的几头水牛在吃草，它们的脚边，跟着几只牛背鹭。谢道长回头朝我一笑，说，你看这种鹭鸶，有牛的地方，就有它们。

（2006）

像麻雀那样生活

麻雀喜欢成群聚集在一起，三五只可以，三百五百只可以，三千五千只也可以。当几千只麻雀在离你十来米之外的地方哗啦啦地赶集和交谈的时候，你会怀疑走进了某个“茶馆”，因为中国的许多“茶馆”，比如湖北孝感这一般地方的茶馆吧，其实就是麻将馆。“以秽嫚为欢娱，以鄙亵为笑乐”，喝茶续水，一天可能只需要一块钱，“码长城”，一天的输赢可能在一万元。

“歌要齐声和，情教细语传”。听到成千上万只麻雀联欢营造出的声音，你会感叹，麻将被称为麻将，或者被称为“雀牌”，还真是有那么一点道理。

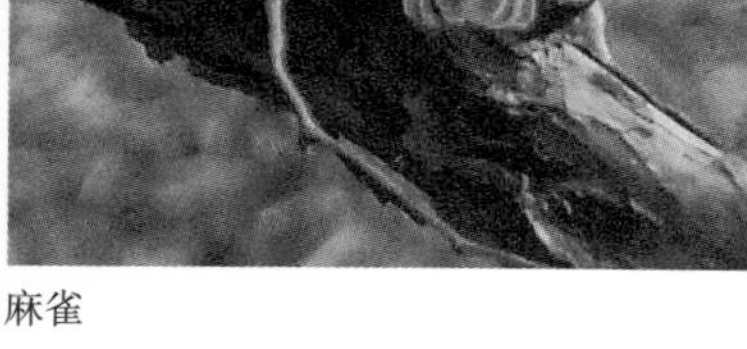

麻雀

中国是个模拟型社会，由麻雀而模拟出麻将，也不枉是一种文化创造。

观鸟时间长了之后，观鸟的人往往会说，其实，如果你有心，仔细地观察观察麻雀，你会发现它们也很美，无论是它们身上的纹理，还是颊边的那道小黑斑，无论是它们“跳走”时急急忙忙的神态，还是安静时略显呆板的神情，你会想，这天天为我们所熟视的家伙，个性是多么的可爱啊。

郑作新院士去世后，他的一些关于鸟类科普的文章被编为《与鸟儿齐鸣》一书，由科学普及出版社出版，我在“自然之友”办公室那买了一本。郑院士与鸟儿作伴几十年，中国鸟类的家底可能只有他最清楚。20世纪50年代末，中国人不知道哪根筋出了问题，把麻雀列为“四害”之一，想方设法要加以除尽灭光累死饿毙。郑作新院士对麻雀的食性进行了调研，他花大量时间，在全国各地选择了几百只麻雀，对其肠胃进行翻检，以判断其食物源。他得出了结论：麻雀虽然不能说是“纯粹益鸟”，但其食性庞杂，在春天谷类播种、秋天谷类丰收时，可能会对农作物有所损害，但更多的时候，吃的是杂草籽和小昆虫（其中肯定会有害虫）之类，甚至算得上“益鸟”，其功过怎么说也应“一半对一半”。他有理有据的劝说起了作用，麻雀从四害中剔除，让“臭虫”去“顶缸”。

麻雀是中国分布最广的鸟，像中国人一样，无处不在。很多人会把各类小型鸟当成麻雀，或者在许多人眼中，这世界只有三种鸟类，一是麻雀，二是乌鸦，三是老鹰。常规说的麻雀属于麻雀亚科，包括麻雀、雪雀等12种，最常见的麻雀应当称为“树麻雀”，其他的还有山麻雀、黑顶麻雀、黑胸麻雀、家麻雀、石雀、白斑翅雪雀、褐翅雪雀、白腰雪雀、黑喉雪雀、棕颈雪雀、棕背雪雀等，很多都只在特殊区域才能看到。山麻雀不像树麻雀那么近人，往往住在山区，像北京的松山自然保护区，就能见到；家麻雀只在我国的新疆一带有分布，因为它们是亚洲西部常见鸟类；雪雀要在青藏高原的草原和荒漠上才算常见。

爱养鸟的人都知道麻雀“气性大”，只要是成鸟，根本养不活。你把它关进笼子里，它就会气哼哼地拿脑袋和身体来撞击，撞到身体开裂、羽毛散乱也不停止。身受重伤，心挨重创，恼羞成怒，宁死不屈，一两天的工夫，就闹得颜殒玉碎。其精神很是让人敬佩。猛禽虽孤傲凶狠，却似乎比麻雀容易驯服。

深秋时节，去了一趟潭柘寺。在潭柘寺山门用望远镜瞄着一只柏树上的麻雀，心里一度怀疑它是不是山麻雀。走在我身边的一个老人开始与我闲谈。她是河北涿州人，她说，她同事家里曾经发生过麻雀故事。有一天，她一个同事的儿子在路上拣到一只小麻雀，它可能是掉到地上也可能是正在跟父母学飞

麻雀

而被误认为无人领养，孩子看这只“青少年麻雀”可怜，就带回家抚养。小家伙毕竟需要关爱，也不那么警惕笼子，它也许以为那就是妈妈给它做的保护巢。有一天这麻雀成年了，孩子上学去了，阳台上的笼子边，经常有好几只麻雀在那呼唤闹腾，孩子的父母不知道原因，也没注意去查看。嘈杂持续了几天之后，孩子放学回家，在阳台上只看到一个空笼子。由结果而找原因，他们推测，是那些麻雀一块儿想办法，把笼子的插销给拨开，把小麻雀放飞了。

游览完寺庙出来，下台阶往汽车站走时，突然看见几个卖山楂干、葫芦、桃枝、玉米面、柿子等“土特产”的妇女脚底下，有几个旧布盖着的笼子。一对白领夫妇正和某个妇女讲价。笼子里的两只黄雀，卖的人要一只十元，买的人只肯两只十元。几番抬价和削价的舌战之后，妇女同意十元成交。但必须现场放飞，如果要带走笼子，必须再给三元。那对夫妇本来是要带到某个地方放飞的，这么一僵，于是就现场放飞了。他们的交易吸引了路人，妇女们来劲了，争相扯开遮盖，露出自家的笼子。我数了一下，一个笼子里有两只金翅雀，一个笼子里有两只黄腹山雀，一个笼子里有两只燕雀，一个笼子里有一只大山雀，还有一个笼子里，居然有一只麻雀。

潭柘寺过去是有水的，甚至有个“龙潭”，但现在，潭柘寺前的村庄，只能靠打井取水，村庄前面的小河，只在夏天暴雨时才有径流。中国几乎所有的寺庙周围，都会形成一个“放生小市场”，其实就是当地人捕捉了当地的动物，来让游客和香客们买去放生，放生之后再抓回来，或者抓其他的回来，再让其他的人买去。这种经济现象倒是很有意思，如果不对鸟产生伤害的话，一只鸟一天被轮回放生一百次，也许就能“放大”出几百元的经济效益，能“生

产”出无法估量的信仰功德。

这些“雀”都是林鸟，正值秋季，风急天高，银杏飘零，候鸟南飞，它们自西伯利亚进入中国境内之后，在内蒙古、东北一带，沿途被各类捕鸟机关层层拦截，“云罗高张，天网密布”，有幸飞到北京，光临寺庙的，也仍旧难逃地方土著的罗网。不管是什么鸟，只要人类想捕捉它们，不管是“要活的”还是“要死的”，都会想出诸多毒辣之术。刚刚抓到，马上进入“流通市场”，放飞这些鸟，也还来得及，怕就怕储蓄在那，一直没人买，过了迁徙时期，这些鸟再放飞自然，也许就难熬了。

想来那只麻雀是不会有人买的，因为猛一看，其他笼子里的鸟都要漂亮得多，黄腹山雀与黄雀都有好看的黄绿色羽毛装饰，而金翅雀的翅膀上更有一段羽毛呈现黄金之颜，燕雀虽然杂乱一些，但红与黑也算得上显眼。只有麻雀显得平庸和普通。

很多人在此时是矛盾的，买，等于继续鼓励、刺激这种通过买卖自然生灵来谋利的无耻之举；不买，这些生灵何时才能回归自在？心里一个声音说，那向派出所举报吧？好，我正要打电话。这时候倒有个朋友打电话过来，他也正好在潭柘寺游玩，下山时在某个小摊边，当地人要把某个特产以极高昂的价钱卖给他，他不同意，周围就有一群人上来作证，证实他踢了卖特产者的下身。于是他报警，警察来了，询问笔录就做了十来个小时，到最后还是要他给卖特产者五百元，否则卖特产者就到法庭上控告他“故意伤害”。

在任何地方你都能听到麻雀的嘈杂，在任何建筑上你都能看到它筑的窝，麻雀就像我们的同类一般时而毫不起眼，时而让人厌烦，时而有那么一丝丝美丽。平房时代古典建筑的斗拱是它们的热爱，但高楼时代新派建筑的任何缝隙都能为它们所钻营。哪怕是马路边的路灯，它们也能找个缝钻进去，用嘴把杂草的梗啊叶啊搬进里头，筑起它们的安乐窝；至于像塔楼上的空调孔，更是为它们所喜欢，如果你留心，每一个空调孔里，几乎都有麻雀在驻扎。

麻雀像乌鸦、喜鹊、灰喜鹊一样是留鸟吗？你今天在家边看到的那群麻雀就是你昨天看到的那一群吗？它们在某处做了窝就等于永久定居并且获得了麻雀国颁发的土地证书了吗？有人相信，有人怀疑。当全球的鸟类学家都开始做环志的时候，大家都把目光盯紧了各种显而易见的候鸟。日本有个鸟类学家却对麻雀进行了环志研究，后来发现，也许麻雀也算候鸟，它们会进行短距离的迁徙和移动。这种迁徙和移动与它们的势力范围似乎无关，与它们身体内的隐秘呼唤和感应似乎也没有关系。可能原因只是这样：麻雀的安居能力很强，所

以它们会随行随止，今天在这明天在那；但它们又挣扎于另一个品性之中，它们是地面上的鸟，是留恋家庭生活的鸟，是与人类最亲近的鸟，所以它们的迁徙就说不上有什么规律，就像再淘气的孩子，天黑了，也知道回家；就像从小就在世界飘荡的人，你问他的籍贯，他也叙述得清清楚楚。

麻雀聪明吗？也许鸟类本来就不该用是不是聪明来进行衡量，但我多次看到麻雀打架。两只麻雀互相用嘴掐住对方的脖颈，然后从半空中一直摔到地上，贴着冰凉地面也不肯松口，还互相咬住不放，不知道过去的朋友之间哪来那么大的仇。也看到几只麻雀一块欺负另一只麻雀。但麻雀也真是说得上聪明和讲义气的。有新疆的巴音布鲁克，有一个美景叫九曲十八弯，游客能够站在一个草原型高地上远眺一片湿地。湿地中的径流柔缓，水道弯曲，在夕阳照射下，水波与周围的草地柔和地拥抱在一起，看上去让人对这个世界顿生怜悯之心，美感的火焰在心中升腾，自然，你感觉到生活又有了些么的希望。在高地与湿地的交界处，往往有十几只黑耳鸢在顶着气流“嬉飞”。它们身体下面有个陡峭斜坡，坡上乱石和杂草间，堆着一团原来用作草场围栏的铁线，如果把它们原样展开，就像电影中的那些战斗英雄们半夜用老虎钳剪开的带电护网一样，铁线上还扎着许多尖刺。几十只麻雀就躲在这里面，静静等待猛禽离开。这个地方，可以说是世界上最安全的庇护所了。

李白《野田黄雀行》教育小人物如何惜命：“游莫逐炎洲翠，栖莫近吴宫燕。吴宫火起焚尔窠，炎洲逐翠遭网罗。萧条两翅蓬蒿下，纵有鹰鹯奈尔何？”徐渭有一首叫《寄杨会稽公》的七律，写的似乎是麻雀，说：“由来活雀恋杨家，北望金台云路赊；野宿尚须愁艾叶，卑飞何以报黄花。三公自定行方始，四壁成环美不瑕；自愧即非王母使，徒将双眼看荣华。”

想来麻雀就是这样“貌柔心壮”，柔弱的身体滋生着勇敢，大众型分布却不乏高贵，好结群也爱内讧，忙于觅食又善于休闲，似乎愚钝的外表藏着聪明的心。每一次看到它们，都有人会为这感慨万分。

（2005.10）

昆明的乌鸦上哪去了

乌鸦在中国意义非凡，儒家的著作中发了疯似地强调它能“反哺其母”，所以写诗的人，多半都要把乌鸦称为“慈鸦”；画画的人经常把乌鸦画得很柔和。儒家最重的是孝道，子女对父母，子民对国家，都是要孝。因此，当我们看到乌鸦的时候，要是迅速地想到它的象征意义，那么乌鸦变得更加的美观。

昆明据说原来是一个民族或者说部族或者说一个聚居群体的称呼，其“户口所在地”离今天的昆明城颇远。汉武帝在长安城修了“昆明池”，有一个说法是模拟滇池，有一个说法是模拟洱海。前者的说法最顽固，说汉武帝开凿此池是为了操练水师，以便将来进军西南，“并购”“昆明”诸族。如果传说是真，汉武帝此举似乎是“凿池明志”了。昆明池后来成了长安城的游乐盛地，臣子夸耀皇帝的雄才大略，时民称赞皇帝的功德，有时候就用“昆明”二字来形容他。

后来清朝的乾隆皇帝附庸风雅，或者是为了展示个人的飘溢的才华和扎实的古典学术实力，在修颐和园时，把经过修凿扩张的“西湖”改名为“昆明湖”。

所以不管怎么样的昆明，似乎都和今天的昆明无关。寻找历史的人还喜欢引用马可·波罗的话，当年这个意大利人以一条巨大的曲线自北而西南、返回大都再从北而东南穿行忽必烈晚年时代的大元国土时，他在游记里写下了一句话，说昆明是“一个壮丽的大城”。最早听到某个学富五车、文理兼能的科学家在面向昆明的演讲中引用到这句话时，我颇为激动，后来细读马可氏游记，发现他几乎把耳闻目睹过中国稍大些的城市，都称为“壮丽的大城”。

某一次到昆明的第二天，去翠湖公园看红嘴鸥。此时国内国际的政客和科

学家正在默契地大肆宣扬“禽流感”，正逢“红嘴鸥进入昆明城二十周年”，据说当地有些知名的鸟类学家，如西南林学院的韩联宪、云南大学的王紫江，以及云南生态网络的陈永松等人，在筹备一个活动，来纪念这件事。红嘴鸥成群在半空中飘扬，它们银光闪闪，有如小战斗机在表演“无序者的秩序”。

翠湖公园的水面不大，被分成许多小块之后，单位面积就更小了。在里面过得最滋润的大概是绿头鸭，它们和一群家养北京鸭混居在一起，鸭的阵列中甚至还有一只大白鹅。有那么一两只长相怪异，我怀疑是绿头鸭与家鸭的混交品种。绿头鸭是家鸭的祖先，想来它们作为系祖与遥远的后代进行交配，不会有什么繁殖障碍，只是它们的后代，是喜欢定居生活还是喜欢逐水草而居的“游牧”？

秋天了，如果以“废物利用”的眼光来看，那么“留得残荷听雨声”可能是最好的解决方案。在这褐色的残荷与用暗红色镶边的睡莲间，有那么两只绿鹭在虎视眈眈地盯着浊黄的水面。它们的嘴裂很深，这让眼神看上去恶狠狠的，姿势倒是十分的耐心，鹭类大概是定力最强的鸟了，我怀疑它们能以一个姿势站上一天。它们的身边，一只白鹡鸰在洗澡，一只灰鹡鸰在某节断梗上抖颤它的长尾巴，露出它鲜黄的腰部，似乎对白鹡鸰说，看我，颜色搭配得多妙，而你，和大熊猫一样，永远拍不了彩色照片。

且慢，夕阳弄晃了我的眼睛，但定定神之后，我发现，有两只黑色的东西在闲闲地游动着，尖尖的嘴不停地啄着水面。它们的嘴是黄色的，它们的身体黑得有点灰。我见过那么多次黑水鸡，第一次见到嘴是黄色的——而且两只都是如此。记得某年元旦在孟津黄河湿地观水鸟时，在一大群鸭子中看到两只黑水鸡，当时它们的嘴可是鲜红的啊，难道它们是紫水鸡？或者是黑水鸡的亚成鸟？

我的手头有一本王紫江教授编的《云南鸟类》，里面的参照图都用拍摄的照片。这些照片中的鸟类姿态各异，不容易谋得全貌。上面的两只黑水鸡显然处于繁殖期，它们的喙部红得要滴下血来。最后遍对图谱，除了黑水鸡，其他的鸟更是不像。

我怀疑云南要是选省花，三角梅一定当选。八哥看来是喜欢三角梅的，它们十几只蹲在深绿与粉红间，喙基的“大胡子”似乎全都翘起。他们的黑映照出旁边一只个体稍小的鸟来。最后这只淡棕灰色的鸟飞到一棵柳树上，与一群灰椋鸟混在一起。此时，我只能猜它们是灰背椋鸟。在岸边的“芦荡”里，两只褐头鹪莺在翻翘着它们旗帜似的长尾巴，它们嘴里发出的类似敲石子儿的

声音又快又急，它们一看就是些得了多动症的家伙。如果让它们与褐柳莺进行“敲石子儿比赛”，它们一定要胜出许多。

昆明理工大学，据说“环境很好”，有个为了保护水源地而特设的“小型森林公园”。森林公园里，有人在锻炼，有人在胡扯，有人在阅读，有人在恋爱。森林里放养着大量肥胖的松鼠——有人就以为我挂着望远镜是为了看松鼠而来，然而这里的松鼠极其近人，它们会在离你一米远的地方与你对视，它们会对旁边走过的人熟视无睹，仍旧快意地翻着垃圾箱。树鹨在小浅沟中温和地穿行，寻找它们合意的食物。柳莺在树枝间飘然飘去，大山雀穿着它那身小黑吊带，时而跳到地面时而在树枝上翻单杠。

黄眉柳莺、栗头鸦雀似乎都喜欢与蓝翅希鹛在一起周游、扫荡这个院落的大树小树。我绕行森林公园的过程似乎就是不断地与它们相逢的过程。就在我对这三番五次的遭遇感觉到舌头和心头生出淡淡的乏味感的时候，突然，我镜头前的两只黄腰柳莺同时“入定”了。它们歪着头扭着身，就那样凝固在柏枝上。足足有两分多种，从头到脚一点表示也没有，不出声，不动换——旁边的一棵树上，有个似乎并非柳莺的声音在那里传出。难道这声音中有什么特殊的含义？足以让这些好动的小精灵害怕或者尊敬地安分下来？

云南农业大学动物科学学院曾养志教授主持的“版纳微型猪近交系原种场”，位于这所大学的最高处。白天采访他，晚上回到招待所，我频繁地上下于

从招待所通向养猪场的柏树夹道中。沿途两边，要么是养鸡场，要么是桃林，要么是花木实验场，要么是播种着新品种的小麦，虽然历经人类的耕耘，鸟类还是很多的。有电线、有矮树、有乔木、有算得上开阔的地面，几天之内，我看到了黑翅鸢、灰斑鸠、黑喉石䳭、灰林䳭、白尾鹞、棕背伯劳等，而金翅雀、黄臀鹎、家燕、珠颈斑鸠则是最常见品种。怪异的是，我在连续三个中午十二点左右，在办公楼外的种满苜蓿的空场上仰望天空，每次都看到了猛禽。第一次是一只普通鵟似乎到了正午风很大，热气流上升，它被一股狂风从猪别墅那边跌跌撞撞地吹过来，身体像薄铁片一样时而被折弯那么一下。然而它并不为风所控制，它醉酒般的飘荡完全是顽皮的"御风而行"，它在我头顶悬停了许久。第二天看到的是一只黄爪隼，似乎为了表演它的武功，它在扇翅悬停一阵后，突然束起身体，一个猛子扎进围墙后的空地，五分钟左右才慢慢地重新升空，不知道它在那里猎到的是何物，也许只是一只甲虫。而第三天，我看到了"疑似普通鵟"，但翼下没有两块黑色翼斑。查来查去，一会儿怀疑是凤头鹰，一会儿又怀疑是褐冠鹃隼，一会儿怀疑是白眼鵟鹰，一会儿又怀疑是某种鹞。

但我一直没看到喜鹊也没看到乌鸦。我看到了鹊鸲、戴胜、北红尾鸲这些普通品种，但是乌鸦和喜鹊上哪去了？《云南鸟类》上面，对二者的注释中，都有一句话："近年来数量显著下降"。原因是什么？昆明市区范围在扩大，城市的抛弃物和易腐物在增多，按道理它们的食物获得异常容易，难道城市在变得不适宜人类居住的同时，也不适宜鸟类居住？对于像乌鸦和喜鹊这样善于学习和适应的鸟类来说，城市还是颇为合意的居留地和迁徙驿站的，它们为什么像麻雀抛弃成都一样，如此狠心？

2006年9月，我到怒江州的兰坪县河西乡箐华村玉狮场普米族自然村采访天然林保护问题。箐花村主任杨周泽家的屋檐下，住着好几对金腰燕。一窝正在孵化小燕子，父母隔个几分钟就飞回来，给子女喂上一只飞虫。从望远镜里看去，被燕子夹在嘴里的飞虫个个眼睛都睁得很大，看上去充满绝望。说到生态变迁问题，杨周泽突然谈到村里的乌鸦和喜鹊以前都很多，这几年突然少了。"我们猜可能是我们这个地方开始使用化肥和农药的缘故"。普米族过去的农业种植方式非常的"有机"，几乎全是农家肥和松针这样的森林肥（家家户户都有一片林子作为"肥源林"）。但这几年也有些人开始使用一些农药。因此，他们认为，鸟类都是被农药给毒死了。也许这个解释可以作为昆明乌鸦去向的一个较通俗的解释。

（2006）

鹊巢谁占

一

古代人看到怪异的现象，就要找些通灵专家或者博学多才的人士来试图进行合理解释，这个解释的过程有时是占卜，有时是古代寓言的注释，有时就是现场的猜度。在古代的“意象占卜”中，会把看到的怪异分成几类，用青祥、白祥、赤祥、黑祥、黄祥等来表示它们的差异；而且“异自内生曰眚，自外曰祥。”理解错了，就会采取不同的对策，采取不同的对策，自然就会得不同的结果。就像一个人很坚贞，在一方看来是不堪救渡的老顽固，另一些人看来，则可能正是“识时务”的俊杰。

古代的人喜欢说“鷦鷯生雕”，鷦鷯是一种喜欢在水边的灌丛中跳跃的雀类，典型的小型良鸟，如果古人说的鷦鷯真是今天科学定义下的鷦鷯的话，它不可能孵育出雕这样的大型猛禽。类似的典故还有不少，看得出，古代的人宁可讹传怪异也不愿意实勘确查。春秋战国时期有个宋国，宋康王时，“有爵生鸇于城之陬”，于是让太史来解释，太史说：“小而生巨，必霸天下。”康王听了大喜，于是连连出兵，“灭滕伐薛，取淮北之地。乃愈自信，欲霸之亟成，故射天笞地，斩社稷而焚之，曰威严伏天地鬼神。骂国老之谏者，为无头之棺，以示有勇。剖伛者之背，锲朝涉之胫，而国人大骇。”齐国听到这个消息，就来讨伐宋国，“民散，城不守。王乃逃儿侯之馆，遂得病而死。故见祥而为不可，祥反为祸。”西汉时的学问家刘向说，以《洪范传》来“推之”，宋太史的解释可能是把现象解释拧了。“此黑祥，‘传’所谓黑眚者也，犹鲁之有鸜鹆为黑祥也。属于不谋，其咎急也。鸇者黑色，食爵，大于爵，害爵也。攫击之物，贪叨之类。爵而生鸇者，是宋君且行急暴击伐贪叨之行，距谏

以生大祸，以自害也。故爵生鹯于城陬者，以亡国也，明祸且害国也。康王不悟，遂以灭亡，此其效也。”（《新序·杂事第四》）

这里要解释两个词，爵就是雀；鹯，就是猛禽类，即使不是猛禽，也是比雀体形上要大得多的鸟。陆玑《毛诗草木鸟兽虫鱼疏》：“鹯似鹞，青黄色，燕颔勾喙，响风摇翅，乃因风飞急，疾急鸠鸽燕雀食之。”这样解释之后，可能有人脑中就闪耀电光了：“我知道了，这说的是鹊巢鸠占的故事。”

以前的理解“鹊巢鸠占”，是小人物们盖了房子，被地主恶霸这样的黑势力给夺走住去了。后来发现，鸟类的巢，主要在繁殖期才使用，鸠占雀的巢，目的是繁殖。再后来发现，所谓的占巢，只是鸠把卵生在雀的巢里，扬长而去，鸠夫妇只管欢娱，后代则强行委托雀来孵化和抚育；鸠们把卵投放到雀巢的时候，里面雀卵也在。可小鸠们往往先小雀而出生，这些小家伙们，狡猾而凶恶，刚刚出生的头一天，就会趁“养父母”不在家，把未及出壳的雀卵推出巢外；即使亲生子女已经出生了，雀父母也喜欢大的孩子，喜欢会哭嚷的孩子，喜欢长得鲜艳的孩子，所有的吃食都先喂给小鸠，其结果常常是让本家后代冻馁而死。不过，成千上万年以来两种鸟或者多种鸟能够这样波澜不惊地繁殖，雀越多则鸠越盛，想来这种办法有其合理甚至美好之处。

现在有许多“科学先生”已经了解，鸠不是斑鸠，而是杜鹃类，大杜鹃、小杜鹃、四声杜鹃什么的，都有把孩子强行送给别人养的才能。雀呢？则可能是指所有长得像麻雀的小型鸟。有一次去游白洋淀，导游在那夸芦苇荡里大苇莺很多。在介绍大苇莺时，她说：“我们这里还有一种鸟叫布谷鸟，当地人称它为胡涂妈妈。它们经常替大苇莺孵化和养育后代。大苇莺把卵产下后，就走了，其他的事都由布谷鸟来负责。”

我和一伙人在那听了半天，觉得可能她说反了。想起身找她辩疑，又觉得没必要。直到下了船，到岸上后，才鼓起勇气与她们聊了聊。她的同事说她知道自己说反了，我说好吧，既然如此那就不必再费唇舌。

自然就又有人想到了《诗经》。“鹊巢鸠占”的典源，应当是出自《诗经》的《鹊巢》一诗。这首诗有一句就说：“维鹊有巢，维鸠居之。”宋朝的朱熹在《诗经集注》中说，“鹊，鸠皆鸟名，鹊善为巢，其巢最完固，鸠性拙，不能为巢，或有居鹊之成巢者。”这么一解释，似乎又说的是性拙笨与性利索的关系。古代不像今天，占有话语权和文化权的却不是时常在野外劳动的农夫，他们明亮的眼睛应当能够看到鸠如何把卵生到雀巢里，让其代孵代育全过程的。他们的所见所闻与今天的科学家的监测结果也相类似。

问题在于它是鹊还是雀，“鸠”是不是杜鹃？这些问题的解决也很简单，古代的人命名有极大的随意性，差不多大的鸟，形状类似的鸟，可能就笼统给一个通用称呼。这给今天的人作辨析和考据留下了好多麻烦，但是，古代的文字都有戏谑性，再朴实的记录也荡漾着顽皮和调侃，再严肃干巴的记录也会有文学的鲜艳在闪耀。如果我们不把古人的文学记录作为科学证据，那么我们仍旧可以读得很快乐。文学之于科学，有一个地方是不同的，就是文学可以很率性和随意，可以不讲道理，可以不亲临现场，可以不必进行证伪或者证实，于作者是如此，于读者也是如此。

二

在学问的载体日渐合一化的今天，科学中应当带一点文学，文学中也应当带一点科学；否则就两败俱伤。而且，由于人大半时间都活在文学里，科学只是在必要的时候出面调适一下生活。由此我就佩服起高士其先生来。在高士其先生诞辰一百周年纪念会上，我拿到了一套新版的《高士其全集》。这位著名的科普作家说起来算是我的老乡。他的《菌儿自传》这样的科普之作写得幽默动人，简洁到位，颇具大师风范。

他也写诗，用诗歌来作科普。其中有一首叫《我是一种奇怪的鸟》作于1957年2月14日，写的是犀鸟。大概是他到云南考察之际写的，“我们来到‘云大’／在生物馆里我们看到／犀鸟、马鹿和猩猩”（《我到过云南许多地方》）。参观后，他被犀鸟所“迷惑”，感怀于心，于是作了诗。诗歌不算短，几节之间，都以“我是一只奇怪的鸟”作为出发句，讲解了“犀鸟”的奇异长相的得名（“我的头部有一个凸起的部分／像犀牛的角一样／因此人们都称为我为犀鸟”）；讲了“我的翅膀不时发出巨大的声响／人们老远就能听得见”，“我又是一种鸣禽／鸣声响亮而又粗厉／像狗叫、像马嘶／使听到的人大吃一惊”；讲了古怪的育雏策略以保证子女“不受蛇和野兽的侵害”；讲了分布地区（“我的种类很多／在印度、越南、老挝、缅甸、泰国和南洋群岛一带／都能找到我的存在／在中国云南和广西等地／也都有我的存在”）。似乎再朴素的语言，只要清晰地分成段落，多少就有了诗歌的意味。这样“科普”起来，也就有了一点文学的滋味。读很多“科普文章”——甚至包括《古代礼制风俗漫谈》这样的“文普作品”，时常感觉到一种缺憾，那就是文章很干燥呆板，缺少作为“读品”必须具备的滋味感。想来文章是一道菜，如果光贪其

营养，吃药片、输液体、吞脱水干菜就好了，读文章的过程其实是吃菜的过程，既要占其营养，又想贪其味道，还想闻其香揽其色。尤其在无论是物质营养还是知识营养都有过剩化、垃圾化、平庸化、民众化的今天，“一道文章”受不受欢迎，是不是有人半夜起身去排队占位，可能唯一的法门就是像那些特色小饭店一样，在“味道”上做足工夫，下足钻营。

难免就要“反诸己身”。我本来是个很乏味的人，不能在生活中给人以乐趣，就幻想在笔墨中也许可能，还美滋滋地到处宣讲“带感情的知识和带知识的感情”这些理论。结果试了十多年之后，发现无论是择菜、买菜还是配菜、切菜的工夫都很粗疏，不精细，不优美。那么就把工夫放到厨房里吧？然而不是掌握不了火候，就是调料放得不准，甚至把不该炒在一起的原料胡乱炒成一堆，该做汤的可能用油锅煎出，该文火慢炖的则可能猛火催熟，该清炖的给弄成了“毛血旺”，该柔和的给做成了生硬尖利，该除鳞去刺的可能只顾着剖腹开肚。表面上喜气洋洋，内心里却可能一再惭愧。许多文章，“感情”“知识”都带上了，但要么仍旧继续肤浅，要么心怀侥幸；要么配对不佳，此样知识给配上了彼样感情，此样感情却拖带了彼种知识。让人读后顿起一种“强为勾连”的厌倦感，于是我的工作，只落得招人“不表态”的份。

三

前不久，据《动物学研究》26卷第三期消息，2005年5月4日，英国鸟类学家Dr. Roger Wilkinson等人在云南思茅地区菜阳河自然保护区进行鸟类调查期间在距离“树上人家”营地三公里的森林中，观察到一只停栖在高树上的成年雄性蓝腰短尾鹦鹉（Psittinus cyanurus）。这是该鸟种在中国境内的首次目击记录。据《A Field Guide To The Birds Of South-East Asia》记载，蓝腰短尾鹦鹉分布在中南半岛南部从缅甸东南端濒临孟加拉湾的Tenasserim半岛向东延伸至泰国西部和南部，并包括整个马来半岛直到新加坡、苏门答腊以及婆罗洲在内的地域内，是各类低地到中山开阔林地生境下的罕见或者区域性常见留鸟，仅做短距离的迁飞。该鸟分为三个亚种，指名亚种分布广泛，另外两个亚种pontius和abbotti仅分布在苏门答腊以西的海岛上。思茅菜阳河与蓝腰短尾鹦鹉的已知分布区相距甚远，此次又仅见到一只，故其在中国的实际分布状况尚须进一步查证。

2005年12月初，保护国际在四川康定召开了“神山圣湖与保护地管理研讨

红胁蓝尾鸲

会”，四天的会议之后，通过了《康定倡议书》，倡议书说：“我们特别感谢世代生活在这里的各民族群众对自己家园的卓有成效的保护。长期以来，各民族一直都在以自己传统的方式守护着这里的“神山圣湖”、飞鸟走兽。这种深深根植于文化中的自然价值观，不仅为保护这里丰富的生物多样性做出了极大的贡献，而且为今天的社会提供了人与自然和谐共存的范例。当然，我们面前的任务仍然艰巨。发展与保护的平衡还没有全面建立；很多需要保护的关键区域还没有得到有效的保护；面对资金、人员等诸多方面的压力，大多数保护区管理水平有待提高；对以社区为主体的保护地的认识仍嫌不足……现实呼唤着保护思路和措施的创新。”

为此，会议的全体代表共同倡议：充分认识多元文化和生物多样性对人类生存和发展的价值，以及对其保护的迫切性；尊重和弘扬各民族传统文化中的自然保护价值观；鼓励社区用自己的方式参与生物多样性的保护工作，并协助社区提高参与保护的能力；将“社区保护地”正式纳入国家的保护地体系并在政策上和法规上给予支持；鼓励自然保护区开创多样化的管理模式，促进社区积极参与保护，使社区参与和现有保护体系有机结合；重视西南山地的经济可持续发展和人民生活水平的提高，并将发展与自然和文化遗产的保护密切结合。

倡议书最后说：“这种文化与自然交融的新的保护尝试需要政府、教育和科研机构、民间组织、企业和社区等诸多方面的合作和分享。让我们携起手来，共同为创造一个美好而和谐的未来而努力！”

为了给这个会议提供基础资料，保护国际与北京大学联手进行了一次“神山圣湖调查”；由于生物多样性丰富地区往往是文化多样性富集区，调查者在有“神山圣湖”的地区，选择四个点，进行了一次“快速生物多样性调查”。这个项目从国际国内聘请了多位生物多样性方面的高手，从昆虫到植物，从鸟类到小型兽类都有。这些外国专家们工作进行时间并不长，也就几个月，就已经发现了几个新种和几个亚种。这是不是说明，中国人对本国的家底几乎毫不知情？

“神山圣湖与保护地管理研讨会”有一个专题是“保护区如何开展物种监测”。来自全国的诸多保护区负责人居然纷纷表示：本保护区由于时间紧任务重、人手少、经费紧张、技术不过关，至今没有开展物种监测！纷纷要求国际组织给予经费上、人手上、技术上提供援助。建国几十年了，保护区建设也有几十年了，而参加会议的人所表露出来的口气，仿佛是第一次开“保护区工作方法研讨会”！最后，一位农民站了起来，他是四川茂县九顶山动物之友协会的秘书长，也是一个村子的村长。这些农民，能够对羚牛、林麝等数量如数家珍，也能对猎户放在山上的套索、钢丝绳的数量了如指掌！

一位对中国保护区现状颇为了解的学者说：“中国有大量的保护区根本不知道自然本底，他们上报的动植物物种，很多完全都是虚构，即使不是虚构，也可能是几十年前的某位学者短时间的调查结论，而当前的状态，可能根本就没有人了解！原因非常简单，中国的政府根本不重视保护。许多保护区只是划给国际友人看的虚构之饼，在这些保护区的核心区里，都还有大量的原住民，更不要说在保护区建宾馆盖旅游设施了。”以至于有人在会上提问：对中国的情况而言，也许根本不必要知道某个地区的自然家底有多厚！只需要稀里胡涂地把整片山、整眼湖、整条水、整块沙漠给划成保护区，那么什么也就能够延续下去了，至于里面有什么，多了什么少了什么，根本就不必要去关心。如果说中国是个“大鹊巢”，那么中国的生态家底，会由谁来掌握呢？

（2006）

家养的凤凰你吃吗?

我最近一有机会就慷慨地大谈“家养主义”，认为这是在造福人类与保护生态之间的“双赢方案”。因为人要存活，要得到美味佳肴或者粗茶淡饭充饥解渴，自然就要天天吃喝。在地球人口极度膨胀、城市的水泥盖满土地的时候，填充人类嘴巴这张无底洞的惟一有效方法，就是通过大量地“工厂化家养”。工厂化家养动物，如鸡鸭鱼、猪牛羊；家养植物，如小麦、水稻、高粱，如白菜、油菜、油麦菜，苹果、桔子、李子、梨；工厂化“家养商品”，如用棉花或者蚕丝织的衣服，如用可再生化工原料生产的衣服，如用旧衣服造的新衣服。

而“自然界”也要存活，也像人类一样盼望健康长寿，丰富多彩，幸福滋润。人不能一味地网野鸟来充饥，猎野猪来取乐，打野兔来做熏肉；更不能砍了天然林以卖钱，也不能把天然林说成是荒地，砍掉重新“植树造林”；不能把施放的毒气、臭水、脏话排给自然界消受。如果人类能够安心于家养，而对自然界采取“远观而不亵玩”的关爱态度，带着欣赏而不是控制、伤害的欲望，也许“人与自然”都会相安无事。

2003年，SARS源于果子狸一说，已对野生动物的家养造成一定影响。养殖果子狸是很多农民的主要收入来源，自从宣布果子狸是SARS的疫源后，很多地方都对果子狸进行大面积灭杀，使那些收入受到极大影响的农民欲哭无泪。现在起来的“禽流感”，又让多少无辜的鸡鸭被大火与石灰“扑杀”？

2005年年初，《畜牧法草案》中的“特种经济动物条款”更是广受争议。有人怀疑提出建议的部门有“把法律资源化”的嫌疑，带有明显的本部门的目的性和利益性，难以保证法律为全民、为社会服务的原则。在中国，主管部门

往往也是利益分配部门，它虽然也关心到老百姓的利益，但前提必须符合“部门利益”。《畜牧法草案》将一些野生动物纳入“家畜家禽”的规定，引发了农业部门和林业部门的利益冲突。如果继续发展下去，正在修订的《野生动物保护法》有可能成为“野生动物养殖法”，以后“家养凤凰”也将被放纵和听任。传统的方法是保护和养殖分开，林业部门管野外的，农业部门管家养的，但今天，当“野生动物进入家养”，当“家养野生动物”成为新风之后，林业与农业之间难免扯皮。

可细细分析之后，表面上看似乎是两个部门的利益之争，实际上又有点像是两部门“联手作案”。当时，正在修订中的《野生动物保护法》108项条款中，有三分之一的内容涉及野生动物的加工利用、驯养繁殖和市场化管理。作为我国野生动物保护的主管部门，是林业部门将54种野生动物列入人工养殖和可利用的范畴。农业部门在这个基础上选出14种在我国已经驯养繁殖得非常成功的野生动物，作为受《畜牧法》保护的特种经济动物，以加快发展我国的畜牧经济，使更多农民脱贫致富。

由此可知，“看好”野生动物养殖利用大好前景的不仅是农业部门，负责野生动物保护的林业部门也非常重视这一产业。他们都认为“各种野生动物除了重要的生态保护、生物多样性方面的价值外，也是可以被充分利用来创造直接经济价值的资源”。北欧一些国家并没有“国家林业局”，家养的动物都

由农业部门管，野生动物由资源管理部门管。经营与保护分得清清楚楚。也许，只有我国林业部门能够转型为“生物资源局”后，才能够更清楚谁才有权对“野生动物家养化”现象提出合理的管理要求？过去的林业部门是让人惊异的，一是他们不仅仅是管树，而且管草管湿地，不仅仅管木头，而且管鸟类和兽类、菌类；二是他们的天然使命，似乎是消灭中国的天然林，他们不顾一切地想发展“林产经济”，砍杂木林造纯林，攀花摘果，打猎挖药材，或者“野生花卉驯化”，再不济也要“发展生态旅游”。现在，他们却平白地遭遇了这样的难题。

有些人认为这种产业的发展减轻了一些野外物种保护的压力。比如大鲵，几年前市场上几块钱一斤，河流中还很多，但涨到几十块钱一斤的时候就很稀少了，后来卖到几百块、上千块一斤，就哪儿都见不到了，这个物种几乎灭绝。如果能够家养，也许就会减少野外抓捕。家养梅花鹿在吉林省已有34万头，人们有理由不需要捕捉那仅存的800多头野外种群。这实际上既保护了野生梅花鹿种群，也满足了市场需求。

可问题也可能向反方向发展，因为如果将野生动物纳入农贸市场经营范畴，市场上将很难区分这块肉是野生的、那块肉是家养的；何况，“野生”已经成了许多人的唯一追求；即使分辨得出，为了获得“种质资源”，养殖积极性欲火被挑起的人们，也可能大量到山野里去设陷阱。中国现在热衷于对“特种经济动物”进行养殖和利用，水准和规模已经颇高，仅特种经济动物养殖业的就业人口就有约3500万。这些技术娴熟的人，难道不会对野物产生非分之想。

环颈雉是中国最常见的“野鸡”，可能是凤凰的诸多原形之一。野生的一年环颈雉只产十几枚蛋，而人工养殖的能产100多枚。专家认为，很有必要将这些动物纳入《畜牧法》的范畴，鼓励其发展。有位专家说：“我也是动物保护主义者，反对把没有养殖成功的野生动物加以利用，例如把野生黑熊捉回来进行活熊取胆。而养鹿业是取鹿角，每年鹿角自行脱落，你不锯它也会自行脱落，利用并不造成伤害。所以全国梅花鹿养殖业很快发展到150多万头。中国原本没有水貂，从美国引进20多年后，就已经发展到1600多万只，光一个山东的东营市就有300多万只水貂。这个快速发展的产业需要强大的技术系统来支持，要研究这些动物吃什么，疾病怎么预防，产品怎么加工，市场怎么管理等等，而林业部门没有这个系统，所以让农业部门来管更符合‘动物福利’。”

但也有人认为，在我国目前的法律条件下，在社会上动物保护意识还较欠缺，人们对野生动物的生态价值、对生物多样性的认识还不很清楚，更看重它们经济价值的情况下，把一些野生动物归为家畜显然弊大于利。比如大熊猫也有极高商业价值的动物，我国人工繁殖大熊猫已超过3代，技术上也非常成熟。但是，能够把大熊猫作为家畜来繁殖，搞商业化经营，拿去租借或者出口换汇，一年挣它几十万美元吗？显然大家都接受不了这种做法。

事情正在混乱中起变化，有了这本“草案”，“家养”的概念似乎可以无限外延。把石油打出来，然后分离出种种化工原料，再用这些原料生产出人类的各种日常用品，这算不算“家养”？把老虎妈妈打死，然后再把小老虎带回家中饲养，然后驯化，然后再剥皮吃肉喝他骨头泡的酒，这算不算家养？把家猪放到山上让他与野猪杂交，然后猎取后以野猪肉名义售卖，这算不算家养？

这绝对不仅仅是“哲学上的探讨”，因为事情的变化真的有其根据。前不久，一家饭店拿到了“娃娃鱼销售许可证”，堂而皇之地请顾客品尝“大鲵”。据说其来源有二，一是把野生娃娃鱼家养后，拿到农业部门的认证许可，就能够加工和销售，就能够鼓励食客点餐；二是一些伤残的野生娃娃鱼，不吃了也没命，不如干脆卖给饭馆，得到的钱，还可给它的同类或者他同类的看管者们造一点福利和阴德。

这些“理论元气”就是来自农业部的那个相关法规。这个法规显然要把人类的“家养动物”系列大大地扩张化。以前，我们大概知道的家畜家禽种类，知道的家林家果家菜家粮种类，不过就那么几十种，今后，只要你有能力驯化和豢养，只要你不再对野生资源进行伤害，你的家养行为甚至会受到大大的鼓励。可能是受动物园思想的启发，人们以为，要保护一个物种，最好的办法就先将其抓起来关起来，然后想办法对其进行家养，像梅花鹿那样，才有可能维持种群延续。

中国的部门之间似乎是不相通气的，就是相通气，往往也有对着干的时候，林业部门对农业部门就这个法规明争暗斗过，但公众显然无可奈何，因为中国的立法方式非常奇怪，人大只管审议，而起草则由“发起部门”来从事，《畜牧法》自古就是农业部门的事。而中国的林业部门如果能向“国家生物资源局”方向转化，其职能逐步由开发利用向资源保护方向挪移，那么由此又可能引发与“国家环保总局”之间的管理权限冲突。本来，对于中国的生态环境来说，更多的人关注保护，终究是好事，然而，在中国，越有许多人来管，越等于管理效率的降低，能量都在争利和避险、冲突与观望中抵消了。

对于鸟来说，全世界的“家鸟”不外那么几种，据说家鸡的祖先是原鸡，

家鸭的祖先是绿头鸭，家鹅的祖先是鸿雁,家鸽的祖先是原鸽。其他与“羽类”沾边的“家禽”，似乎就是鸵鸟了。

清华大学的教授赵南元有个谬论，说要想保护一种动物，就必须吃它，因为“猪是这个世界上永远不会灭绝的动物，原因就是因为人类吃它”。可赵教授不知道是否清楚，家猪好像是存续了，野猪的活路呢？即使是家猪，这几十年来，全世界也都在拼命追求高产稳产瘦肉型，因此，原本丰富多彩的本地家猪品种，也都在消亡。有一天我在考察北京水库的时候，看到一个小池塘边，有三只鹅，一只是纯白的，两只是花的——长得和它的祖先鸿雁一模一样。鹅似乎因为家养，“越来越多”，而鸿雁并没有因为鹅的增多，自身的命运得到多大的改善，观鸟的人都知道，要是能看到一小群鸿雁，是多么令人高兴的事情。因为豆雁、灰雁，往往都能看到成千上百只，只有鸿雁，越来越少。

因为现在有很多先锋人士以养鸵鸟为业，这种比火鸡大得多的鸟，不但跑起来可赛马，产起肉来可赛牛，生下的蛋赛海碗，似乎养殖的成本也便宜，据说有成为将来肉食主旋律的可能性。有时候在一些狂野点的政府宴席上，能够见到它被隆重端上桌。

鸽子这东西对民间来说，似乎主要是治病用的，小时候，村里的一些人生了某种大病，就要到集市上去买鸽子，买回来后，小心地炖汤，小心地舀到碗中，小心地撕肉，小心地进补，小心地消化，小心地等待病好。而对于政府和商业活动来说，“烤乳鸽”就和“烤香猪”一样，是一道名贵菜肴。都说政府请客时的饭菜不好吃，但是摆到席面上，其色香味还是搭配得很费机心的。很多大型的单位都养着一批厨师，专门负责招待政府要员，这些“高级营养师”才艺高超但时常无处表现，工作清闲但内心老在紧张在期望和等待突如其来的视察。他们像凤凰和宫女一样寂寞，也像凤凰和宫女一样，随时准备从泥潭里腾飞，兴风作浪。

（2006）

旋木雀与高山旋木雀

踩着“生态小道”上的积雪，怒火仍旧让我的头脑昏昏沉沉。我几乎忘记了前面的路是如何走过来的，只知道一味地顺势前行。这是一个清冷的早晨，四川平武县王朗保护区内，只有我一个没事做的游客。我是以观鸟者的身份免费进入保护区大门的，免费住进他们的生态旅游接待站，免费在保护区工作人员的食堂里吃饭。

也许该从接待我的人的眼神中，看到一丝丝狐疑：这么冷的天，鸟类这么稀少的季节，你孤身一人，从“福建”到这来干什么呢？难道你衣服底下，藏着些不敢告人的秘密？

说实话我还真有，否则我就没有必要撒谎了。我的真实身份其实很简单，作为一个媒体从业者，我再次费尽心机到这保护区来的目的，只是想负责任地调查一下绵阳市委市政府强行在保护区内、利用保护区的资源进行抵押从银行贷来巨资盖“政治别墅”、以接待政府高官大员的情况。

两座高档别墅就在我住处的西边，而两座配套建筑——其实就是低档些的“连排别墅”，就在我住处的后面。它们所安扎的地方，原来是一片柳树林，柳树被清除了，山坡挖出了台地，不到一年的工夫，用俄罗斯运来的樟子松，建起了造价极为昂贵的“高档别墅”。建筑需要大量的各类工人，他们工作的噪音和形象的躁动，让常常下到保护区空地上的蓝马鸡再也不敢出头露面，即使到了觅食艰难的冬天，它们也不太敢像往常那样，来吃保护区工作人员的喂养。

关于这个“政治别墅”的传说受到四川省的坚决抵制，他们认为有人在虚构事实。他们的气焰让有些领导左右为难。相信吧，又可能开罪四川省的高级

领导，不相信吧，他们的脸面上又过不去，以后再也无法“取信于职工”，遭受同行的讥笑。就在这时而因为畏难而卑鄙和露怯，时而因为自信而豪气干云的冲击震荡之下，大家都有一股无名火揣在怀里。

即使我对此不以为然，我也得承认这也是我平生经历的大事，我要证实工作的清白，惟一的办法是拿出更多有力的佐证。我猛然停止在云南的采访，一早从昆明直飞到成都，然后频繁地换乘公共汽车，最后花高价包了一辆面包车进到保护区。一路上绞尽脑汁想着最安全也最不伤害保护区工作人员的办法，既能平稳地渗透到核心处，掌握我所需要的证据，又不留下过多的后遗和隐患。最后，我真的做到了这一点，观鸟的人，保护动物的人，对“同行”都有一种信任和真诚，哪怕你和他此前从来不相识，哪怕你心中有许多难言之隐，他们也胸怀坦荡地接待你，与你只谈“学问”，你不愿意泄露的事，绝不探查。在到达的晚上，我就是在这样的羞愧与感激中，昏睡了一夜。

早上，由于涪江上游从沟里流出，他们的水汽给两边的红桦和柳树、柏树、云杉都蒙上了一尘冰淞，加上远处的雪峰，陡峭山野因此一下子柔和了下来。我没有像头天晚上暗自许诺的那样七点就起，而是熬到了八点左右。空气清冷，身边也没有太多可说话的人，装修别墅和修栈道的工人都忙于手头的活计；太阳未升起之时，保护区的工作人员聚在一起烤着电炉闲聊。既然我是个观鸟者，那么最正常的行为就是挂着望远镜，顺着公路往沟里头独自前行，然后左瞻右顾。

走上几十米，看到座小山被一米多高的围墙包着，在这深山里，不知道这样的围墙派何用场，再往里走，看到几栋小房子，门前的牌子上赫然写着“大熊猫救助中心”，据说这些房子自具备救助功能以来，二十来年间，已经救助了七只受伤或者冻饿的大熊猫。由他们我也就想明白了，这座小山是一个“大熊猫圈养站”，让那些受伤的大熊猫平时有个安全的、类似自然界的活动场所。不过据说现在已经不许这样做了，也许有人认为这样不够科学和人道。

这时候我看到了“生态小道”。王朗保护区近年在世界自然基金会的支持下，尝试开展最适合当地条件的生态旅游，由世界自然基金会与涪江水电开发公司联合出资，建设了这个三公里长的“生态小道”，供游人穿行和享用。本来，最受人欢迎的旅游，应当是能够供给美学、知识和感情的旅游，而生态小道就能够对游客进行这样淡淡的浸润。走上一段后，感觉确实很自然随性，没有大的铺张，只是为了便于前行做些小小的铺垫和引导，路边还顺势挂些说明牌，充满了自然界的那种悄悄的关怀，又无处不渗出它宏大的影响力。王朗保护区的生态旅游据说做得全国都很知名，保护区的一些工作人员因此得以到全国各个保护区去传经送宝。今后，如果政府强行推动大众旅游的插入，不知道他们将来会不会沦为新的九寨沟——旅游赚足了名声和金钱，却伤害了保护，而且所获利润也很少用来反哺保护。我们的经济发展，到底图的是什么？

普通鵟

多么安静的自然啊。当我走到一小片云杉林时，突然听到了小小的吱吱声。我一下子就定住了，我知道，我会看到某种雀类。它们是什么呢？是黑冠山雀吗？想起刚才穿过小河时，也听到了好几种鸟的低鸣，然而我的“鸟语听力”实在太差，无法辨别，等候了一阵之后，也没看到有鸟跃起的趋势，就作罢了。现在，如果我静以待动，肯定它们就会浮现于眼前。

是两只旋木雀在树皮上绕行。或者是三四只吧。它们边爬行边快速地寻找着树上的小虫。偶尔它们发出的吱吱声，像是表达快活满意的舒适，又像是与同伴一起应和，让觅食显得更加富有生气和艺术之美。

“你看到的是旋木雀还是高山旋木雀？”突然想起在康定的木格错，我向两个朋友说在下山路上看到河乌、戴菊之后，又说起我看到了“高山旋木雀”，他突然反问我，他说，我们俩看到的都是旋木雀，你敢肯定你看到的是高山旋木雀吗？

当时我就有些迟疑。我嗫嚅着说也许是高山旋木雀。他们说：“你是怎么区分它们的吧？”我说从图谱上看，好像二者的个体大小略有些差异。他们说：“个体差异不大，它们的差异只在于尾羽，高山旋木雀有明显的横纹，而旋木雀没有横纹。”他们这么一说我也就胡涂了，我没想起来看没看到横纹。观鸟的人最喜欢互相比较谁对全面特征记得准确，然后互相考较对细节的差异的描述和区分才能。我经常是胡里胡涂的，虽然大部分已经能够分出它们的科属，但具体到某一独特种类，许多鸟可能完全就给我认错了。好在我是独自看到，只要足够让人信任，我说什么人家就会相信是什么。对方将信将疑也好，

诱拍的白顶溪鸲

完全推翻也好，对我不再信任也好，也拿不出过硬的证据，因为，“他看到的鸟，不是我看到的鸟”。这种侥幸的心理，更是助长了我的虚荣心，虽然每次拿起望远镜时，我都一再叮嘱眼睛要注意细节，可也许是因为贪看望远镜前的美色，一会儿就又把这“科学要求”给抛到九霄云外了，除非这只鸟在我面前让我看得生厌了，才可能把它们全身特征都逐一扫描下来。显然，我至今不是个合格的观鸟者，我以后仍旧会犯这样低水平错误，继续满不在乎毫无证据地说自己看到了什么什么，以吓唬专家，冰镇外行。

其实我是在云南香格里拉的千湖山第一次看到旋木雀或者高山旋木雀。当时我和旺扎在一起，他是吉沙村人，五十多岁，正在山上盖“牛场”，准备以后像村里的老人一样冬天就在山上放牛，随季节迁徙，牛场就是他住的地方，里面永远生着火，烧着茶，旁边的架子上放着肉和酥油、酸奶、奶渣；木头与木头间的缝隙，不停地有风灌进来。冬天，在这高山上，穿着皮袄，就着火，受着风，喝着茶，切着肉，门口拴着狗，牛圈晚上畜着牛羊，并不觉得困苦。

生态小道走完了，回到保护站前，两匹马从我身边穿过。它们把正在路边觅食试图进到停车场的一群橙翅噪鹛吓得纷纷回退到林中。太阳起来之后，我去里里外外地拍别墅的证据，在别墅边的柳树林里，我看到了白喉红尾鸲、银脸山雀、普通鳾、白尾鹞、煤山雀什么的，在一棵云杉顶上，有一群蓝大翅鸲在那时而休息时而成群盘旋，它们雌雄的颜色差异非常大。

冬天，加上我待的时间短，王朗保护区给我的就是这些，只是在下山的路上，在回平武、绵阳和成都的路上，两边有溪流里，不时有红尾水鸲和白顶溪鸲以闪电般的速度穿过公路，在汽车撞上它们之前，跃到河边觅食。川北的山水还是干净的，虽然破坏的神力和剧毒正在入侵它们。

（2006）

我遇到了反盗猎英雄

有一天早上，我起得很早。清晨能让一些人精神饱满，着装整齐地迎接一天的摧残；清晨也会让某些古怪的人患上“醒后抑郁症”，整整一两个小时内充满绝望和虚无感。这天早晨，我没有任何的迟疑，直接就坐到了桌子边。我觉得能把考虑了几天的想法写下来。于是我写了下面的文字。

各位朋友，我是光明日报记者冯永锋，近几年一直在关注环保。前一阵子在采访“当地社区力量对于环保的贡献”这一主题时，遭遇了四川茂县九顶山野生动植物之友协会的秘书长余家华，他是一个五十多岁的农民，也是当地村里的村长，一些自助旅游者去九顶山时还把他当成向导。经过几次的长谈，我突然涌起一个很私人的想法，就是：有没有可能在“能力建设”上对他们提供更多的帮助。他谈起鸟，但许多描述似是而非；他谈起野兽，用的一些“本地专有名词”让我们无法界定；他说起保护的办法，透着朴素，但许多方面需要能量上的“增持”。于是我就请他刚刚写好的这个“四川茂县九顶山十年反盗猎综述”发给我。文字很是感人，但也许需要费点心思去琢磨，这样他的美德才可能“加持”到我们的身上。

过去我们的捐助，往往是给先天可怜者和后天遭灾者；近年来也有人在想，是不是该给那些理想非常好、能力本来就很强的一类人，他们沉默不发或者力量不足，只是因为受制于“缺资金少技术”，缺乏某个善意的瞬间推动和引导，缺乏话语权和表达权。如果我们能给那些本来就已经有了能量的人更多的力量，那么这样的帮助是功德无限的。

九顶山的这个协会，十年来已经颇有力量，但是他们想做的事，受到了

来自诸多方面的压制。当他们以草根的形式顽强崛起之后，政府才开始看重他们，一些NGO（非政府组织）也在给他们提供项目。但他们需要“以更加正派”的方式强大起来，这样才可能让他们既在“政治哲学”上有可信之处，在“技术”上有更多的过硬本领。

我的想法是发动一些网友，给他们提供一些实物，包括让他们能迅速了解当地物种知识的书，宏观些的如《中国鸟类野外手册》，微观尺度上的《四川阿坝州哺乳动物识别手册》等。实物上包括清晰度好一些的双筒望远镜，也包括让他们剪断钢丝更便利的用具；包括法律知识上给他们更多的给养，也包括提供一些经济支持，让他们在短时间内能够雇用更多的人上山去拆除那些野生动物的危害物。当然，你也可以当志愿者，到当地和他们一起巡山，一起拆钢丝，一起拦截盗猎者，同时也把你身上的对他们有用的知识传播给他们。

下面是余家华先生写的综述。大家可能要耐着性子看完。最后面是他们的联系电话，上面一个是他家里的，下面一个是四川茂县政府受援办公室的。此前我和他们初步商量了一下，他们对这些“目的性很强”的支持，非常的欢迎。

我把这些文字像帽子一样戴在余家华的“综述”前，贴到了几个网页，同时也发给了一些朋友。当时就有人表示要捐一些书啊什么的，有人还建议让我做一次收集者，统一寄出。我想打电话和交流有助于更加个人化的沟通；而且需求最怕的是重复给予，十本书就够了，可如果所有的人都觉得捐书便利，就可能不停地给他们捐同样的一本书。而他们需要的其他东西，可能一直供给不上。

我在北京见到余家华的时候，他正在参加自然之友的“蒲公英小额资助项目会议”，当时一个小宾馆的小会议室里，满满地坐着来自全国各地的尤其是边疆民族地区的“草根英雄”。茂县外援项目办公室主任刘志高也来了，他说，当地政府很有意思，比如你给他捐二万元吧，政府觉得钱太少了，不愿意要；而二万元对给一个村庄，就能够做很多事了。于是他就想办法立了个单独的账号，不管是多少钱，直接就转给指定的或者很需要的村庄。

我是在到四川康定参加保护国际和北京大学联合主办的“神山圣湖与保护地管理研讨会”上认识余家华的。参加这个会议的农民并不多，所以他和我父亲一样，很容易辨认，正好，他和我父亲差不多年纪。我是在我的小村子里，见识到农民身上蕴藏着多么丰富的智慧、勤劳、能量，也认识到，所有人数超过3人的地方，都会有人与人间的“和平时代的角斗”在发生。

这个会议有一个要求，那些来自西南山地生物多样性热点地区的一些民间环保组织，要在会上做一些展示板，参与评奖。余家华也做了一块，长方形的板上，密密地贴着了照片，文字说明也是手写的。初一看并不太美观，可如果你俯身细细品读，你会发现这展板充满了传奇和血性，充满了对家乡的热爱和对破坏行为的伤痛。这个展板最后获得了三等奖。

会议有半天是去木格错参观。在回来的车上，大家七嘴八舌地开始唱起歌来。唱着唱着，突然出现一阵静默。这时候，坐在边座上的余家华突然说：“我给大家唱一首羌族的敬酒歌吧。”于是他就开始唱起来，声音一开始还有些羞涩和抖动，像那些刚刚上台演讲的人。后来就沉稳了，有力了，充满了“给客人敬酒”的感情。“青幽幽的藏酒嘞，咿咿呀嘞索嘞，咿呀嘞索咿呀嘞。请坐请坐，请呀坐嘞，藏酒嘞喝不完，再也喝不完的藏酒嘞，藏酒嘞喝不完，再也喝不完的藏酒嘞。”大家跟着学，央求他再唱一遍，于是他又再唱。最后，大家一句句跟着他学，没到康定，就全都学会了。第二天晚上，会议结束，大家在吃晚饭时，云南香格里拉卡瓦格博文化社的木梭，把全车的人都请上台，组成一个“文工团”，给大家即兴表演节目。第一个持着话筒唱的，就是余家华。

回到成都的时候，我正好和他分配在同一个房间里。他还带着那块展板，不过照片已经取下来了，他说这块板要带回村里去，以后做展示用。

他说，他们这个协会现在在当地影响很大，过去十年，基本上是有实无名，2004年正式成立协会后，直接影响了本地区三个乡镇，这三个乡镇都表达了不进入九顶山盗猎的口头决心。他说："我们这个协会是保护生物多样化和直接面对猎人反盗猎活动的农民草根组织。1995年起就对进入九顶山做绳套和打猎、挖药的人进行了保护方面的宣传教育活动，直接对猎有动物的猎人宣传教育几百余次。从2001年至2004年收缴猎人的火药枪7支，又给公安局提供情报由公安局收缴4支火药枪。这样才使九顶山的盗猎有了好转，但还时有发生。经过十多年曲折的保护工作，九顶山我们经常巡逻和抽掉大部分套子的小区现在也发展了很多动物。1998年基本没有动物的几个小山区的马麝发展了40多只，林麝发展30多只，斑羚发展有100多只，金丝猴有五六百只，几年不见的黑熊也有2只了。小麂在1998年最后剩下的一、二只现发展到六、七只，红腹锦鸡由十几只发展到现在的100多只。"

余家华原是一家养牦牛专业户，从1983年至今，他和弟弟两家一共有300头牦牛，放养在海拔4000米左右的九顶山上。"那时候山上的各种动物都很多，我们对动物情况都很了解，你随便走到哪一个山坡和山头都能看到很多动物在四处奔跑。"

在那个年代，野生动物种类和数量都不计其数。土地承包到户以后，有些村民盗猎的时间更多了，加上有些机关单位的工作人员也背着步枪上山打猎。有个别村子每年可出动几十个猎人，他们带着钢丝绳、塑料绳、铁夹子，带着猎枪、猎狗等利用各种方式进行盗猎，每年上千只动物被杀害，然而，到了90年代中期，我们发现有些物种已经灭绝了，比如金钱豹、云豹、青麂等现已绝种。

更严重的是，在90年代，有些盗猎者在找不到猎物时，就放火烧掉大片的杜鹃林、盘香林和草坡，逼野生动物逃出树林，然后用猎枪捕杀。在这种残酷的盗猎方法下，不仅大量的珍贵野生动物被盗，而且杜鹃林、盘香林和草坡损失近万亩。

如果按照这样下去，很多物种都将被猎光，"那样更对不起子孙后代"。于是他们从1995年就主动向进山的猎人宣传国务院保护珍贵野生动物的布告和文件，国务院在20世纪70年代就发至农村保护珍稀动物布告，两三年过去了，

但影响力不大。虽然狩猎的人有所减少，但有的还是十分猖狂，他们不但不听宣传，反而还叫余家华拿出保护证件，当余家华们全力阻止他们狩猎的时候，“他们就用枪口对准我们，并说出威胁的语言，我们只好呆呆地站在那里望着他们背着猎物远去的背影。”

1998年至2000年，余家华们一边进行宣传，一边多次向有关部门反映情况，先后三次在乡政府的支持下，向有关部门上交了书面申请，请求办理一个保护野生动物的证件，保护人员则作为一名志愿人员，保护国家野生动植物。有了证件就可以把反盗猎工作做得更好。“没想到2000年得到的答案是：他们不敢办这个证件。主要是怕在反盗猎过程中发生意外事故。办证是没有希望了，保护野生动植物更无从谈起。”

2001年5月4日，余家华们和德阳尖峰登山队一起登上九顶山最高的狮子望峰，在返回的途中，看见有5个人用火药枪打死一只黑岩鸡，在这种情况下，余家华们和登山队员一起上去收缴了他们的火药枪，并又一次向他们宣传了保护野生动植物的重要性。后来把收缴的枪和照片资料送到了茂县公安局。

2001年5月19日，又有5人带了三支枪，猎走了斑羚一只、绿尾虹雉鸡5只，血雉鸡2只，当余家华们上前劝阻他们时，“他们竟用枪对准我们，当时我们只有两个人而无力对付。”

2004年8月31日，协会接到挖药人的报告，在九顶山东东乡一带有六七人在那里打枪放狗，捕捉野生动物。余家华组织了五个人，于31日早上九点钟赶到东东乡现场，看见有四人，四支火药枪，三只猎狗，已经捕捉了4只岩羊，5头土猪，1只蓝马鸡。这都是国家二级保护动物。余家华们就给他们宣传野生动植物保护法和枪支管理法，作为九顶山动植物保护巡山员，要求猎人背着猎物到茂县来。“他们听到这里就拿起猎枪准备向我们开枪，就在此时我方不得不做出自卫还击，打了一架，对方伤了二人，我们伤了二人。最后，收了四支枪和一腿岩羊肉，于9月2日交到了茂县林业局公安科，并反映了发生的情况，当天也去治安科立了案。”

2005年9月1日左右，有村民看见两人进入九顶山，怀疑他们捕杀野生动物、安放钢丝套的人。“九顶山野山动植物之友协会”得知情况后，经过20多天的查找，终于在10月3号，发现有两人：一人穿黄衣服，一人穿着皮褂子，正在看套子，在九顶山的格达岩窝安放钢丝套。当时只有余家华一人，不能对付盗猎者，马上就赶路一百多里回到村里，当晚就把有关情况汇报有关部门。

10月4日，余家华们购买好巡山日用品，5号派了4名巡山队员一早就上山。下午4点钟就来到了盗猎者的住棚（名叫大黄岩窝），到了他们的住处，在他们的被盖下面发现了獐子皮，是七八天之内的；在篷子里发现的钢丝绳与在盗猎地方的钢丝属一种型号；在住处的附近草地上发现了埋藏的獐子毛，獐子毛也是几天之内的；在岩洞里发现有蓝马鸡毛，也是不久前的；同时还发现岩石下有岩羊头的一部分。

根据这个线索，余家华确定就是这个棚里的人在九顶山做的套子。“但因发现他们是四人，我们也只有四个队员，为了安全起见，我们当天就没有说我们是反盗猎的，还是说我们是挖药的。”到了下午七点钟，余家华们组织人员回村里面，又调动了6个人员，“分两批，一批三个来增援我们监视他们在大黄岩的行为，另外三个一批就在半路上路口等，预防他们万一晚上偷跑了就抓不住。全体队员就连夜从晚上11点走了50多华里的山路，那一段路白天都是很难走的，更不用说是晚上了。走到了凌晨5点钟才走到目的地。”

到了七点多种天亮后，余家华们正式到他们住处。说：“我们是九顶山野生动植物之友协会的志愿者，我们是反盗猎的，根据我们发现的线索，你们住岩窝的四个人是最大嫌疑人，你们现在已经盗猎有几种动物了，你们如果承认态度好，就请你们与我们今天一起将山上安的套子抽掉，再到森林警察大队去交待”。他们说他们是挖药的，坚决否认是盗猎的。在这种情况下，余家华们就说：“既然是这样，你们不承认，那就把你们的行李背起，我们一路下山到森林警察大队去，说清楚。”

这些人无奈，只好同意了，跟余家华们一路下山。因为协会早就通知了森林警察大队，警察已经等在半路上，一路回村。回村后，“在森林警察大队的审问下，在事实面前，他们不得不承认已经整了2只獐子，1只母的、1只公的，公的麝香跟四肢都藏到大黄岩窝附近。“承认后，7号我们协会又去了8个队员和4名盗猎者一起把藏的獐子肢体和麝香、獐子皮一起拿下来，另外，把他们在山上做的所有套子也一起抽掉了，避免以后钢丝套子很多年不腐化，会继续捕杀动物。案子8号那天基本结束。他们共猎了1只岩羊、2只獐子、1只蓝马鸡。”

余家华说：“多年来这种情况已遇到几百次，今年是第一次，但有些还没有发现。这次有公安的配合，我们很轻松地将盗猎人抓住了。与以往相比，自成立了协会后，宣传力度大了，在我们村子及附近一带加大了宣传，基本上没有偷盗了。他们都自觉自动地去保护大自然、保护野生动植物、保护环境；通过协会对他们的培训，他们懂得了一些知识，也没有人去盗猎了。”

除了保护动物，他们还努力消除“白色污染”，过去也做宣传，但是效果不好，农田边上的地膜成堆，只有少数农户在进行简单的处理，路边的塑料袋没有明显减少。协会成立后，经过宣传培训，村民们才知道怎样去做好环保方面的工作和生活卫生，才知道搞好环境保护也就是保护自己，保护下一代的未来。通过协会的影响，村民们不仅爱护自己的小家庭，而且还积极地参加保护“大家庭”。“今年我们把存放在田角地边多年的地膜全部处理了，村民们也主动去捡路边的塑料袋。甚至在今年6月份，村子里有9个村民自愿参加义务捡垃圾一天。”

在旅馆里，余家华和我谈起了他如何当上村长的经过，谈到他如何通过对乱砍树者的惩罚，树立了威信，让村民明白了自然保护的重要。最后说，由于几十年来，当地森林被砍伐特别严重，他家积极响应国家植树造林的号召，从1983年起就进行人工造林，分别栽有云杉、家杉、白杨、杨槐、松树等树种。直到现在，树木直径在10～30公分的白杨树和云杉树也有200多亩，并坚持每年栽植一批树。他的这一行动，也提高了其他村民植树造林的积极性。

最后他说“以前，我只知道单方面的保护野生动物，而没有想到需要多样化保护生态环境。经过学习保护多样化才知道大自然与人和谐发展，帮助弱势群体，给了我很大的启示。我还在一次会上，了解了怎样去保护濒危物种的小额项目；学了很多保护大熊猫的生活习性；学习生态旅游；了解怎样做沼气池等很多项目知识，进一步了解很多国际组织支持民间草根组织的发展。我在外面会上学到的知识，回村后也给村民作了宣传和培训。”

九顶山风景名胜区位于四川省阿坝州茂县凤仪镇、石鼓乡和南新镇境内，茶山村是距离九顶山主峰狮子王最近的一个村寨。九顶山属龙门山国家地质公园的一部分，景区总面积四百零二平方公里，是一处以自然生态观光、休闲度假、国际科考为旅游目的的新兴旅游胜地。

景区内保存了完整的自然生态系统和完好的曲型垂直植被带谱，生存有未被地中海所浸盖的古生态系统的一部分植物和第三纪古热带植物的孓遗种类，如：珙桐、秃杉、红豆杉、银杏等56种以及“大熊猫”“羚牛”“四川金丝猴”“苏门羚”“斑羚”“金钱豹”“云豹”“黑熊”“林麝”“马麝”“小熊猫”“果子狸”“青麂”“小麂”“土猪子”“野猪”“狐狸”“野兔”“豺”“丛林猫”“猞狸”“刺猬”“松鼠”等20多种；鸡类有“绿尾红雉”“雉鹑”“红腹角雉”“川雪鸡”“雪雉”“红腹锦鸡”“高山岩鸡”“草坪地鸡”“勺鸡”“田边野鸡”等10多种；鸟的种类也特别多。现有

“羚牛”“苏门羚”“金钱豹”“黑熊”等动物面临绝种的边缘。

正是这上面这些带引号的“专有名词”让我起了发起一些人帮助这些能人的念头。因为这里面有不少是含混的表达，虽然在当地都有确切的所指，但用到“国际会议”上交流，或者与那些“书本知识专家”交流时，难免产生障碍。也许一些好的工具的引导，能让他们快速打通“知识通道”。

“动物通道”是余家华教给我的一个词。20世纪八九十年代猎人用枪进行捕杀盗猎，至少每年又有上千只野生动物被他们无情地杀害；他们还使用钢丝做套子，不易腐朽，不易拉断，可以使用二三十年，一个猎人一年可以做钢丝套二至三千根，他管理一至两年后就不管了，也不撤收套子，只是不定期进行查找是否套有猎物。在九顶山境内还残留着大约二三十万根钢丝套。协会计划清除这些套子，打开动物通道让它们“安居乐业”，但这一“工程”难度很大，估计要用去几千个人工。

余家华认为首先要给羚牛打开通道，因为九顶山周边有八个县，是一个孤山，动物种群一灭就永远没有了。羚牛20世纪70年代有上千头，有人使用钢丝套，有人使用枪打，有人使用牛刀安放在总路口，一次可以杀几十头羚牛；各种盗猎方式的围攻下，现在剩下不足10头。

余家华很是诚恳，我什么也没做，就一直在听到他说“感谢”。他在“综

述”中说：“我们的协会成立不久，现在面临的最大困难就是资金不足，而清理残留的钢丝套需要一笔数目不小的资金，面对这种情况我们也无能为力。所以，我真切希望有关保护组织以及社会各界给予技术的指导或资金的援助，扩大九顶山的保护面积。”

四川康定的这个“神圣会议”，最后审议通过了《康定倡议书》，号召大家学习藏族“神山圣湖”精神，发掘本地的“神圣文化”，或者让本地因为保护自然界而新生“神圣文化”，让我们与自然界的关系更加美好。世界野生动物学会副主席乔治·夏勒博士也参加了这个会。他的演讲叫《青藏高原上的生灵》，他说：“每一片土地都是神山圣湖。对动植物如此，对人类也是如此。”

不知道为什么，听到这些话，我的脑中回响着一句古怪的话：“给我自由吧，我愿意当你的奴隶！”这句自相矛盾的话是我突然的发明。我想到的是中国民众的苦难。中国的改革开放的过程，本质上就是政府不断地把困难转嫁给民间的过程，改革深入的过程就是民众勇敢地接收、消化，进而将这些困难生发出崭新生命力的过程。有意思的是，这些困难一批批抛撒过来，我们的民众倒不以为苦，也不与其追究困难的来源和应当的处理方式，几乎是带着欣喜若狂的心情，迎接这些困难，并迅速地将这些毒物般和尖刀般伤害着身体肠胃的困难，吞食殆尽，然后身上的肌肉在丰满，脑中的智慧在积淀，压抑的情绪一天天开朗起来，脸上增添了久违的正派的美貌，手头的活计也突然多了许多的松快。这是什么原因？原因非常简单，就是他们身上因为做了事，而得到了自由，而能够支配个人的命运。想来动物也是如此，“自己支配自己”，这样的自由是他们最宝贵的，哪怕因为在自由的原野中，遭遇天敌，遭遇疾病，遭遇不可抗力的灾害。

（2006）

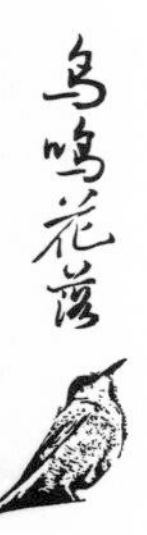

国家植物园里的放生鹦鹉

世界上有一万多种鸟，中国地方虽大，最新的数据也不过才1332种左右，这是郑光美院士主编的《中国鸟类分类与分布名录》所支持的数据，于2005年出版。观鸟的人，大概有两种鸟是不入眼的，一是家鸽，二是像鹦鹉这样的常规家养观赏鸟——不管是为了观色还是为了听音，或者只是为了给主人孤寂的生活解解闷。

北京近年来能在野外看到八哥，多半也被观鸟者疑心为是“逃逸种”，做

八哥洞庭湖

记录的时候都要分外小心。八哥原本只生活在黄河以南，在我的福建村庄，一到春天，大人们赶牛去犁田的时候，他们身后，往往跟着一大群八哥在跳跃着觅食，等着吃犁铧翻出的泥土里夹带的蝼蛄什么的。村里还有一些与八哥有关的传说和顺口溜，可惜一直在上学，忙于学些国家规定的知识，对家乡本土的东西不管不顾，没有时间和精力去在意，到现在，是什么都想不起来了；有时候兴高采烈地试图回忆，然而撒播给朋友们的，往往都是些省略号，徒增难堪和悲伤。

鸟类是没有国界的，但还是受地理条件的分割，各地方都有些独特的鸟，各种鸟也有各自所喜欢的生境。鸟类迁徙的诸多原因中，我总怀疑有那么一种原因，就是贪图享受某种气候——而某种气候下往往有某种固定的美食——像北红尾鸲，也许就喜欢那种凉爽的天气，为了得到了凉爽和凉爽所养育出来的小虫，它们不惜频繁地上下高山，不惜从南往北再从北往南，一年到头每天都居住在不同的树枝上。

说起来中国也有鹦鹉，尤其在中国的西南，由于地处亚热带，与缅甸、泰国等生物多样性条件稍好的地方交界连片，"鸟谱"上还是有那么十来种鹦鹉罗列着的。云南香格里拉的吉沙村民们，说每年都会有成群的小绿鸟飞来，在千湖山边停留，我猜那是某种鹦鹉；在西藏林芝巴松错小岛的雪松顶上，四只大紫胸鹦鹉傲然地俯视着我们，然而，那些伶俐的捕鸟人随时可能攀到树上，将他们连窝掏走；四川西部的某个保护区，重点保护的就是大绯胸鹦鹉，有个参与保护的人说得很诚恳："这么多年，我们到处向人炫耀这个旗舰物种，可我们自己，连它长得什么样都不太知道，更不要说了解它们的习性，对他们开展必要的研究了。"

鹦鹉算是热带鸟，主产地不在温带气候控制主体地理文化的中国，他们鲜艳得有些匪夷所思的颜色搭配足以证明这一点。可是你在北京，在些靠养鸟亲近自然的人家中，在一些讲究迷信的店面，在野鸟充斥的鸟市上，都能看到鹦鹉，偶尔也参与到逗弄它们的团伙中，取阅同伴，或聊以自慰。这些鹦鹉很少是"国产货"，绝大部分都是源自非法野生动物贸易，以及对这些贸易后的动物的驯良和扩繁，所以有些鹦鹉，祖宗八代都已经是家养的了，习惯了、喜欢了笼子里的生活，它们活着的乐趣就是给人们的生活增添一条取乐除烦的通路。大概除了画眉，鹦鹉是人类用得最亲密的伴侣鸟。

在北京在野外我也看到过几次鹦鹉。一次是在天坛，两只小小的黄绿的家伙在冬天的核桃树上站着，它们飞得像蝴蝶一样缓慢，像初次飞行一样沉重，飞不了几米就得赶紧找个枝条蹲着喘气。显然是新从某个家庭里刚刚跑出来的，也许是放生，也许是逃逸，也许是主人厌倦之后的松手。我们站在树下仰望，心中怀着美好的愿望，希望它们在天坛，能够找到合口的食物，能够找到热水洗澡，能够找到避风而温暖的地方过夜，能够由此而爱上自由。

2006年11月初，在天坛北墙附近，几个老先生在那练武术，他们旁边的核桃树上，突然发出几声我们不熟悉的鸟鸣，著名鸟友李强激动得往声音发出的方向奔跑而去，他以为是一只黑翅长脚鹬呢。到了才发现，是一只白化了的长尾鸡冠鹦鹉。另一个著名鸟友陈曦说，这种鸟原产于澳大利亚，原本是灰色的，后来经过长期驯养，白化了。它比虎皮鹦鹉大一些，个体可比八哥了。头上一小撮尖尖的毛，在秋天的阳光闪尖黄绿的光。北京正是刮大风降温的时候，也不知道它能不能熬过这个冬天——最好的办法就是在下面放个笼子，里面放上食物，引它下来；然而它初处野地，处处看着都像有天敌，对人类的这番好意，能否领会，也很难说。

任何一个地方，从文化上说，都有三种东西“深处”可观，一是历史深处，二是现实深处，三是自然深处。2006年5月的一天，我们去植物园看花看水看曹雪芹纪念馆和梁启超墓园。北京植物园刚刚与邻近的中科院植物所的植物园合并，资源互补，免除不必要的竞争，共称为“国家植物园”。不少鸟友在植物园里看到过小太平鸟和太平鸟，心中暗暗希望这次我也能够如愿。植物园里还有东方角鸮，不过那得天黑闭园后才可能听见、找到，作为游人不太可能僭越植物园严酷的上下班制度，这幸运只能留给守园人。也有人在植物园里看到过红耳鹎——那本是广西福建广东一带的鸟，想来也是逃逸或者放生的。

春天是看植物的好时节，中国人不擅长在纯粹野外（即使是自家院子里的杂草和杂树）观察和赏析植物，但趁着春光大好，偶尔到植物园一游还是合意的。2006年的春天，游人纷纷走出屋子，融入户外。植物园为此精心设计，巧妙编制，以迎合每天近十万的参观者。这样的不需要考验智慧、无需记忆和竞赛的顺路观赏，颇符合国人心意与传统。带着孩子、老人，一家几口背着食品，聪明一点的还扛着帐篷，走累了看烦了拍够了，就在近水边的青青草地上寻找一块宝地，扎下阵营，肢体横陈，脱下鞋歪着身，休息上那么一阵子。专门展示热带植物的“万生园”前，植物园准备了好几种郁金香摆成各种图案，游人们在围栏外照相总觉得不够过瘾，于是跨过本来就只有半膝高的小链条，趟开花瓣，深入于花丛中，让娇艳的花朵衬托美妙的笑容。由于无人看管，前面的时尚美女刚刚出来，后面的新奇少年就匆忙挤入，大家争先恐后，互相望

风，快速地分享这“自然深处”的美景。他们的脚踢折了花茎，他们的背包晃歪了花苞，他们的鞋底把狭窄的小缝撑成了光明大道，所以他们的兴奋笑容里，多多少少都暗藏着违规后的不安，胆小一些的人，事先还快速地瞭掠一番，事后装作没事人一般走开。

可能是想展示、表现的植物太多了，植物园还是给“装修”得太通透，面积巨大，但已经很少有隐秘之所，鸟类很少敢在某处停留。里面也有几片水，中间数瓣荷叶刚刚展开，颜色还是新出生的那种淡淡的赭红，中间，居然停着几只小鸊鷉，5月正处于它们的生育期，它们的巢漂浮在水面上，随水波流荡。好在很少有游人留意。这几片水的存在依托于一条小溪，顺着水往樱桃沟上溯，能到水源头，清朝之后的一些风雅之士，还在里面建些“精舍”之类；最早发现水杉的植物学家胡先骕所作的《水杉歌》也被刊刻于一块石头上，它们和沟里的水杉一样，算是得到了精心的保护；也许是地处京西，当年的革命还把这个地方作为据点，20世纪30年代，一些大学生曾在水源头一带秘密训练，因此又有一二·九运动纪念碑和“保卫华北”石刻，这些珍贵之物时时都受到维修。

只有水源不幸，日日遭受游人的掠夺。中国人现在最不相信的就是入口之物，最珍视的就是身体的健康。当“什么好都不如身体好”这样的信条被广泛地作为主旋律盘桓于每个人心灵的时候，对人造物的恐惧与对自然界的掠夺同时登峰造极。水源头的水自然是泉水，泉水来自大地秘处，是纯天然的，最有利于健康；而京西的水自然是好水，离它不远的玉泉山的那股泉，被乾隆皇帝御封为“天下第一泉”——为了证明皇帝的御封有道理，当时还拿全国各地的名泉进行称重比量，最后得出“科学结论”：玉泉的水最轻，而其他的水如无锡的惠泉、苏州的虎跑泉、济南的趵突泉都稍重。

对自然的迷信有了历史文化的强硬辅佐，于是每天都有一群惜命如玉的人，手提肩背，各种壶瓶罐桶齐上阵，挤着蹲着汲着舀着，有时候还互相打起来骂起来，争得甚欢。最后是见者有份，观看就可参与，参与就可分享，把这种他们认定的水美滋滋地搬运回家。北京这样被取水队伍终日汲采、围攻的取水点，似乎郊区有水的各景点都有，香山有，八大处有，红螺寺什么的似乎也有。北京市人大向政府建言，要求保护水源以保护水杉和下游的湖面，牌子是立在那了，可没有任何的作用。小溪中又有一种鲵，5月份正是其蝌蚪成长的季节，一些家长为了让孩子亲近自然，就拿喝空的矿泉水瓶子装上水后，让孩子们把这些蝌蚪带回家。其结果，往往是将其虐待或者优待至死；即使是善待、

黑鹳

科学对待，也仍旧剥夺了它们的天然生长权。

有限的水汇成了一条清溪，赡养着好几口深塘浅湖。溪水两边，无数人以占有它的方法获得可怜的愉悦，他们脱下鞋子，跳进浅流，挖石头，抓小鱼，掏走里边的贝类，尖声叫着，欢快不已，似乎看到这样的好水而不将其弄脏污，取走其精华，就是不懂得爱护自然和欣赏自然，就等于没有陶醉在自然之美中。

就在我们在分岔口边踌躇，犹豫着是去看牡丹，去卧佛寺，还是去樱桃沟的时候，突然间两只鹦鹉停到了眼前的银杏树上。惊咋之下，游人兴奋起来，高声大叫着指指点点。鹦鹉想来又是某个有信仰的人拿到寺庙附近放生的，只是不知道放生了多久。难道放生者有放生鹦鹉的传统？长期以来都有观鸟者在植物园里看到鹦鹉。这次看到的两只是红嘴、黄脖子，身体的绿有些暗，后面甚至有些灰，眼眶像暗绿绣眼鸟那样有道白边。看不上一会儿，它们又交叉着飞到远处的松树那去了。我们往樱桃沟里走，在某一个梯级水库边——其实是中国农科院蜜蜂所的院子里的大杨树上，看到一只鲜黄绿色的鹦鹉在横枝上蹲着。这时候一只大嘴乌鸦飞过来。这个平素显得老实的非猛禽，一看到鹦鹉，就直冲过去，吓得初出铁笼的家伙吱吱叫着，跌跌撞撞。很快它们就追逐出了

我们的视线之外。显然，乌鸦是胜利者，一会儿，我们就看它得意洋洋地返回到了湖边。

出山的时候已经快六点了。我们顺着游人的潮流往门口涌去。在主路边的某个小水潭里，我们又看到了先前见到的两只鹦鹉中的一只。也许是自小与人亲近惯了、信赖惯了，虽然到了野外，对人类还有些指望。大概是饿急了，它在潭边的石头上蹲着，试图得到些喂养和爱抚。离它最近的游人发现了，伸出手就要捉它，于是它又惊起来，像翠鸟一样平飞到对岸，只是其飞姿比翠鸟要笨拙得多。它的尾巴似乎被剪过，其萎靡之态似是饥饿难耐。刚刚落脚没喘上几口气，这边的游人又发现它了，一个十来岁的小姑娘，撩起白裙子，趟过浅水，慢慢地缩起鹰隼般的手爪，试图"动如脱兔"、一举中的。就在她快触及猎物的那一刹那，鹦鹉及时起飞，盲目地向路边栏干的石桩上停靠。中间它可能看花了眼，把潭中的几瓣荷叶当成硬地，停降时才发现不妙，慌忙起身时，尾巴已经泡进了水里，拖了半米左右才离开水的沾滞。

一个妈妈带着他的儿子，正坐在石桩上休息。周围人的哄叫惊醒了她，一扭头看到了小家伙。她急忙把儿子拽过来，说快快快，宝贝，这有只漂亮小鸟，快把它逮回家当玩具。小孩子一看到鸟，尖声地叫着，张开双手就扑过去。鹦鹉抬头一看，吓得往后一趔趄，急忙振翅逃命。这回它是学乖了一点，没有再在水潭边驻足，而是挣扎着飞到了高地上松树冠罩盖着的横枝上。那里游人不容易看见，也不容易到达。

我的心和大家一样，极度矛盾，把它捉住喂养吧，可能是个对它福音；但既然已经有人放生了它，就让它去经受严酷的考验，哪怕这放生有点像是"放死"，这北方峻烈之地的考验，肯定会让它们这种南方之鸟，备尝惶恐和饥寒，毫无例外地付出生命的代价，根本不可能成为"外来生物入侵"。

（2006.5）

在伯克利的“后院”看蜂鸟

我是个乐盲，最美好的大自然的音乐天天在我面前颂奏，我的头脑里却嘈杂轰鸣。要是我能画画该多好，我拿起笔，把我眼中所见描下来，我甚至不用创造，只需要记录就好了。相机是我所厌倦的，在这个影像过度的时代，我害怕拿起相机，有了相机，我可能就没有眼睛了，就没有头脑了，我会相信相机会记录一切，然而，这怎么可能呢。

在伯克利的最后一夜，我被安排住进海湾边的“两棵树旅馆”，离它几米外的港湾里停着几百艘明亮的私人游艇，旅馆的建筑，就沿着海湾慢慢地绕着，个子不高，形体颇长，貌相低调又不失简洁明快。我有时候坐在房间的地上，看院子里草地上时时停落的鸟，有时候则走到海边，随便往地上或树上张望。

蜂鸟在松树顶上停着，它长长的嘴尖得很均匀，当它被我圈定时，我想，这真的是蜂鸟吗？似乎比我想像的要大一些，它的胸前，似乎挂着一排红色的帘布，清晨的光有些暗淡，我不敢说是什么样的红。这时候它鼓翅了，像只巨大的蜂。在这春末夏初，它的眼前满是鲜花绽放，哪怕是小小的花蕊，它也能够从中吸取到些蜜露吧。

一只鸫飞过来，它的个体比蜂鸟大多了，它不是猛禽，也足以把蜂鸟吓得掉身飞走。由于离开了中国，手边没有美国鸟谱，鸫也不知道是什么鸫，甚至不知道算不算鸫，它有暗桔红色的胸脯，背部灰色，雄鸟头算是黑色的，颌下、喉部有些白斑，雌鸟则几乎全是灰的，颌下甚至是污白，有时候能看到它们像家燕、金腰燕、洋斑燕一般地衔湿泥筑巢。我带了《中国鸟类野外手册》，可此时与美国的鸟，有些对应不上。观鸟这么长时间，这一次真的是“独立处理学术问题”了，以不太成熟的经验，面对不确切的随时会跳走的精

灵，拿着无法对应的模本，却要作出肯定的审美。如果此刻我胆子大一点，眼睛盲一点，心思浅薄机巧一点，头脑文学一点，就不会在乎了，也许照样写下一大段文字。可是，过去我文学的眼，却从来没有看到过鸟类世界里的天天上演的各台戏剧，而现在，我已经厌倦了那种轻浮的文学，我不想要沉重，但我要结实的文字。

头一天，我在“中美气候变化论坛”会场上巧遇郝克明，他原是世界自然基金会中国分会的负责人，后来离职了，改换到一个似乎叫“农业与贸易”之类的NGO里工作，他对中国鸟类颇为了解，他看我胸前晃着望远镜，拿着“白宝书”，先是问我是不是观鸟，接着就说这本书是他们赞助出的。是的，世界自然基金会支持过《中国鸟类野外手册》的出版，但不是惟一资助方。他说他现在在北京又支持了一个鸳鸯保护方面的项目，他举了几个名字，正好都是我所认识的；他又说南开大学有个研究生，正在研究紫竹院里的鸳鸯。

然后他说：“这里有蜂鸟，你看到了吗？”

2001年秋天，我在内蒙古的科尔沁沙地采访。唐锡阳先生去赤峰绿色沙漠研究所做个讲座，我跟着去了，在研究所前院的苜蓿地边，有几只长着尖长的嘴如大黄蜂一般的蛾子在我面前飞舞，当时我以为是蜂鸟。不久之后查了书，才知道中国没有蜂鸟。2005年在广州过春节时，在肮脏的珠江边，一家人正就着江景吃饭喝酒，弟弟指着锈迹斑斑的铁栏杆下正在采蜜的大蛾子说，看，这是蜂鸟，还拿起相机拼命拍。我说不是，他说是，我说不是，他仍旧说是。第二天，他跑来说，我上网查了，那是“蜂鸟蛾子”，不是蜂鸟，蜂鸟主要产在拉丁美洲一带。有一次，世界自然基金会的网上，有人上传了几张蜂鸟孵育的照片，它们的卵，想来最多黄豆那么大。它们新生的子女，可能都没有2克重。你见过麻雀的卵吗？见过柳莺的卵吗？一只黄腰柳莺只有十来克重，它的卵会有多大呢？

反正我对郝克明的话有些怀疑，对能看到什么更是毫无把握。这是加州的北部，虽然算得上美国人渡假的好地方，未必等于就会有蜂鸟；这是我第一次来到美国，来到伯克利，我不在乎是不是能看到蜂鸟，对我来说，能看到绿头鸭，能看到白鹭，能看到小嘴乌鸦，能看到黄脚银鸥，就很好了，只要身边有鸟，我就高兴；何况，我在路边的电线上看到了某种朱雀（它的前胸和头顶不像洒上红葡萄酒，而是像洒上了粉色的口红），看到了某种鹊鸲，看到某种椋鸟，看到某种雀鹛，看到某种猛禽，看到某种鸥，看到某种金翅，看到了某种鹨，看到了某种野鸭，看到了某种斑鸠，看到某种燕子（和家燕很像，但又似乎不太相同，背部的钢蓝色不显眼，腹下有些淡淡的桔红，也许是某个亚

鸿鹄安知燕雀之志

东周战国时代，宋人漆园吏庄子的一句话“燕雀安知鸿鹄之志”，像一条巨大的鱼，在中国的文化之水里游荡了两三千年。跟在它后面追波逐浪的鱼群就多了。

最有名的，是秦末的“起义家”陈胜，陈胜就是陈涉。《史记·陈涉世家》一开头就这样说：“陈胜者，阳城人也，字涉。吴广者，阳夏人也，字叔。陈涉少时，尝与人佣耕，辍耕之垄上，怅恨久之，曰：‘苟富贵，无相忘。’佣者笑而应曰：‘若为佣耕，何富贵也？’陈涉太息曰：‘嗟乎，燕雀安知鸿鹄之志哉’”。

有意思的是，陈胜这位起义领袖，“发动暴力革命”一段时间之后，登高望远的能力并不好，似乎也没想过一家独霸天下资源，万岁万岁万万岁子子孙孙无穷尽也。秦二世元年七月，陈胜与吴广率领戍卒九百人，在蕲县大泽乡揭竿而起，诈称公子扶苏、楚将项燕，先后占领大泽乡、蕲县，又强攻陈县，入城后自立为王，国号张楚。“当此时，诸郡县苦秦吏者，皆刑其长吏，杀之以应陈涉。”按照《史记》《汉书》和《资治通鉴》的说法，陈胜这个人难以抵挡起义稍微成功后带来的富贵和权力的侵蚀，像个“政治暴发户”一般，很快地变得凶残、暴虐、贪婪、刚愎自用，爱酒好色；起义——或者说革命——成了谋取个人私利的掩体，成了随意杀戮和抢劫的正当刺刀；最后，不得人心，众叛亲离，死得很悲惨，被自己的亲信“御者”也就是车夫（司机）给杀掉。不过这也不排除现在留存下来的一切说法都是踩着他的尸体前进的汉家天子刘邦这样的胜利者对失败者在文字里的故意嘲弄，因为失败者丧失了控制国家权力的可能也就丧失了控制历史写法的权力，就像丧失了新闻机构的控制权就自动丧失了新闻控制权一样。

再有，就是“才高八斗”的诗人曹植，写过的诗里有一句就说：“燕雀戏藩柴，安识鸿鹄游。”曹植的下场也好不到哪去，作为一个一直对政治有意向的文人，不仅没斗过兄弟曹丕，也没斗过曹丕的儿子他的侄儿，后半生其实是在半软禁的生活中，远离京城，寂寞中度过。曹操曾经认为曹植在诸子中“最可定大事”，几次想要立他为太子。然而曹植的兄长曹丕，还是在立储斗争中渐占上风，并于建安二十二年(217)得立为太子。建安二十五年，曹操病逝，曹丕继魏王位，不久又称帝（史称魏文帝）。曹植的生活从此转弯，处处受限制和打击。黄初七年(226)，曹丕病逝，其子曹叡继位（史称魏明帝）。曹叡对曹植严加防范和限制。曹植在文、明二世的12年中，被迁封过多次，最后的封地在陈郡，直到去世，谥号“思”，故后人称之为“陈思王”。在谥号中，“思”的意思就是“想得太多”。

自从麻雀部落有了国家和领地意识之后，迅速地发现了陈涉和曹植这两个反面教材，欢天喜地地用两个人的教训作为军队训练和企业心灵拓展的最好教材。对它们这些富有平民思想的鸟类来说，看着那些不理解自己或者嘲弄自己的人得到了悲惨的下场，无疑是一件很舒心畅意的事，这意味着上天对某些不识好歹者的惩处，也意味着麻雀这样的鸟类有强大的谋取社会正义的能力。有时候他们还会想起与谢灵运、颜延之并称为“元嘉三大诗人”的鲍照，南北朝时期南朝宋人鲍照，与其妹妹鲍令晖都颇有文才，然而出身寒微又适逢门阀森严时代，一个穷人想要施展才华惟一的办法就是赌一把，因此他想拿着诗文去投靠临川王刘义庆“献诗言志”，朋友们劝他考虑卑下的地位不要轻举妄动，鲍照很生气地回答说：“千载上有英才异士沉没而不闻者，安可数哉！大丈夫岂可遂蕴智能，终日碌碌与燕雀相随乎？”鲍照得到喜好文才的刘义庆的赏识，一度担任“前军参军”，负责记录实况和提供参谋；不久，“遭乱被杀”，但其才华多少得到了释放。后来杜甫写过一首诗，这样拿他与另外一个同样重要的诗人庾信相对照：“清新庾开府，俊逸鲍参军”。

俄罗斯作家屠格涅夫写过一篇矮小精悍的散文《麻雀》。这篇文章被麻雀视为圣经，用各种花哨的书法抄写后供养在屋顶上。也有批量印刷的，只是用的全是正楷字，因为绝大部分麻雀都不识字，识字也不知道文章说的是什么意思。文章里那只黄昏的道路上勇敢地与狗作斗争的麻雀妈妈被当成了所有英雄的原形，但所有听过这个故事的平民麻雀脑子里都有怀疑的火花闪过，他们嘀嘀咕咕地说：“我们真的有那么勇敢吗？我们会在黄昏带着子女出门散步吗？”麻雀虽然喜欢打斗，但那都是两只麻雀为了争夺领地、食物、情人、官职之间的死掐，根本可能迎战狗这样的庞然大物。因此，猎人出身的屠格涅夫要么认错了物种，比如把一只野鸡当成了麻雀，要么就是俄罗斯的某种麻雀有着中国麻雀所缺乏的习性。麻雀父母是会带着子女练习觅食、飞行、停靠、争夺等生活技巧，但遇上强敌，它们只需一飞了事，不太可能发生面对面的遭遇战。幼雀再差劲，也绝对飞得比狗高。

雀形目的鸟类个体都不算大，虽然也有乌鸦、喜鹊这样好勇斗狠的壮汉，甚至也有伯劳（棕背伯劳、灰背伯劳、红尾伯劳、楔尾伯劳、虎纹伯劳、牛头伯劳等多种）这样神出鬼没的“小猛禽”。但无论是在人们印象中，还是在现实的生态系统中，雀形目的鸟类大都身材娇小，身体柔弱，眉目难分，胆怯可人；好拉帮结派，喜聚众聒噪；生性善良，但脾气也偶尔火爆；缺乏攻击力，但在繁殖期也喜欢吃肉食；弱不禁风，但偶尔也聚众闹事；平常叫的时候有些烦人，不过一旦唱起来，那腔板估计是世界上最好听的自然之音。

对于不喜好观察自然的中国人来说，几乎所有的小型鸟类都会被叫成麻雀、小麻雀。百灵、云雀、鹡鸰是小麻雀，三道眉草鹀、黄胸鹀、树鹨是小麻雀，白腰文鸟、斑文鸟、棕头鸦雀也会是小麻雀。麻雀和他的家族，对人类的这种无能非常理解，它们说，其实这样的说法也没有太失当的地方，按照人类发明的科学分类学，许多鸟都属于雀形目的麻雀科。

在全世界将近一万种鸟类中，雀形目的鸟类是最多的，在中国一千多种鸟类中，雀形目鸟类数量同样占尽优势。我刚刚拿到的《中国观鸟年报2007》，书一开始的“分类总览”中，就只把所有的鸟类分成“非雀形目”和“雀形目”；所有的非雀形目都归混为一谈，像佛法僧目、鸡形目、鹳形目、雁形目、三趾鹑目、戴胜目、鹦形目等；这样做的理由是这十多目的鸟类通通加在一起，总额也可能不如雀形目；有些“目”的鸟类非常少，还不如雀形目的一个科一个属的鸟类多。但有时候，世界就是这样，没有办法用平均主义的思想来划分疆界和权益。

没有人知道“燕雀安知鸿鹄之志”的“燕雀”到底是概指燕子和麻雀，还是真的指一个叫“燕雀”的鸟类——在当代鸟类分类学中，有一种鸟真的叫燕雀，而且比较常见，经常到北京这样的大城市的公园里转悠；同时在雀形目的下面，也有燕雀科，也就是说，不仅仅是麻雀有它的同盟军，燕雀也有它的结拜兄弟。可以说，雀形目的鸟是最擅长拜把子的鸟，它们无论在哪里都可以兴师动众。

古代的人把能够看到的雀形目中形体大些的鸟，叫鹊，比如喜鹊、灰喜鹊，而把体型相当于麻雀的鸟类，称为雀。后来的人多半也遵守这一规则。如果用造字学的眼光来看，“雀”往往指“短尾巴的鸟”；一般来说，体型小的鸟尾巴再长，人们也不易觉察，体型大的鸟尾巴如果太短，一般也飞不到人类的目光之前。雀形目中有一种鸟叫寿带，尾巴比身体长出好几倍，每见它一次，都有飘飘欲仙之感；可惜这样的鸟，生活得相对隐秘，极难飞进文字和图画中，自然，也就很难飞进历史的怀抱里。

因此，有一天，所有的雀形目鸟类聚在一起，开了一次全鸟代表大会。并非所有的“雀鸟”都来了，但参与会议的种类确实也超过了三分之二。因此，其通过的决议可以“付诸雀史馆”，可以成为雀国雀族的法律法规。通过的决议非常简单：它们聚在一起，共同原谅人类由于无知而频繁导致的过错。它们还决定，继续鼓励人类认错它们，继续允许人类用模糊的眼光把它们都混为一谈。有时候，它们相信这是逃过人类谋害的最有效的易容术。一滴水藏在大海里，一粒沙藏在大地中，一片叶子藏在树林里，一点想法藏在头脑中，一丝风尘藏在空气里，一只燕雀躲在麻雀丛中。

无论是清晨还是黄昏，人们时而会见到几十只聚在一起的麻雀，这时候人们还不太惊奇，但如果见到几千只聚在一起的麻雀，人们就会惊奇了，用鸟泛、鸟浪来形容如此违法乱典的行动。在人类的世界，任何大数量的聚众行为都是让人警惕的，无论是游行示威，还是结队购物。估计只有一种办法能够形容麻雀的特点和气质。麻雀是比较擅长和人类交往的鸟，至少我在中国观察到的是如此，虽然知道历代中国人不停地吃它、毒杀它、网捕它、恐吓它，视它为“害鸟”，嫌它的聒噪和无礼，但它们始终与中国人不离不弃。因为它们自己就是鸟类中最典型的平民，数量多，好繁殖，一年能繁殖两次，一次能生个四五只，因此，只要稍微给它们一点点机会，它们就有可能重新复原。繁殖，大概是它们对待无情世界的惟一有效力量。

即使在不可能有多少鸟类的城市，你住的楼房边清晨也一定会听到麻雀的噪鸣。分类学上的“树麻雀”在中国是分布最广泛的鸟，中国所有的土地上都能发现它。树麻雀千万年来养成了与人类相依存的坏习惯。它们喜欢与人类一同生活，驻扎在城市的空调孔、路灯架、屋顶的缝隙里。如果你在中国大地上旅行，经过一大段没有村落的路程，你会发现麻雀突然少下去，但如果你看到了麻雀，你的前面一定会有村庄——甚至是城市。树麻雀像中国人一样，占领了所有可能占领的土地，把同类高密度地分配在所有可能活下去的地方。这时候，用麻雀泛指所有的鸟，充满了哲学上的道理和科学上的证据。

就像人类喜欢声称自己代表了世界上所有的物种一样，麻雀也喜欢声称“雀”经常用来泛称鸟类，这表明雀在鸟类中的地位有多么的平常和尊贵。这一点在名贵的“缂丝”上得到了验证。缂毕又被称为刻丝、尅丝、克丝。在唐代就已出现，到宋代已非常著名。缂丝的制作方法是“通经断纬”，先挂好经线，然后将不同颜色的纬线根据图案样用小梭子辍织上去，交接处承空似有雕镂的痕迹，花纹两面相同，极其精巧，但费工费时。北宋缂丝的著名产地是河北定州，其优秀代表作《紫鸾雀谱》就收藏在故宫博物院中。《紫鸾雀谱》上面缂的不是雀，而是各种鸟。在深紫色的底色上用各色线缂出孔雀、仙鹤、锦鸡、鸿雁、黄鹂等多种口含花草的鸟类，纹样安排得既对称又有变化，十分精巧。南宋的缂丝产地以松江和苏州为中心，制作技艺更加精巧。多以名人的字画为粉本，尽量追求画家原稿的笔意，能达到乱真的地步。像《梅花寒雀图》等，均把原画的精神，惟妙惟肖地表现出来。

麻雀们发现古代的画家们也喜欢用它们来达心意，其取的名字，多半是《竹雀图》《寒雀图》《戏雀图》《雀乐荷》等。北宋的画家崔白，画过的《寒雀图》现在就珍藏在故宫博物院里。据说这副画“改变了流传百年的黄筌画派的一统格局，推动了宋代花鸟画的发展”。南宋画家吴炳，画了《竹雀图》，按照元朝人夏文彦《图绘宝鉴》的说法，吴炳的画“写生折枝，可夺造化，彩绘精致富丽”；现在藏在上海博物馆里。张大千、黄胄都画过与麻雀有关的画，范曾也画过《戏雀图》。

“麻雀文化影响团”在歇后语的城堡中也安下了好几座营寨。比如“宁做蚂蚁腿，不学麻雀嘴”；“麻雀落在牌坊上——东西不大，架子不小”；“麻雀飞进照相馆——见面容易说话难”；“麻雀开会——细商量”；“麻雀飞大海——没着落”。有时候，麻雀会被用来比喻小人得志的模样，有时候，又被用来比喻“爱说不爱动”的状态；有时候，用来描模小人物认真细致之心；有时候，又用来表达小人物在大潮流中的难以抗拒之情。

“麻雀鼓肚子——好大的气”。麻雀或者说雀形目的鸟，很早就在《诗经》里占了一席之地，它们从一开始就用一首代表作来引领无所不在的平民精神。《诗经》“召南”中有一首诗叫《行露》说：“厌浥行露，岂不夙夜？谓行多露。谁谓雀无角？何以穿我屋？谁谓女无家？何以速我狱？虽速我狱，室家不足！谁谓鼠无牙？何以穿我墉？谁谓女无家？何以速我讼？虽速我讼，亦不女从！”这估计是一个女子被人强迫逼婚时坚决反抗的愤怒之作，到今天读

起来仍旧鲜明地感受到这里面蕴藏的坚定的个人主张。因为这首诗，就有了“雀角鼠牙”这个成语，表示那些强迫他人的人或事。

北宋的苏轼作过一首词，叫《南乡子·梅花词和杨元素》：“寒雀满疏篱，争抱寒柯看玉蕤；忽见客来花下坐，惊飞，踏散芳英落酒卮。痛饮又能诗，坐客无毡醉不知；花谢酒阑春到也，离离，一点微酸已着枝。”南宋诗人杨万里，写过一首诗叫《寒雀》：“百千寒雀下空庭，小集梅梢话晚晴。特地作团喧杀我，忽然惊散寂无声。”这与谚语“两个女人等于一千只麻雀”颇有些相像。

麻雀的文学史中，记载着清朝的大诗人、戏曲理论家李调元，曾经写过的一首“麻雀诗”。借名人说事是中国民间文学的特大重大传统，历史上几乎所有有才学的文人都曾经被后人栽种上了充满战斗精神的传奇。麻雀的文学史学家们自然也不肯放过李调元，给这首诗附上了真假难明的民间传说。

话说有一次他担任某地主考，考试和阅卷程序过后，李调元要依法返程回朝。当地州官举办宴席欢送，酒过三巡，菜上五味，州官受当地士子的唆请，起身对李调元说：“久闻主考才高，诗追李杜，文胜三苏，今日请即席赋诗，以壮行色，如何？”李调元请州官命题。这时，正好有群雀跳跃檐间，州官便以雀为题。

李调元慢慢念出一句：“一窝两窝三四窝”，听得众人简直要笑出声来。接着，又慢声念出第二句：“五窝六窝七八窝”。有人再也忍不住了，笑出了声，猜测“这诗可能有几万窝”。几秒钟或者几分钟之后，李调元又高声念出后两句：“食尽皇王千钟粟，凤凰何少尔何多？”一阵沉默之后，李调元又说：“我再打油一首赠诸公：“一个一个又一个，个个毛浅嘴又尖，毛浅欲飞飞不远，嘴尖欲唱唱不圆。莫笑大鹏声寂寂，展翅长鸣上九天”。这篇传说的群众作者们，满足了杀人般的快意，却把李调元置于一个颇为尴尬的角色中；把一个战场上的战士，推入了和平时代的考场中。

“麻雀飞到糖堆上——空欢喜”；“麻雀虽小，五脏俱全”。麻雀的历史演替着人类的愚昧和勇气。两三千年之后，1954年之后，中国突然出现了一股“除四害”之风，麻雀因为喜欢吃禾本科的籽食，难免偶尔吃上几口人类种植的水稻和小麦，这在粮食缺乏的时代，就犯了偷盗人类食品、侵犯人类安全之罪，于是全国人民被有组织有预谋地发动起来，奋起打击麻雀。所有可能想到的方法都用上了，这时候，好追时髦的诗人郭沫若，作了一首推波助澜之诗，如今读来，令人掩嘴偷笑不止。这首诗叫“咒麻雀”：麻雀麻雀气太官，天垮下来你不管。麻雀麻雀气太阔，吃起米来如风刮。麻雀麻雀气太暮，光是偷懒没事做。麻雀麻雀气太傲，既怕红来又怕闹。麻雀麻雀气太骄，虽有翅膀飞不高。你真是混蛋鸟，五气俱全到处跳。犯下罪恶几千年，今天和你总清算。毒打轰掏齐进攻，最后方使烈火烘。连同武器齐烧空，四害俱无天下同。”

这时候，倒是有一个著名的鸟类学家出来替麻雀说话了。这个人是郑作新。郑作新是福建长乐人，此时已是中国著名的鸟类分类学家。郑作新为麻雀平反是在保护动物中最著名的一件事。当麻雀与老鼠、苍蝇、蚊子被列为必除的“四害”时，郑作新从查清麻雀的益害性入手，亲自带领助手们泡在河北昌黎和北京郊区，进行长达一年的调查。他共解剖了848只麻雀，对它们胃里的食物进行鉴别、分析、对比，得出了麻雀食性的大量数据。郑作新夫人陈嘉坚，在阳台上面撒粮食喂养一些麻雀，以计量麻雀的食量。最后发现，从麻雀的食物分布来看，麻雀吃杂草的种籽，吃昆虫，只是偶尔才吃点人类的粮食，因此，算得上是益鸟。1956年10月，在青岛举行的中国动物学会全国大会期间，郑作新指出，麻雀的益害，不能采取简单的方法，而要根据季节、地区辩证地对待。即便要消灭，要消灭的也是雀害，而不是麻雀。讨论会上许多动物学家呼吁暂缓消灭麻雀。1959年春，上海等一些大城市树木发生严重虫灾，人行道树的树叶几乎全被害虫吃光。这与麻雀被人类谋杀殆尽有关。在这种情况下，生物学家更强烈要求为麻雀“平反”。郑作新把研究结果公开发表，得到中国科学院领导的支持，1959年底中科院决定以科学院党组书记、副院长张劲夫的名义，专门写了《关于麻雀益害问题》，附上郑作新等科学家的论证。这份附有大量科学依据和分析的报告终于为麻雀平了反。争议长达4年多的“麻雀案”终于有了结论，麻雀的这一波劫难算结束。

麻雀最富平民精神的创造就是它们借人类之手发明了雀牌或者说麻将。为了让麻将有正当的出身，有些麻将史家、赌博史家、娱乐史家，还到历史的大海中去罗集沙子和碎石，把它们拼接在一起，形成一条似断实续的“中国麻雀史”。“戏虽无益，亦一代之文物也”；这是袁世凯的二公子袁寒云说过的一句话。文史掌故家郑逸梅先生撰写过《“皇二子”袁寒云的一生》，详述袁寒云生平事迹及其收藏经历。袁寒云幼承家学，“读书博闻强记，十五岁作赋填词，已经斐然可观”；诗文在当时被誉为“高超清旷，古艳不群”。金石书画和收藏赏鉴皆为一时之选。袁世凯曾礼聘罗瘿公为袁寒云之师。袁寒云为人风流旷达，被称为“民国四公子”（张学良、溥侗、袁寒云、张伯驹）之一。

麻雀把袁寒云公推为“中国近代纸牌收藏研究史上之第一人”，就因为他

做过一篇文章，叫《雀谱》。袁寒云对中国的平民娱乐史比较热衷，他撰写的《雀谱》一卷，《晶报》主事者余大雄为之作序。袁寒云又作过《叶子新书》（据说叶子是在唐朝时就流行的纸牌游戏）。他自己说："得明代叶子一局，从而略窥古法，复搜集天津、丹徒、临沂、歙县诸地之叶子，附以雀牌，作《沿革表》，纪其嬗变；作《角戏志》，疏其法例；合为一编，命曰《叶子新书》。"

《晶报》1919年创刊于上海。从《寒云日记》的记载来看，袁寒云曾经在《晶报》上刊发广告，出重金广求民间收藏的纸牌。

"不佞前作《雀谱》，未竟而辍，屡欲续之，辄以事阻。今拟专事足成，谱后并附《详考》一篇，厥考必广求物证，博采众言而后始可作也。兹已求得明马吊一具，凡四十张。原牌为贵池刘氏所藏。公鲁影印见惠者，此即雀牌之本源。如有以各省县之纸牌，无论何种见寄者，每副酬例如下：（甲）十元至二十元（必清光绪以前所制，而有年号印记可考者，或系明末清初古旧之物亦可）；（乙）五元至十元（精美或古雅者）；（丙）一元至五元（略佳而完美如新者）；（丁）一元（寻常之牌可留者）。污损不全者俱不收。新制重样者，先到者留，后到者寄还。古制及精美者，先后到俱酬值。如有寄惠佳者，加索不佞事件，亦可报命。如有以明马吊牌原牌见让者，至少酬四十元，并加赠精写书件。如有以古制竹骨象牙之牌见惠者，酬值尤从优。厥谱编成后，由《晶报》馆专刊成书，并将各种纸牌逐式影印，附于考后。凡寄牌者，另各赠《雀谱》一册，多索数册亦可。如有以《雀牌考》见示者，酬例如下：（甲）每篇五元（须详明确实）；（乙）每篇赠二元价值之书一册；（丙）酬《雀谱》一册。乙甲各加赠《雀谱》一册。此启。"

人的脸上为什么会长雀斑？麻雀说，去问一问麻雀们的卵就知道了。麻雀卵上那种淡淡的斑痕，确凿无疑地证明着善于抄袭的人类分明就是从模样上仿制了雀斑之美。因此，麻雀与人类，因为这块斑痕，而有了更多的灵性互通之处。

全世界的麻雀共有19种，中国有5种，最常见的是树麻雀，其次分别有山麻雀、家麻雀、黑顶麻雀、黑胸麻雀。它们清楚而又模糊地生活在人类周边，有的在村庄边，有的在草地上，有的在森林中，有的在高原里，像人类所有的平民那样。至今没有"科学家"或者说"博物学家"知道麻雀们全部的生活秘密——也像人类所有的平民那样，你好像一眼就认出了麻雀，但你永远可能无法了解麻雀，你甚至可能把其他的鸟当成了麻雀。因此，在这个世界上，更靠谱的一句话应当是"鸿鹄安知燕雀之志哉"。

用曹植的《野田黄雀行二首》中的一首来作结尾吧：

高树多悲风，海水扬其波。
利剑不在掌，结友何须多。
不见篱间雀，见鹞自投罗。
罗家得雀喜，少年见雀悲。
拔剑捎罗网，黄雀得飞飞。
飞飞摩苍天，来下谢少年。

（2009.8.2）

那只兄弟般的鸟

与孝文化相伴

你一定读过《诗经》，这篇文章的立意与源起，就来自《诗经·小雅·棠棣》。“鹡鸰在原，兄弟急难”这句话，后来被爱借用典故和阐扬典故的人，层层强化和“磁化”，与“棠棣”一起，专用于表达兄弟之间互助、互济的情态。本来这两个字是只写成“脊令”的，后来，为了区别，为了便于快速识别，有好事者，以鸟加之，就成了“鹡鸰”。《棠棣》是这样写的：

常棣之华，鄂不韡韡。凡今之人，莫如兄弟。
死丧之威，兄弟孔怀。原隰裒矣，兄弟求矣。
脊令在原，兄弟急难。每有良朋，况也永叹。
兄弟阋于墙，外御其务。每有良朋，烝也无戎。
丧乱既平，既安且宁。虽有兄弟，不如友生？
傧尔笾豆，饮酒之饫。兄弟既具，和乐且孺。
妻子好合，如鼓琴瑟。兄弟既翕，和乐且湛。

中国一向只关注人与人之间的问题，而血缘关系被中国人特化到最强势文化的程度。因此在中国，最被当回事的文化是孝文化（父子文化），而孝文化的辅佐，就是“悌文化”（兄弟文化）和“夫文化”（夫妇文化）。弟弟对于哥哥，与儿子对父亲类似；哥哥对于弟弟，也要与父亲对儿子类似。由于《诗经》的铺垫，虽然没有几个人认识“鹡鸰”这只鸟，但鹡鸰作为一个词，在所

有识字人的心目中，已经高度等同于兄弟。因此，在中国人的家谱的“规训”里，往往可读到这样的话：

二曰弟：夫弟者，悌也，无所不悌之为弟。故凡坐次之间，出入之际，有各尽其弟者；悌於坐，则隅以示次也；悌於行，则随以示序也。况乎，人生最重要，五伦昆弟也。诗曰：“脊令在原，兄弟急难。”吾族宗派，当其世世遵之。

唐玄宗李隆基，在历史上极有名，他除了是著名的“爱情家”，与杨玉环上演过“长恨歌”这一名剧之外，还是著名的书法家和音乐家。他在一篇“鹡鸰颂”前加了一段序，谈自己做了皇帝之后试图与兄弟友好的心理；他又把这篇颂并序，用“书法”描绘了下来，传给后世，成了书法史上的“名字”——清朝的王文治说：“帝王之书，行墨间具含龙章凤姿，非人文臣者所能彷佛，观此颂犹令人想见开元英明卓逾时也。”且不管此人如何夸奖，我们先看序和颂，它是这样写的：

朕之兄弟，唯有五人，比为方伯，岁一朝见。虽载崇藩屏，而有睽谈笑，是以辍牧人而各守京职。每听政之后，延入宫掖，申友于之志，咏《棠棣》之

诗，邕邕如，怡怡如，展天伦之爱也。秋九月辛酉，有鹡鸰千数，栖集於麟德殿之庭树，竟旬焉，飞鸣行摇，得在原之趣，昆季相乐，纵目而观者久之，逼之不惧，翔集自若。朕以为常鸟，无所志怀。左清道率府长史魏光乘，才雄白凤，辩壮碧鸡，以其宏达博识，召至轩楹，预观其事，以献其颂。夫颂者，所以揄扬德业，褒赞成功，顾循虚昧，诚有负矣。美其彬蔚，俯同颂云。

伊我轩宫，奇树青葱，蔼周庐兮。冒霜停雪，以茂以悦，恣卷舒兮。连枝同荣，吐绿含英，曜春初兮。蓐收御节，寒露微结，气清虚兮。桂宫兰殿，唯所息宴，栖雍渠兮。行摇飞鸣，急难有情，情有馀兮。顾惟德凉，夙夜兢惶，惭化疏兮。上之所教，下之所效，实在予兮。天伦之性，鲁卫分政，亲贤居兮。爰游爰处，爰笑爰语，巡庭除兮。观此翔禽，以悦我心，良史书兮。

依水而居，与水为友

但可能你没有想过，《诗经》大概是中国人最朴素地写鸟和其他自然细物的文学作品，这时候，自然界进入文学的那些元素，还没有被过度象征化和沿习化，大家只是顺手顺嘴，抓举了撞到眼前的那些草木鸟兽虫鱼，来比喻，来抒情，来起兴，来讽刺。

因此，诗经里罗列过的“自然物种”，都比较真诚，不像后来的那么虚幻。“鹡鸰”的得名，估计就与它的基本生活习性有关。它常在水边“漫步”，因此也就好像是常在人类身边漫步；它飞到天上时总是一扬一扬像水波那样起伏，鸣叫时总是“几令几令”，易于让人模仿。

《诗经》后来成了儒家经典，文学的能力日益丧失，教材的能力日益补强，于是带来的一个必然后果，就是几乎所有的章句都被典故化。带来的另外一个后果，就是后人作的诗赋文章，甚至私人间的来往信件，里面借用到的自然之物，多少都显得有些虚假，因为，这些物种已经不是来缘于作者身心的经历，而是来自于“此前的传统”，抄袭、复制加上想像与夸大，成就了传统中国人的许多自然梦想。

其结果，就是自然界虽然饱受文字和图画的玩弄，但总是“养在深闺人未识”；其结果，就是自然界虽然从来没有停止对人类的滋养与爱护，但一直备受人类的践踏与折磨；其结果，就是自然界天天在人类的面前周转，但人类总似乎与它相隔十万八千里；其结果，就是人类眼睛每天都在记录自然风景，但似乎总与真正的自然间隔着一层“坚硬的空气”。

所以你一定读过《诗经》，但你未必知道诗经里写到了一种鸟，这种鸟叫鹡鸰。现在为了好记，给它们都加了个鸟字边。现在为了好记，观鸟的人会告诉你，在所有的鹡鸰中，最常见的是白鹡鸰。

如果你观鸟，你会发现，白鹡鸰可能与麻雀、斑鸠、红嘴蓝鹊、戴胜、乌鸦、喜鹊类似，是在全国都有分布的鸟。有些地方的“原住民”，把鹡鸰称之为“点水雀”。应当说，这三个字是很有中国道理的。也颇有科学道理，因为，鹡鸰就是属于“脊椎动物门鸟纲雀形目鹡鸰属”。

科学家们这样描述鹡鸰：

鹡鸰为地栖鸟类，生活于沼泽、池塘、水库、溪流、水田等处。白鹡鸰常在路边出现，单个或成对地寻食昆虫。飞行时呈波浪状起伏，并连续发出铜铃般的鸣声。繁殖期雄鸟站在土堆、石堆等高处鸣唱，非常动听。日落时，均飞入竹林、灌丛中，与麻雀、田鹨等混栖。在农田土块、树洞、岩缝中筑巢。巢呈杯状。以细草根、枯枝叶、草茎、树皮等构成，内铺兽毛，鸟羽等。每窝产卵4～6枚。夏季食物99%是昆虫，包括蝇、蚊、甲虫、蝗虫、蚱蜢等；秋季兼食些草籽，是农田的益鸟。

过去的中国人，在造字的时候，把短尾巴的鸟，大体都叫“雀”；很多的小鸟们聚在同一棵树上，就是“集”。从整个身体比例来说，体长20厘米左右的鹡鸰，尾巴并不短，猛一看去，你甚至会怀疑它的尾巴比身体还要长，因为它的尾巴总是在不停地点动，很是惹眼。

鹡鸰总是与水相友，它的生命与水休戚相关。它要生活在有水的地方——小溪的旁边，小坑塘的旁边，甚至雨后的屋顶上，你都能发现它在那闲逛，在那寻找食物。鹡鸰的生活习性与红尾水鸲、白顶溪鸲有些相似，它们生活在水边，借助水的才华帮自己获得食品；但他们很少甚至从不下水，但它们在很早以前就发现，水边上的昆虫比较多，比较容易捕食，因此，在很久很久以前，它们的祖先就决定，把“水边”当成它们的食堂。

显然，这一判断和决策是英明的，荫及子孙，福泽绵长的。因为对人类来说，几乎所有的文明都依水而居，几乎所有的土地，都可能“水化”，因此，几乎所有的食堂都可能在水边，因此，几乎所有的地方，都可能成为食堂或者备用食堂。有河流、有湖泊、有滩涂的地方就不用说了，清晨的露水会打湿青翠的草，迷漫的大雾会把水泥路面滋润，总会下降的雨水，会让山顶的树木都

挂满浑身的水滴。

如果你观鸟，你会发现，即使这样全国到处都在人们眼前、脚边走来走去的鸟，在人们头顶上低低地掠过的鸟，在文字里被长期用来比喻兄弟之情的鸟，几乎无人认识。

更不用说白鹡鸰的那些堂兄弟和表兄弟们了，在中国，大体他的亲戚有灰鹡鸰、黄鹡鸰、黄头鹡鸰、山鹡鸰等，偶尔，有某些地方，能看到“日本鹡鸰”——现在有一个非常流行的日本动画，叫《鹡鸰女神》，但即使我是一个诗人，我也想不明白他们为什么取这个名字。

脏即是净，净即是脏

但鹡鸰们又比鸲类多一些适应环境变化、气候变化、生活变化的才能。鸲类对水质的要求是比较高的，山间清澈的小溪、山谷中长着浅草的湿地，是它们的最爱。可是，当前的中国，几乎所有的山间小溪都在修建引流式小水电站，河水被引导到人工穿凿的山洞里，从山的另一侧垂直跌落发电，因此，原先自由奔流在河道中的水，就都变成“油”，变成电能了，干涸的河道里砾石裸露，惨白耀目，原先居住在河边的河乌、褐河乌，以及白顶溪鸲们，不得不紧急“生态移民”，寻找其他的河道存身。如果它们找不到的话，前面等待他们的只有死亡这一条道路。也许，我们该想像一下，当一只鸟坐在石头上，放眼全世界，放眼全自然，居然无法找到一小块让它们吃饭、睡觉、休息、嬉戏的地方，它们的心眼，会作何感想？

但鹡鸰们似乎就不太发愁，它的祖先们在数万年以前就预测到了一切可能性。它们很清楚，任何物种要想在这个世界上可持续生存，惟一的办法是让自己具备无穷的适应性。干净的地方要能呆得住，肮脏的地方也要为之欢喜。因为它们的哲学书中，有这么一段：“脏即是净，净即是脏。无脏无净，无净无脏。脏极必净，净至脏生。” 干净的地方，就是为了堆放肮脏之物的；肮脏之物，就得堆放在洁净之处。清洁之水，就是用来清洗污浊的，而生活的污泥，就得依靠清水来洗涤。

因此，你在全国任何地方，都有可能发现鹡鸰的原因，大概就在于它们从来不为环境的变化发愁，干旱一点的地方，你能见到它们，我就在青藏高原的许多地方看到它们在草地上忙碌；因为再干旱的地方都有可能“与水相遇”，因为鹡鸰们需要的不是在水中生活，而是借水捕食，而水作为这个世界的五大基本要素之一，水文化作为中国传统文化中最被颂扬的文化之一，水总在任何地方你期望的和不期望的地方随时出现。

在肮脏的河沟里，你也能发现它们，身体有些脏污，甚至胸前的小三角形的黑块，也由于旁边白色的污化，而显得同样的污浊，但没关系，污水有时候具有强大的食品制造能力，只要不是有毒的水，污水的肥沃力是干净之水无法比望的，因此，污浊的地方，其实是食物最丰盛的地方，只需要你眼睛只盯着食物，鼻子不闻它的味道，身体不怕它的沾染，肠胃不会受它的侵害，心理不会被它所控制，情绪不会因此而起伏抑郁，那么，你根本不会对肮脏与干净作任何的区别。

何况也不能做区别，鹡鸰们相信，自然界呈现的一切，都是无害的，都是可依的。在生存需求简单引导下，一只鸟没有迷恋任何一种生存环境的权利。何况，它们本来也无需迷恋，由于它们的飞翔和变换能力，一分钟前可以以我们人类眼中的污浊之地尽情觅食，一分钟之后会在某个难得的小水塘里尽情的清洗；今天可以在张家的房顶上踱踱步，明天可以到李家的院子里探探风——虽然张家与李家，此时正互相仇恨着，而不得罢休。

自然是最好的兄弟

鹡鸰的繁殖期与绝大多数鸟类同步，都是在五六月份间。鹡鸰父母往往把巢筑在水边的某个穴洞里，比如南方的田埂，它覆盖着草的边坡是鹡鸰父母的最爱。小鹡鸰在家里被照顾上一段时间后，往往会被父母带到空地上，放在某个猛一看很容易与周边环境混淆的地方，然后就让它在那等着，赶紧急急忙忙地找吃的去了，找到之后，急忙回来喂上一口。

走之前，它一定会严厉地叮嘱不谙世事的子女，要它们尽量安静、尽量休止，不要试图自己去捕食，也不要贪图玩耍。自然界有时候是残酷的，它人的子女往往是自己的美食。对于北半球的鸟类来说，每年的春夏之季，它们必须繁殖，就是因为大地上有无数的植物子女在生长，这些植物的子女供养了无数的昆虫的子女。而昆虫的子女，个个都营养丰富，最适宜作为鸟类子女的肉食供应商。而鸟类也不可能那么幸运，它们在尽情吞食它人子女的同时，也得把自己的子女贡献出来，给那些需要它们奉养的物种。因此，当我们说自然界无情的时候，却又能时时地体验到自然界各物种间那种惺惺相惜的情意。

想像一下，也许满原的青草，在喜滋滋地等待牛羊的嘴来咬断和咀嚼它

们，满怀喜悦地在动物的肠胃里消化，在动物的身体里转化为血肉；也许满草原的斑马，满怀喜悦地等待自己被狮子们捕食。

不是吗？禾本科的草，很清楚麻雀需要吃它们的子女，因此，它们一口气就生产了成百上千颗，麻雀们的嘴巴再准，胃口再大，总会留下那么几粒作为它们的后代；麻雀们也很清楚，蛇、老鼠们再精明，即使把它们的蛋吃掉好几个，也总有那么一两个能够孵化成小麻雀；野鸡们也很清楚，小野鸡们出生后虽然随时会成为某种动物的盘中餐嘴中食胃中物，但总有那么一两只能够长大成鸡。而从繁殖意义上说，一年，有那么超过一个以上的“小我”成功活下来，就算胜利。因此，自然界中那些越柔弱、越底层的物种，总是以多取胜。为什么这么“多”？一是因为聪明和自私——因为只有多才可能有遗留；二是因为慈悲和公益——因为只有多才能喂养其他的“链条”，才可能让自然充满生机。

但无论如何，谁都不想在刚刚出生几天就被其他强者擒走吃掉。因此，我看到的小鹡鸰们都异常顺服地在某块石头边区匍伏着，它身体的颜色与石头和石头旁边的土地很相似，因此，无论是盘旋在高空的猛禽还是在周围巡视的猛兽，都可能忽略它的存在。而在你成长的过程中，“被忽略”是一种强大的本领。因为只有被忽略，才可能把生命延续，把种族繁衍。

从这个意义上说，鹡鸰可能是最喜欢中国人的鸟类，因为从古到今，中国人一直在有意无意地忽略自然。这种高度忽略的结果，就是给了鸟类们无限的生存可能性。

虽然，我们的自然界已经被人类弄得极度肮脏，虽然，我们已经把每一寸土地都“人类化”，但鹡鸰很少担心这些，估计它们的宗教信仰里有一条，就是与自然作永远的朋友，与人类作永远的兄弟。因此，它们在几千年前，就会被诗经选中，用来表达世界上各种各样的“兄弟情感”。

最后，我还是用帮助古代人写诗填词作赋拼对用的《笠翁对韵》中的一小段来作为结尾吧，也许在古人心中，一切都是相对的，一切都是相友爱的：

书对史，传对经。鹦鹉对鹡鸰。黄茅对白荻，绿草对青萍。风绕铎，雨淋铃。水阁对山亭。渚莲千朵白，岸柳两行青。汉代宫中生秀柞，尧时阶畔长祥蓂。一枰决胜，棋子分黑白；半幅通灵，画色间丹青。

（2009.3.18）

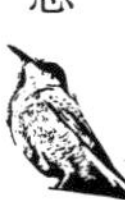

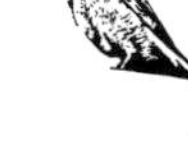

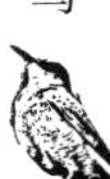

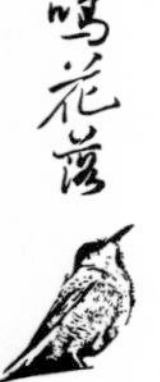

乌鸦其实很吉利

有一个“军旅作家”很有意思，她跑到四川西部去采风，突然发现有许多乌鸦。她在文章中惊奇地写道：“都说天下乌鸦一般黑，我看到的乌鸦，怎么嘴和角是红的？难道这边的乌鸦变异了？”

其实她看到的是红嘴山鸦，她要是再往海拔高些的地方走，还有可能看到黄嘴山鸦，嘴和脚都是黄色的。如果她到河南南部信阳一带去旅行，观察得精心一些，她有可能看到一种乌鸦脖子是白色的，这种乌鸦的学名叫白颈鸦。

如果她喜欢看中国古代字画，她又会发现，古人喜欢画“雪后寒鸦图”，上面的乌鸦，有些穿着白色的小褂子，有些与传统的乌鸦一样黑成一团。中国古代画家笔下的这种乌鸦，从现在来看，其学名，真的是叫寒鸦，或者有的叫“达乌里寒鸦”。这里的寒，不仅是意境似的寒，而且包括写实的寒；画家画寒鸦，大概既画了“在寒冷天气中的乌鸦”，又画了寒冷天气下的寒鸦。这些画多半是在北方画的，南方很少有大雪，大雪铺陈的地面，也很少空旷辽远，即使有些块平地，也不一定有乌鸦附集。

有时候，乌鸦喜欢聚合的特点也被用来当成贬义词，比如“乌合之众”，就用来比喻没有组织，没有训练，像群乌鸦似的暂时聚集的团伙。《后汉书·耿弇传》就说：“发突骑辚乌合之众，如推枯折腐耳。”乌鸦和喜鹊、灰喜鹊是我见过最抱团的鸟类，也是最擅长打群架的鸟类，面对任何可能的危险，它们都会互相呼应，快速聚集，为了共同的利益不顾个体的性命。

从这一点上确实看出了它们与喜鹊的同源。从科学分类上看，乌鸦和喜鹊都属于鸦科动物，都常在人类身边生活，和麻雀相似，是“亲人鸟”。观鸟这么多年来，我经常看到乌鸦和喜鹊各自组成军团，为了地盘而大打出手。喜鹊

成堆的地方，一般就没有乌鸦；乌鸦控制的地盘，一般也很少有喜鹊。据说有人不喜欢乌鸦，尤其早上出门的时候，要是第一眼看到喜鹊，就浑身高兴；要是第一眼看到乌鸦，尤其第一耳听到乌鸦叫唤，就担心很不吉利；要是身边有人对前途说些担忧的话，就被讽为“乌鸦嘴”。可如果我们跑到中国的历史材料堆里去翻寻，也许我们会发现乌鸦其实是挺正面的鸟类。

中国历来是讲“以孝治天下”的，其实这是血缘、亲缘型社会价值观在政治上的表现。为了配合“孝体系”的传统，古人发明了“二十四孝图”，列举了不同类型的孝子的行为方式，供社会借鉴。但这些还不够，中国人的形意思维发达，字是形意的，诗也是形意的，自然，寓言故事也是形意的。对于喜欢象征和形意的人来说，把身边的常见物种，附会上某些特殊意义，是必然要做的事。

自然界中的“鸟纲”，当然也是人类于生命过程中容易感知的一些元素，其中最容易感知的那些常见鸟部分，都陆续被古人一一用上。鸿雁代表对远人的思念，杜鹃（布谷、子规）代表旅人对家乡的怀想；麻雀、燕雀代表短视的小人，鸿鹄——应当是些体型大、生性凶猛的鸟，多半是猛禽——代表远大的志向和强大的才能。而乌鸦，大概是最为重要的，因为它被附会上了一个美好的传说，不管是大嘴乌鸦、小嘴乌鸦还是秃鼻乌鸦，它都用来笼统地喻示“孝顺”。

找不出证据查勘古代的人如何敢这么大胆地宣扬这一点。反正在儒家的诸多经典和传讲中，总喜欢说乌鸦“反哺慈亲”。意思是，乌鸦是孝顺的典型，当他们的父母年纪大了，老了，病了，厌倦世事了，无法觅食的时候，小乌鸦、年轻的乌鸦、儿孙辈的乌鸦，不但会给父母寻找食物，而且会把食物给弄得很合口，像当年人类的父母用流食、吐哺以育子女一样。晋代李密的《陈情表》之所以成为名文，与这一段很有关系：“臣密今年四十有四，祖母刘，今年九十有六，是臣尽节于陛下之日长，报刘之日短也。乌鸟私情，原乞终养。”私人家庭的尽孝，是远大于对朝廷的尽忠和对朋友的尽义的。

古代的人都是些文人，或者是些沉迷于想像中的人，他们是不由科学来分说的。如果我们非要用科学的态度去校正他们，反而显得我们犯了逻辑病和迷信科学病。科学上说，太阳上有黑子和耀斑，而中国的古代人，把太阳称为“金乌”，把乌看成“阳精”；一些古代的画作里，真的就画上太阳上面蹲着只乌鸦。古人认为太阳中有三足乌，月亮中有兔子，因为又用“乌飞兔走”，比喻日用的运行，时间的流逝；文人们形容太阳落山、月亮升起，也一定是“玉兔东升，金乌西坠”。

乌鸦还用来形容某个官职。最常见的是形容御史，御史府又被称为乌府。据说这个典故是从汉代开始的。《汉书·朱博传》："是时御史府吏舍百余区，井水皆竭。又其府中列柏树，常有野乌数千栖宿其上，晨去暮来，号曰'朝夕乌'。"

爱及屋乌，1998年出版了一本书，叫《乌昼啼》，收集的是1957年的"大鸣大放"时期的杂文和小品。书名的起意，缘于"乌夜啼"。我国的古琴曲中，有一曲至今被弹唱的，叫《乌夜啼》。唐代诗人张籍，写有诗歌《乌夜啼》，其"诗"前面有"引"说："李勉《琴说》曰：《乌夜啼》者，何晏之女所造也。初，晏系狱，有二乌止於舍上。女曰：'乌有喜声，父必免。'遂撰此操。"诗是这样的："秦乌啼哑哑，夜啼长安吏人家。吏人得罪囚在狱，倾家卖产将自赎。少妇起听夜啼乌，知是官家有赦书。下床心喜不重寐，未明上堂贺舅姑。少妇语啼乌，汝啼慎勿虚，借汝庭树作高巢，年年不令伤尔雏。"何晏是三国魏的玄学家；李勉是唐代的高官、宗亲，据说也是音乐家、制琴大师。后代的注释者指出，《清商西曲》也有《乌夜啼》一诗，宋临川王所作，"与此义同而事异"。

1998年去世的英国桂冠诗人特德·休斯最后的一部诗集名字叫《乌鸦》，而且一直没有收满，据说只收了三分之二，有些诗甚至没有写全；因此有文学研究者认为，这表明了诗人对"空白"的追求。在中国的古代，乌鸦也是经常入诗的。这里，找首与乌鸦有关的古诗来结尾吧。白居易的《慈乌夜啼》，讴歌乌鸦反哺，针砭世态，抨击人间不孝者，很值得一读：

慈乌失其母，哑哑吐哀音。昼夜不飞去，经年守故林。夜夜夜半啼，闻者为沾襟。声中如告诉，未尽反哺心。百鸟岂无母，尔独哀怨深。应是母慈重，使尔悲不任。昔有吴起者，母殁丧不临。嗟哉斯徒辈，其心不如禽。慈乌复慈乌，鸟中之曾参。

(2008)

一只最有文化的鸟

丹顶鹤被作为惟一候选鸟被有组织有预谋地选派入宫，即将担当“国鸟”的消息，一秒钟之后就在鸟群中传播开来。许多鸟都有意见，因为选择的过程它们毫不知情；另外一些鸟虽然知情而且也填了参赛表，但也有意见，因为它们觉得丹顶鹤不够格，而自己最够格。

丹顶鹤的兄弟们及表兄弟、堂兄弟们，听了自然非常高兴。与中国人相伴几千年之后，它们的身份居然被以这样的形式扶正，足以感慨万千。它们从世界各地，非洲美洲欧洲洪州扬州益州——纷纷派了代表团前来庆贺，而代表团是由年轻力壮的士兵们组成的，庆典时可以作为礼仪表演者，万一战争起来，可以马上从大鼓里掏出刀，从马肚子里牵出坦克，迅速成为全副武装的战士。

那些力推丹顶鹤入宫正选的人们说，在中国的鸟中，丹顶鹤大概是只最有文化的，外貌清雅高贵，心灵纯正无瑕，头脑聪明过人，羽毛智慧深邃。

听到这些论文般的大段证明信时，天鹅可能不同意，麻雀也可能不同意，燕子——尤其是家燕，更可能不同意；甚至画眉、红嘴相思鸟、八哥之类的传统笼中宠物，也会抗议几声。

当然，原本一直呼声很高，也表示有理想要担当“国鸟”的红腹锦鸡，此时正归隐在秦岭山地里，边修身养性边写哲学文章，讨论鸡在中国传统鸟文化中的深厚寓意；以及在它的带领下，在新时代，宏扬鸡文化的必要性及可行性。

但丹顶鹤不管那么多了，它抬起长长的腿，先在湿润的泥地上，划出了一连串长长的象征符号。给在地球上所有可能召唤到的兄弟们，都发出了召集令。它在国内的近亲和近亲，白鹤、灰鹤、白头鹤、白枕鹤、蓑羽鹤、沙丘鹤、黑颈鹤、赤颈鹤，它的国际近亲和远亲，黑冠鹤、灰冠鹤、蓝鹤、肉垂鹤、澳洲鹤、美洲鹤从南美洲以外的地方，都派出整队整队的高级领导人，前来捧场；它的朋友和敌人，它的围观者和崇拜者，只要有时间，有意愿的，也通通聚集到了某块湿地上。

看到大家陆续到岗，它开始就职演说。讲自己的故事，也讲它和中国人之间的情感，讲它与文字、绘画、雕塑、歌曲、书法、宗教、世俗生活之间的恩怨——当然，最后忘不了讲一讲自己的施政纲领，讲一讲鹤这个物种在环境危急时代的“挑战和机遇”。

盘踞诗辞歌赋

如今是个知识的时代，靠外貌获得竞争力是羞耻的。要比拼谁最有文化，当然第一要看的证据，就是查一查历代的文字里，对谁的记载和表达得最多。

要是竞赛进入历史文明记载的能力，丹顶鹤或者说鹤类的成就非凡。全世界有十五种鹤，理论上说中国有九种，但估计在历史上曾经进入中国人眼帘的心魂的，估计只有一种，这种鹤叫仙鹤、鹤。它可能是丹顶鹤，也可能是白鹤，偶尔也有可能是灰鹤、蓑羽鹤，甚至偶尔会串到大白鹭、中白鹭、小白鹭、苍鹭那去——比如有人就把苍鹭叫灰鹤。就像把大雁当成天鹅，把所有野鸭都当成鸳鸯，把所有的鸥都当成麻雀那样。

中国是一个形意化的国家，有人说汉字有“六书”，其实汉字就一个造字原理，就是形意。形意化的传统导致出现了两种才能，一是所有的形都会成意，二是所有的意都会幻化成形。因此，当中国人说某个物种的时候，眼前浮现的物种形象，是由意而化来的，具有高度象征性和模糊性、概要性，因此，于细节上也就很囫囵，于种属、颜色、个体、雌雄、年龄、栖息地、生境、时间等元素就不甚了了，而这些元素对描述、定位一个物种是非常关键的。

中国的鹤们马上去翻“古典文献”，从《诗经·小雅》有，找出一首诗“鹤鸣”的诗。里面有一句说：“鹤鸣于九皋，声闻于野”。由于《诗经》被后来的分析家们高度象征话和宣教化，因此，这首诗被视为“招隐诗”。把在沼泽地里鸣叫的鹤比作民间未仕的贤人，劝当时的国君，召为国用。因为有了这样的象征，而象征是可以叠加的。于是，后来，把玩文字的人，把皇帝招聘贤能之士的诏书称为“鹤板”，鹤板上的字体称为“鹤书”；太子的骑乘又称“鹤架”。

鹤们又到《易经》里去寻找自己的“形意”。因为《易经》也用象征思维去解释。它们在《周易·中孚》发现了一大句：“鸣鹤在阴，其子和之。我

有好爵，吾与尔靡之。”首先说鹤在不显眼处一家子过着互相呼应的生活，然后，就又比喻开了，我有好酒，也时常想到与你呼应，共同享用——有点用鹤来比喻高雅之人和高雅之士之间的友情了。

鹤确实是一种比较容易被中国人迅速当成象征借用体的物种。它长长的腿，优雅而舒缓的迈步（其实是因为生活得比较警惕），与人保持着若远若近的距离，喜欢一家子呆在一起，喜欢过群体生活。飞翔的时候扇翅不算快，起飞和降落时的花样比较多。它全身又大体是白的，细心一点看，会发现尾羽和少部分翼羽是黑色。丹顶鹤不太容易区分雌雄，在繁殖期前半部分的求偶期，头顶上会有一块鲜红在闪耀，把异性感染得内心砰砰直跳。因此，从自然美学、物种美学来看，鹤确实能在很短的时间内把人类征服，只要你有机会看上它一眼，你就会记住它。距离人类足够远又足够近，尤其是在月光下看过去，它在空旷而略有些杂草相伴的沼泽上，真如人类的梦中仙境一般。因此，很容易，它就成了传统中国人仙境的最佳模板。

在过去的时代，某些物种之所以会成为文化物种，有些物种之所以会从自然界中脱颖而出，就在于它的“形象美”有强烈的捕获力和传感力，让人欲罢不能。自然界有无数的物种，人们只挑最合意的去亲近和触碰，这样的结果，就是大量的物种被埋没，人们放眼世界，根本看不见这些物种在生活——哪怕天天从人类眼前经过。极少数的物种获得与人类来往的永远豁免权和绿色通道。

获得了与人类相伴的权利，也就获得了进入文化的权利。中国所有的诗歌，都要描绘自然。而描绘自然的进程，一定是借自然之物来讽意达情的过程。鹤，在这时候，就成了清高、洁雅的标准象征。鹤立鸡群、闲云野鹤、梅妻鹤子、焚琴煮鹤、骑鹤上扬州、虫沙猿鹤，都几乎来自同一种形意术。

与中国文人相处久了，被中国文人使用得频繁了，鹤渐渐发现，中国的文人一向标榜一种清高文化，用这种清高态制造自己与公众的距离。很自然，在有清高理想的人心中，鹤就是中国文人在进入“清高频道”时的形象代言人。因此，历代用鹤最多的人，是中国文人。汉朝之后，比较盛行赋，于是路乔如有《鹤赋》、曹植有《白鹤赋》，著名“赋人”鲍照，写了《舞鹤赋》；唐宋之后比较盛行诗词，比较盛行绘画书法，于是鹤入文入诗入画入书法入篆刻入民歌，甚至入摩崖石刻。李白杜甫曾经为某个画家画的鹤所迷，杜牧写了《鹤》和《别鹤》，白居易写了《池鹤二首》，元稹写了《和乐天感鹤》，刘禹锡写了《鹤叹》《秋词》《和乐天送鹤上裴相公别鹤之作》，张籍写了《和裴司空以诗请刑部白侍郎双鹤》，韦庄写了《失鹤》，于谦写了《夜闻鹤唳有感》，张九龄写了《羡鹤》，李峤写了《鹤》、李绅写了《忆放鹤》、友鹤仙写了《友鹤吟》，苏轼写得更多了，有散文《放鹤亭记》、《后赤壁赋》，也有诗歌《鹤叹》，黄庭坚有《倦鹤图赞》，刘伯温有《云鹤篇赠詹冈》，谢缙有《题松竹白鹤图》——其实几乎所有的文人诗人，肯定都写过鹤或者用过鹤的“意境”。

“晴空一鹤排云上，便引诗情到碧霄”，搬迁出这么多文人来助威，中国仙鹤们越举越兴奋，有只鹤对空长鸣，听起来有点像在朗诵鲍照样的《舞鹤赋》：“叠霜毛而弄影，振玉羽而临霞。朝戏于芝田，夕饮乎瑶池。厌江海而游泽，掩云罗而见羁。去帝乡之岑寂，归人寰之喧卑。岁峥嵘而愁暮，心惆怅而哀离。”

有只鹤开始吟诵起苏轼的《鹤叹》来，在中国文人眼中，自然物一向是用来表达人间情绪的，他发现这首诗被苏轼借用去表达他的个人心态，表达得最充分：

园中有鹤驯可呼，我欲呼之立坐隅。
鹤有难色侧睨予，岂欲臆对如鹏乎。
我生如寄良畸孤，三尺长胫阁瘦躯。
俯啄少许便有余，何至以身为子娱。
驱之上堂立斯须，投以饼饵视若无。
戛然长鸣乃下趋，难进易退我不如。

成经入道入书画

一只鹤高高举起一本头天夜里刚刚印刷出来的线装书——其实还应当模拟得更古老些，应当是木简、石简、骨简或者竹简，最低层次也应当是帛书、布书、丝书、绸书、缎书，反正如果这本书真有那么古，那不应当是用纸来作记录载体；写字的工具也不该是用毛笔，而应当是刀或者凿子；即使是用纸，装祯的方式也可能得是贝叶装、蝴蝶装或者经折装。

这本书名字叫《相鹤经》，鹤“独把此书高高举起”，颇为得意地对麻雀说，你看到有人编过《麻雀经》吗？麻雀正忙着聚在一起吃盒饭，因此假装没听见；倒是在空中捉飞蛾的燕子，拦截到了这句话，它似乎也有些惭愧，低头匆匆掠过水面，和水面上淡绿轻黄的柳枝；它想跑回家去翻翻原本只装着课本

教材的书架，是不是暗藏着一本《燕谱》。

中国仙鹤们说得不错，一个自然物与人类的关系越亲昵，那么必然会成经入道编谱制曲的可能。比如花，可能就有《群芳谱》；一些最引人注目的花，还有各自的“家谱”。比如梅花，就有《梅谱》，兰花，就有《兰谱》，菊花，就有《菊花谱》，竹，似乎也有《竹谱》，牡丹花，有《牡丹谱》，还有《杏谱》、《桃谱》之类；茶就不用说了，有《茶经》，水，也有《水经》，石，有《石经》；马在古代与中国人的命运极度相关，因此，马肯定也有过《相马经》，虽然，它可能与《相鹤经》一样，佚了。

《相鹤经》据说是黄帝时代的浮邱公所作——估计这肯定是虚构的，虽然在殷商时代的随葬品中，发现某人的墓里面有一只“殡葬”的玉鹤。这足以被证明鹤与中国人生命相系，也似乎足以用来证明浮邱公是个可能存在的人。《相鹤经》虽然亡佚了，后代的古典文献专家，从《艺文类聚》和鲍照的《舞鹤赋》旁边，辑出了一小段，别看只有一小段，这一小段对后代影响极为关键，它甚至决定鹤的“象征指掌图”。因此，中国仙鹤们印出的、准备到街头派发的厚达数百页的《相鹤经》里，每一页都只是反复重现着这一小段字：

鹤，阳鸟也，而游于阴。因金气，乘火精以自养。金数九，火数七，故鹤七年一小变，十六年一大变，百六十年变止，千六百年形定。体尚洁、故其色白；声闻天、故其头赤；食于水、故其喙长；栖于陆、故其足高；翔于云、故毛丰而肉疏。大喉以吐故，修颈以纳新，故寿不可量。行必依洲渚，止不集林木，盖羽族之宗长、仙家之骐骥也。鹤之上相：隆鼻短口则少眠，高脚疏节则多力，露眼赤睛则视远，凤翼雀毛则喜飞，龟背鳖腹则能产，前轻后重则善舞，洪髀纤趾则能行。

按照画史家的看法，中国几乎所有的画家都画鹤。“最早专工此道并享盛名的画家当推初唐薛稷，虽画迹不传，却可以从同时略晚李白、杜甫的诗歌一窥薛氏画鹤的绰约神貌。”（邓明《百鹤图说序》），因此，李白写过《金乡薛少府厅画鹤赞》，杜甫写过《通泉县屋后薛少保画鹤》。杜诗这么说：“薛公十一鹤，尽写青田真，画色久欲尽，苍然犹出尘，低昂各有意，磊落如长人”。

据说“薛少保”的画技两百多年无人能及，直到宋朝徐熙与黄筌的出现。两人开创了两大花鸟画体系，虽然两人画的鹤，并不多。徐氏为《鹤竹图》一件，黄氏也不过《竹鹤图》三件、《六鹤图》二件、《双鹤图》《独鹤图》

《梳翎鹤图》《红蕉下水鹤图》各一件，总共九件而已。这九件大作，没有一件流传下来，除了一个故事：黄筌任职后蜀画院待诏时，在偏殿壁上为鹤写真，作《六鹤图》，计“唳天、警露、啄苔、舞风、梳翎、顾步”六种情态，“精彩更愈于生”，画成之后，一只驯养的鹤，误以为是同类，而想与画亲近。偏殿由此得名“六鹤殿”。

而在书法史家看来，如果没有鹤，大概就没有中国的“大字”。素称“书法之山”的江苏镇江的焦山，历代书法家的碑刻很多，最著名的是宝墨轩碑林中被誉为“碑中之王”的《瘗鹤铭》，上面署名为“华阳真逸撰，上皇山樵正书”。这是一篇哀悼家鹤的纪念文章。文章好像写得很一般，但其书法却迷倒所有的人。北宋黄庭坚认为“大字无过《瘗鹤铭》”、“其胜乃不可貌”，誉之为“大字之祖”；曹士冕则推崇其“笔法之妙，书家冠冕”。

有人认为，一方面是书法本身好，另外一方面，与镌刻这铭的石头沉入江中，长时间被水浸泡侵蚀，像甘肃的“风雨雕”那样，在自然界中生成了一些难以复制的韵味有关。

没人知道这“铭”是谁写的。宋人黄长睿认为它是梁代陶弘景的手笔。陶弘景隶书、行书均佳，他曾经隐道教圣地镇江茅山华阳洞，故可能是他的墨迹。另又有人说，可能是东晋大书法家王羲之所书，王氏生平爱养鹤，此铭是王羲之悼念他死去的两只仙鹤而作。还有人以为唐代王瓒、顾况所作。但都无法找到铁证。

有人太喜欢《瘗鹤铭》的书法了，就像喜欢王羲之的行楷《兰亭集序》一样。出资把它镌刻在焦山后山的岩石上。一段时间后，刻着字的岩石，被雷轰崩坠入长江中，一没就是几百年。宋代淳熙年间，石碑偶然露出水面，被人从江中捞起，仍在原处竖立起来；许多人前去观摩摹拓，有的甚至凿几字带走。几十年后，这块碑又坠入江中，一没又是几百年。清康熙五十二年镇江知府陈鹏年，再度打捞，捞出5方《瘗鹤铭》残石，共93字；拼好后，移置焦山观音庵，并写了《重立瘗鹤铭碑记》。

《瘗鹤铭》原文应在160字左右，有人总想有朝一日复原全貌，以便有更多的学习机会。1997年，镇江博物馆和焦山碑刻博物馆联合对“瘗鹤铭”残石进行了为期三个月的考古、打捞，发现了“欠”和“无”二字；2008年10月8日，镇江有关方面，又组织队伍，采用现代化技术，继续打捞。

更让鹤得意的是进入了道教。如果你上武当山，你会道观周围发现许多铜鹤。道士们的打扮，往往都如鹤一般清雅；道士们羽化了，一定是骑鹤离尘；

大量的道观，都以鹤定名，比如云南大理的瑞鹤观。宗教与生活是互为表里互相助阵的，因此，鹤自然纷拥涌入凡人们的生活：清朝大臣的“补子”，排在凤凰之下的，就是仙鹤。因此，清朝一品官办公室像今天在河北保定残存着的直隶总督李鸿章的办公室——的屏风或者“背板”上，画着“当朝一品”的形象画，画里面一定有一只丹顶鹤。

宋朝之后，“五伦图”是画家的常题，以凤凰、仙鹤、鸳鸯、鹡鸰、莺为五伦图。画往往以“五翎”谐“五伦”，以凤凰喻君臣之道，仙鹤喻父子之道，鸳鸯喻夫妇之道，鹡鸰喻兄弟之道，莺喻朋友之道，象征君臣、父子、夫妇、兄弟、朋友之间的伦理关系。五伦图，又名“伦叙图”，清朝杜瑞联的《古芬阁书画记》中讨论明朝边景昭的一幅“五伦图”时说：“论曰：宋画院以五伦图试士，人多作人物，惟一士画凤凰取君臣相乐之意，画鹤取父子相和之意，鸳鸯喻夫妇，鹡鸰喻兄弟，莺鸣喻朋友，遂擢上第。景昭此图，盖仿宋本也”；边景昭以禽鸟象征五伦，于吉祥中寓教诲之意。

就是因为对鹤这样的定位，加上鹤本身确实比较长寿，“正常短命”的，能活二十年，“非正常长寿”的，能活五六十年。对于最想长寿万万年的人来说，鹤与松树、乌龟们，就成了最好的“形意”物，成百上千年来，几乎每家的墙上，都贴着“松鹤延年图”；几乎每人都会到“鸣鹤轩”、“来鹤苑”之类的地方，吃饭喝茶赏月“赏秋香”。有一天，我在北大里面闲逛，在西北角发现了“鸣鹤园”，慢慢地查资料，才发现它是当时京西名园之一，曾经属于嘉庆皇帝第五子惠亲王绵愉——近两百年来，其命运变化莫测，时荒时纯，时炎时凉。我还找到了一首诗，是清朝一个皇亲奕譞（他是蔚秀园主人）写的《咏鸣鹤园》：“鹤去园存怅逝波，翼然亭畔访烟萝。百年池馆繁华尽，匝茎松阴雀噪多。”

长期被豢养却频遭误会

曾经有只麻雀小声但坚定地写了篇学术论文：“论鹤被相与鹤被养的关系”。论文通过大量的证据阐明：为什么要相鹤？因为按照中国人的自然观，你喜欢什么物品，你就得依赖什么物品，你就得养殖什么物品。因此，鹤是中国被人宠养得最多的鸟类之一。

论文暗暗地表达了一个观点：一只如此容易被人养殖起来、甚至如此欢迎人类养殖的鸟，有什么文化可言？有什么自由可言？有什么清高可言？

有几只鹤看到了这篇论文，想起了春秋时代开始演绎至今的“好鹤亡国”的故事，想起这个故事用来警戒世人，不要“玩物丧志”。于是情绪有些黯然，中国仙鹤们的情绪也由此受到了感染，它们想起了更多被家养、笼养、驯养、豢养、圈养、私养、宠养、特养、秘养的经历。

他们想起了《左传·闵公二年》里记载的因为宠鹤而几乎亡佚了国家的卫懿公。卫懿公名叫赤，是卫惠公之子，卫康叔十代孙，公元前669年继位。过去这种依靠继承而当上国君的人，是不是真的有治国才能，当然都很难确认，但享用国家财富的才能却是肯定有的，因为在君主的眼里，全国的一切之物，一切之人，一切之资源，都是他享用的对象，因此，中国古代的君主们，一向是资源控制集团，而不是公共服务集团——虽然经常戴上公共服务集团的面具，以便参加当时志在欺骗公众的假面舞会。这个卫懿公和后来的许多君主一样，把个人的喜好当成了国家的喜好，把个人的兴趣当成了全国人民的兴趣。他喜欢养鹤，于是“懿公所畜之鹤，皆有品位俸禄：上者食大夫俸，次者食士俸。懿公若出游，其鹤亦分班从幸，命以大轩，载于车前，号曰‘鹤将军’。养鹤之人，亦有常俸。厚敛于民，以充鹤粮，民有饥冻，全不抚恤。”不到10年之后，旁边的一些国家看到此公如此沉迷于玩鹤而丢失了为君之本，于是就趁虚而入，想要占地领地和资源，想要夺其人口和财宝。兵都打到城下了，卫懿公才想到要抵抗和还击，“懿公大惊，即时敛兵授甲，为战守计。百姓皆逃避村野，不肯即戎。懿公使司徒拘执之。须臾，擒百余人来，问其逃避之故。众人曰：‘君用一物，足以御狄，安用我等？’懿公问：‘何物？’众人曰：‘鹤。’懿公曰：‘鹤何能御狄耶？’众人曰：‘鹤既不能战，是无用之物，君敝有用以养无用，百姓所以不服也！’懿公曰：‘寡人知罪矣！愿散鹤以从民可乎？’石祁子曰：‘君亟行之，犹恐其晚也。’懿公果使人纵鹤，鹤素受豢养，盘旋故处，终不肯去。”（冯梦龙《东周列国志》）

倒也有些人怜悯起了卫懿公的悔意，愿意跟从他去御敌，然而将久不习督兵，兵久不刀枪，人人心内的怨恨未消，很快，卫懿公的队伍就被在离首都朝歌不远的荥泽，被入侵的“翟人”打败了。他的儿子“申”仓惶出逃，逃到黄河以南，在曹国的某处旷野上盖了间草庐，勉强维系，一年多之后，病死了；他的另一个儿子“毁”，在卫懿公妹妹也就是“毁”的姑姑许穆夫人的帮助下，说动齐桓公，齐桓公派公子无亏率兵助卫击败翟人；但首都也无法再是朝歌，只能建在楚丘。

当然，又有只鹤想起了被北宋诗人林逋豢养的经历，想起了“梅妻鹤子”

的传说。林逋有两首诗词被后人频繁选录，一是关于梅的诗《山园小梅》：“众芳摇落独暄妍，占尽风情向小园；疏影横斜水清浅，暗香浮动月黄昏。霜禽欲下先偷眼，粉蝶如知合断魂；幸有微吟可相狎，不须檀板共金尊。”据说当年一出手，就引起了轰动，尤其是颈联那两句，几乎所有人都在嘴里咀嚼过。一是关于爱的词《长相思》：“吴山青，越山青，两岸青山相对迎，争忍离别情。君泪盈，妾泪盈，罗带同心结未成，江头潮难平”。

林逋一直住在杭州的西湖边上，终身拒绝出仕，因此宋朝的皇帝们曾经不停地设法以纳贤的名义招安。生前没有招成，死后，偏安到杭州的南宋皇帝，强行给他封了个谥号，叫“和靖先生”。因此，现在的人，喜欢用林和靖代替林逋。他的墓，在小孤山上，墓边，有个“放鹤亭”。

林逋家里至少养着两只鹤，他不好与世间人物来往，更多的时间和精力用于恋梅痴鹤，后来的人们就说他“梅妻鹤子”，以至于有人误以为，他没有老婆，“终身未娶”，没有孩子，找不到后代。可又有些人不干，觉得如此优秀和多情的人，不太可能不婚不育，甚至考证出他的后代如今已经分成了两大支，一支东渡日本，“教日本人做中国馒头”。

如果说凤凰是中国人幻想出来的鸟类，并无真正的自然物存在，而鹤则可能是自然之鸟中，被中国人幻想得最彻底的鸟类。因此，它就被附会上了许多根本不存在的技能，也被强加上了许多根本不具备的生理特性。

有些鹤细细回想着自己进入中国传统文化的经历，之所以有那么多人写鹤，是因为有许多人捕鹤和养鹤。写鹤的人，要么是在脑子里幻想，要么就是在某个人家的园子里瞥过一眼，极少数是在野外看到鹤、长久观察之后，写诗凑赋的。

《尔雅翼》中称鹤为仙禽，《本草纲目》中称鹤为胎禽。因此，有很长的一段时间，大家都认为鹤是胎生的——其他的鸟是卵生，而鹤高贵不凡，因此出生繁殖的方式就得和人类相似。许多人即使养了鹤，也不认真观察，一味地相信传说，一味地信任幻想。

《墨客挥犀录》有一段记载说：“刘渊材迂阔好怪，尝蓄两鹤。客至，夸曰：‘此仙禽也，凡禽卵生，此禽胎生。’语未卒，园丁报曰：‘鹤夜半生一卵。’渊材呵曰：‘敢谤鹤耶！’未几延颈伏地，复诞一卵。渊材叹曰：‘鹤亦败道，吾乃为刘禹锡嘉话所误。’”

刘渊材不是为人所误，而是为己所误，“和所有以梦为马的人一样”，从古到今，不好观察自然，因此也容易误解自然和神化自然的习性，在所有中国

人身上时时发作。因此，时至今日，虽然我们建立了以保护丹顶鹤为理由的盐城自然保护区和扎龙自然保护区，也建立了以保护黑颈鹤为由的大山包自然保护区、隆宝滩自然保护区、草海自然保护区、雅鲁藏布中游自然保护区等等，但你仍旧发现，中国，没有人了解鹤。同时，你发现，中国还保护出了一些怪现象：天然丹顶鹤越来越少——全世界所有数量最2700只，笼中丹顶鹤越来越多——正在向500只、600只增涨；丹顶鹤的栖息地越来越破碎，而保护区被当地人做成“开发区”的，越来越成形。

因此，中国的丹顶鹤，中国的所有仙鹤，其实是最迷茫的鸟，虽然他们可能最被“文化化”。

《艺文类聚》卷九十引晋葛洪《抱朴子》说：“周穆王南征，一军尽化，君子为猿为鹤，小人为虫为沙。”一些知道这个典故的人，就喜欢以“虫沙猿鹤”称战死的将卒，韩愈有首诗《送区弘南归诗》就说：“穆昔南征军不归，虫沙猿鹤伏似飞”，让我们借这句诗，纵情想像一下：如果丹顶鹤们在与人类争夺栖息地的过程中，全都“战死”了，它们又会化成什么呢？难道化成人吗？

（2009.2.14）

喜鹊：徘徊在圣贤与世俗之间

在北京春天很繁盛的时候，有个嘴上涂着口红的女人，跟我讲起她和喜鹊的故事。她家门口有个喜鹊窝，她在冬天老是给喜鹊投放些食物。有一天，她在屋里听到一直有喜鹊在“叫门”，她打开门一看，是一对喜鹊领着一个刚出生不久的喜鹊，“好像是告诉我，这是我们家孩子，我们一家对您表示感谢来了。”于是一家三口定期定点吃她的食物。喂的时间长了，喜鹊就开始讨要起来，要是到了点还不投放食物，它们一家三口就会一起在门外共同嘎嘎叫着，“小喜鹊的叫声不太一样，像是人的一种叹气声。”

据说天津有家人，十几年前收养了一只撞进他家的喜鹊，后来，父女俩都画起喜鹊来，女儿仗着喜鹊频频获奖，父亲也依靠喜鹊萌生不少创作灵感。据说他家一共养着三只喜鹊，救活过二十多只喜鹊。

个人很是不喜欢读钱钟书与杨绛的一些作品，总觉得这对夫妇的文字里，无处不透露知识分子本不应有的那种刻薄。但杨绛先生最新的《走在人生边上》，内中有一篇文章还是颇吸引我，叫《记比邻双鹊》。讲的就是她与家门口一对喜鹊的悲惨故事。读完这篇文章不久，我从我所居住的十五楼的窗户往下看，发现我家楼下，也有了一对喜鹊在筑巢，这个巢原来是筑在另外一棵树上，他们把它拆了，重新安装。我决定认真地观察他们。

整个华北平原，或者说整个中国的北部，在路边最容易看到的鸟巢，就是喜鹊巢。著名环保作家徐刚说，有一次他在西北的沙漠里采访，看到一棵不足一米高的小树上，结着好几个喜鹊巢。他认为这是很不寻常的，这说明了环境恶化导致的“行为诉求弱化”。因为喜鹊最喜欢的是“跃登高枝”，它们的巢，一般都选在高高的杨树上。

毕竟，中国的鸟都是怕人的，它们的基因里，叠加着太多被神州大地上的人类伤害的惨痛记忆，这些记忆最终化成了本能的躲避。然而喜鹊又是离人最近的鸟，它们能够吃腐食，人类的抛弃物正好成了它们最充足稳定的食源。大概也是因为它们离人最近，因为它们很早就进入了人类的神经系统、言说系统，成了文化表达的一个重要元素。

如果你去读古代儒家的一些杂文断片，你会发现，喜鹊的地位居然非常尊贵，被捧为“圣贤鸟”。如果你接着去追问，会发现，理由非常简单，因为古代的人认定，喜鹊一年到头，不管是鸣还是唱，不管是喜还是悲，不管是在地上还是在枝头，不管是年幼还是衰朽，不管是临死还是新生，不管是中了状元还是得了赏赐，发出的声音始终都是一个调，一种音。而儒家眼中的圣贤、君子，就是要表现得像喜鹊那样恒常、稳定、明确、坚毅、始终如一。因此，儒家经常要求人们向喜鹊学习，把喜鹊当成圣贤的某种模板。

为什么会这样？我想，古代的北方人与现代的北方人一样，每天都和喜鹊相伴，甚至本能地把喜鹊当成了出门求事成功与否的征兆，但是，他们对喜鹊仍旧不够了解，或者，没有人真正研究过、长时间地观察过喜鹊，自然，喜鹊生长的各个细节，也就无从得知，看到的都是些“大概”，定义的是些“意境”，取用的都是其“轮廓”。因此，喜鹊进入传统文化的眼帘、脑海、心壤的，就是那个单调、沙哑、枯噪，听上去并不动听但却“稳定如常”的嘎嘎声。

但同时，喜鹊又是一个最“世俗”的鸟，因为它和人类的日常生活太贴近，因此，很容易就被借用了。中国古代取的鸟名并不多，到今天，能够成为鸟类科学称呼的，更不多。而喜鹊一直被沿用，就在于他的“民众认知度高”。古代人取鸟名的方法多半不是科学定义法，而是“文学定义法”，喜鹊的“喜”就很分明地表达了这一点。有人说，“喜鹊”连用，见于宋代彭乘的《墨客挥犀》，他说：“北人喜鸦声而恶鹊声，南人喜鹊声而恶鸦声。鸦声吉凶不常，鹊声吉多而凶少，故俗呼为喜鹊。”后来，又叫“灵鹊”。

“花喜鹊、尾巴长，娶了媳妇忘记了娘”；“花喜鹊，叫喳喳，娶了媳妇忘了妈”，这样的顺口溜，其实与喜鹊的特点没有关系，只是因为中国传统“比兴手法”的本能，拿离人类最近的鸟，来“起兴搭意”，目标，为的是说明人类母亲的一个状态：当儿子长大、娶妇成家之后的那种失落感。当然，如果说非要有关系，也确实有，因为喜鹊喜欢“翘尾巴”，它从某处飞过来，落到枝上，往往都会翘一下尾巴以保持平衡；没事在枝上呆着的时候，也经常要

用尾巴来协调身体，因此，“翘尾巴”这个动作，就又用来形容一个人骄傲自满了。

而经常被画家画的“鹊登高枝”，喻示一个人节节向上、家庭出人头地，讨的当然是吉祥。如果你打开中国古代人画的“鹊登枝”，突然发现，这里面的喜鹊，其实是灰喜鹊，而不是“花喜鹊”。离人最近的喜鹊，就这两种，从科学分类上说，一个叫喜鹊，一个叫灰喜鹊，喜鹊个体比灰喜鹊大，相对来说喜鹊更经常在地面上溜达。喜鹊的身体是白色和钢蓝色交杂，因此往往也被称为“花喜鹊”。我们看得最多的鸟巢，是喜鹊的巢，灰喜鹊的巢筑得要草率简单得多，因此，当五月风狂雨急的时候，许多灰喜鹊雏鸟都会被吹落到地上，无助地死去。

现在，城市里的灰喜鹊多了，四声杜鹃——就是布谷鸟，也就多了起来。四声杜鹃把卵下到灰喜鹊的巢上，全靠他代孵代育；而灰喜鹊的巢里一旦进了四声杜鹃的卵，它自己的子女就保不住了。它辛苦一年，帮助别的鸟繁衍后代。

自然，这时候就有人问了，这是不是“鹊巢鸠占”的来源呢？那么我们就翻开《诗经》，对照“召南”里的“鹊巢”一诗。它是这样写的：“维鹊有巢，维鸠居之。之子于归，百两御之。”这是古代诗歌常用的比兴手法，大概是婚礼上用的诗。“之子于归”，是说一个人出嫁；“百两御之”，是说用有许多马匹的大车来作她的“送婚车队”。自然，前两句的意思就是这个女子象“鸠”一样，嫁给了她的男人“鹊”，住到了他的家“鹊巢”里。而毛亨的“传”却是这样说的：“鸤鸠不自为巢，居鹊之成巢”；他的注释是典型的文人型注释。由于中国的文人对自然几乎没有感知，或者只有零乱的感知，因此他们“释物”、“释名”、“释器”时，往往都谬误成堆，除非正好某物与他个人生活极度相关，才可能偶然地妥贴恰当一把——但个人的自然经历，终究是可怜、有限得很——因此，自古至今，作注的人都在不停地重犯一个毛病，那就是文人、诗人靠臆想和猜测去解释科学。当然，好在诗歌是用通感的办法去触知和领悟的，非要坐实，也是一种沦落。用科学解释文学是频道错乱的行为，用文学去解释科学也同样属于频道错乱的行为。

古代能像《诗经》这样被广泛阅读的书，不算太多，因此，儒家经典里的许多词，都在俗生活中发生了变异，按照人们的“自然理解”被扭曲和活用。时间长了，鹊巢鸠占，很容易就从字面上被确认为某些人，用不太光明正大的方法，占领别人的位置或者“房子”。

喜鹊既然称“喜”，一定会有个附会式的典故，我在古书上找啊找啊，终于在唐代张鷟的《朝野佥载》卷四中，找到了这么一个传说：“鹊噪狱楼”，故事与“乌夜啼”颇为类似：“贞观末，南唐黎景逸居于空青山，有鹊巢其侧，每饭食以喂之。后邻近失布者，诬景逸盗之，系南康狱月余，劾不承。欲讯之，其鹊止于狱楼，向景逸欢喜，似传语之状。其日传有赦。官司诘其来，云路逢玄衣素衿所说。三日而赦至，景逸还山。乃知玄衣素衿者，鹊之所传也。”这是中国很传统的自然报恩、鸟兽报恩故事类型。一只喜鹊因为老吃了“邻居”喂饲的饭食，对人起了感激之心，当主人落难的时候，不但亲自到狱楼上去传好消息，还化身为人，假传圣旨，帮助恩人脱难。“素衣玄衿”，正是喜鹊的服装形象。

当然，还有一个更加美好的传说，叫“鹊印”，传说记录在晋代干宝的《搜神记》。说的是汉代张颢击破山鹊化成的圆石，得到颗金印，上面刻着“忠孝侯印”四个字；张颢把它献给皇帝，“藏之秘府”；后来张颢官至太尉。从此，“鹊印”就用来借指公侯之位了。唐代岑参因此借用这个典故写了诗，《献封大夫破播仙凯歌》之三说：“鸣笳叠鼓拥回军，破国平蕃昔未闻。丈夫鹊印摇边月，大将龙旗掣海云。”明代徐渭《边词》之十九也说：“手把龙韬何用读，臂悬鹊印自然垂。”明代陈汝元的《金莲记·偕计》中说：“李广难封，岂忘情于鹊印；冯唐虽老，尚属意于龙头。”

有个词叫“声名鹊起”，大概是源于《庄子》。他老先生说：“得时则蚁行，失时则鹊起。”而北齐刘昼《新论·辩施》中说：“昆山之下，以玉抵乌；彭蠡之滨，以鱼食犬。而人不爱者，非性轻财，所丰故也。”“以玉投乌”或者“以玉掷鹊”，都比喻有才而无所用。

当然，我们最优美的传说还是“鹊桥相会”，因为这个传说，银河也被称为“鹊河”；更是因为这个传说，中国的“情人节”，被定在了农历七月初七。这一天，天上织女渡银河与牛郎相会，喜鹊贡献自己的羽毛、身体，填河成桥。以至于有传说认定这一天过去之后，许多喜鹊都光秃秃的。唐代黄滔《狎鸥赋》说：“因嗤鸿渚，盖春去以秋来；翻笑鹊河，竟离长而会促。”《全宋词·鹧鸪天·寿妇人》说：“织女初秋渡鹊河。逾旬蟾苑聘嫦娥 。”元代王逢《朱夫人》诗说：“鹊河蟾窟肆翱翔，笑援北斗挹酒浆。”

（2008.4.3）

燕子是龙王的女儿?

北京富平学校是一家环保兼公益组织，他们曾经派了个志愿者到山西永济县一个村庄观察了当地农民使用农药的习惯，发现高强度的农药使用，对鸟类残害颇深，但“天上燕子很多，后来想，是因为燕子是捕捉天上飞的活昆虫的，只吃活食，因此，农药伤害波及不到它们身上。看来，这种高贵的生活习惯还是有利于远离毒害的。”

北京大学每年的春天都会举行为期一个月的“诗歌节”，最热闹的当属传统的开幕式兼诗歌朗诵会。虽然诗人们多少都喜好闹情绪，唱高调、表反态，但知道风声的诗人们大概都会来。有一年的春天——具体是哪一年我是无法记起来了；有一个诗人——具体是哪一个诗人我也记不起来了，读了一首和燕子有关的诗，大意好像是说，燕子是龙王的女儿，吃了燕子肉的人，会招来报应，当场变成哑巴；前几天，又听到一个说法，东北人从小就教育子女不许伤害燕子，否则眼睛马上瞎掉。

欧洲的人很在意知更鸟——伤害知更鸟、杀死知更鸟的人也会受到内心道德的煎熬和公众舆论的窒困。而中国人似乎很在意燕子，大概从古至今，没有人吃过燕子肉，因此现实中的哑巴，多半是其他原因造成。

读过一点古籍的人就出来说了，是啊，燕子可不能吃，燕子在中国的古代可是神鸟。《诗经》“商颂”上就说了：“天命玄鸟，降而生商”；有人认定，这里的“玄鸟”，就是指燕子（我猜燕子身上那种黑蓝色，以及在天空中飞翔捕食时偶尔会产生的那种“玄光”，让这个词极为准备地描述了它的状态）。如果这句话真的摘自传统文化主旋律里的“中国神谱”，那么在中国古代人的脑海中，燕子就不仅是人类最亲密的同伴，而且是人类的祖先了。至少

喜好记录传奇的《史记》在“殷本纪”中也说了同样的故事：据说，帝喾的次妃简狄是有戎氏的女儿，与别人外出洗澡时看到一枚玄鸟蛋，简狄拿起来，吞下去，就怀孕了，生下了契。契这个人，是商人的始祖。这个传说甚至有人附会成“从母系社会向父系社会转型的标志”，因为母系社会的象征是子女只知母亲，不知父亲；而父系社会的标志恰恰反过来，子女只知父亲，不在意母亲。契不知道父亲是谁，而契的子女，都知道他是父亲了。繁衍持续，代代相传，自然，契就成了殷商的始祖。

在所有的文字类型中，文学大概是最诱人的，而《诗经》算得上是中国“最早的文学总集”，被儒家经典化、被朝廷“教材化”了之后，几千年来一直遭受文人和官员的高强度阅读，很容易地，《诗经》就成了后来众多传说、典故的源头。《诗经》“邶风”中有一首诗，叫“燕燕”，这首诗是这样说的：

燕燕于飞，差池其羽。之子于归，远送于野。瞻望弗及，泣涕如雨。

燕燕于飞，颉之颃之。之子于归，远于将之。瞻望弗及，伫立以泣。

燕燕于飞，下上其音。之子于归，远送于南。瞻望弗及，实劳我心。

仲氏任只，其心塞渊。终温且惠，淑慎其身。先君之思，以勖寡人。

这首诗显然就是爱情诗了，或者叫伤情诗了。相爱的一对、或者成了婚的一对，因为某种原因被拆开，狠下心来送别之后，就地怅留，追尘弗及，逐云无术，只好借诗感叹。

“思为双飞燕，衔泥巢君屋”（《古诗十九首》），从吉祥的意思上说，最常规地表达一对夫妻“燕语呢喃”，处于“燕好”状态，是“双飞燕”图案。其实，“在天愿作比翼鸟，在地愿为连理枝”中，比翼鸟的部分意象就提炼自燕子。中国几乎所有“剪纸之乡”，所有会剪纸的农妇，都会剪出幅“双飞燕”。细看之下，它的符号学源泉，与结婚时张贴的“囍”字一样，或者与传说中的女娲是尾部交缠在一起“共用”的情况一样，都是在表达一种融洽、一条心、相依为命的状态或者说期望。两个人关系达到夫妇的程度、好到相爱的状态，自然就要把身体交错混杂到了一起；两个人日常生活的高度合一，最合意的表达当然是身体的部分高度融合。“燕尔新婚，如兄如弟”（《诗经·谷风》），“暗牖悬蛛网，空梁落燕泥”（薛道衡《昔昔盐》），“罗幔轻寒，燕子双飞去”（晏殊《破阵子》），“月儿初上鹅黄柳，燕子先归翡翠楼”（周德清《喜春来》）。走的大概都是这个路径。

燕子——确切来说，是家燕和金腰燕——把巢筑在人的家里，可以说是最了解人类私生活的鸟；自然，它们也是被人类撞见和感知最多的鸟。可能是因为这样，燕子在古代人的语境中，可以表达多种意象和寄托。中国的古人是典型的“象形人”，文字是象形的，写字像是在绘制写真集一般；一些最基础的字，其本体，肯定都有其“自然原形”。而用这样的文字组织出来的诗歌和文章，又借用各种“天然元素”，绘制出、勾略出一幅山光水色图。因此，要想让中国古代的诗、中国古代的画、中国古代的文章，里面缺少自然细节，是比较困难的。但这样不等于中国古人热爱自然，了解自然，或者与自然来往的密度很高。中国古人又太喜欢抽象和固化了，以至于几百年上千年都只知借用那一套“典故”和原形。如果稍作仔细的分析就会发现，中国文学作品里的自然元素，在诗经楚辞之后，几乎就进入了照抄照搬阶段。该定型的早已定型、该幻化的早已幻化。许多文章里面写到的自然，用到的自然元素，画出的自然景色，好像是新鲜的、活泼的，实际上都是陈旧的、乏味的、抄袭的、模仿的、沿习的，不是自然生发的，而是缺少本底真情的。

但不管怎么样，燕子在古人的文学情绪中是重要的，因为燕子与人类的接触超过了所有的天然鸟类。超越了“零距离”，几乎达到“负距离”的地步，你中有我，我中有你。互相之间的识别和体认应该是最便利了。大概是因为如此，燕子被各种意境、情态借用的游标就多元了起来。

燕子是春天来的，用它来写春天，或者作为春天的重要“意象指标”，是很顺手的事。古代有“社日”，有的地方认定燕子于春天社日北来，秋天社日南归，“燕子来时新社，梨花落后清明”（宴殊《破阵子》），“鸟啼芳树丫，燕衔黄柳花”（张可久《凭栏人·暮春即事》）；南宋词人史达祖写过燕子的词，《双双燕·咏燕》中这样说：“还相雕梁藻井，又软语商量不定。飘然快拂花梢，翠尾分开红影。”欧阳修也有“笙歌散尽游人去，始觉春空。垂下帘栊，双燕归来细雨中”（《采桑子》）。

为了表达世事无常、浮生如梦、乾坤混沌的感触，很多人经常引用刘禹锡的《乌衣巷》：“朱雀桥边野草花，乌衣巷口夕阳斜。旧时王谢堂前燕，飞入寻常百姓家。”也有人喜欢引用宴殊的“无可奈何花落去，似曾相识燕归来，小园香径独徘徊”（《浣溪沙》）。李好古的“燕子归来衔绣幕，旧巢无觅处”（《谒金门·怀故居》），姜夔的“燕雁无心，太湖西畔，随云去。数峰清苦，商略黄昏雨”（《点绛唇》），张炎的“当年燕子知何处，但苔深韦曲，草暗斜川”（《高阳台》），文天祥的“山河风景元无异，城郭人民半已非。满地芦花伴我老，旧家燕子傍谁飞？”（《金陵驿》），这样的诗句，都让燕子背上了沉重的家国负担；以至于当我们用历史的眼光看燕子时，它一下子变成了另外一种鸟。

不管是家燕、金腰燕、普通楼燕还是白腰雨燕、崖沙燕、岩燕，大部分容易在住宅边见到的燕子都是候鸟。而中国古代的人，想做出点成就，都得像候鸟一样奔波劳顿。军人、诗人、文人、官员、商人，都得在全国各处流落和游荡，每天睡在不同的地方，每天吃着与童年记忆不合拍的食物。因此，燕子与人有无穷的相似之处；因此，诗歌中就有了“年年如新燕，飘流瀚海，来寄修椽”（周邦彦《满庭芳》），“望长安，前程渺渺鬓斑斑，南来北往随征燕，行路艰难”（张可久《殿前欢》），“有如社燕与飞鸿，相逢未稳还相送”（苏轼《送陈睦知潭州》，“磁石上飞，云母来水，土龙致雨，燕雁代飞”（刘安《淮南子》）。

燕子筑巢、育雏，展现给人类看的，是其家庭团圆、欣欣向荣的一面；而中国古代总有些家庭是离裂的，总有些人是形只影单的。与鸿雁一样，总有些人是朝不知夕、零落无助的，燕子也会被凄美的“孤独客”借来仿拟个体的处境。《红楼梦》说“梁间燕子太无情”，可如果你翻开中国的“诗歌总集”，会在唐代发现一个叫郭绍兰的女人，写过一首五言绝句，叫《寄夫》。这首诗很好懂：“我婿去重湖，临窗泣血书，殷勤凭燕翼，寄于薄情夫。”据说郭绍兰是长安的一名女子，她的丈夫任宗是“长安巨贾”，商人的特点就是动荡，跑来跑去；他跑到湘楚一带去经商，数年不归。郭绍兰思念不已，传说在某一天，写了一首诗系在燕子脚上。不久，这只燕子落在正在荆州的任宗肩上。任宗读完之后，急忙就还家了。

如果你留心观察燕子，会发现燕子其实很少落地，除了筑巢时到湿地上吞泥衔泥。大概羽毛过度发达，它们的双脚脚很脆弱，如果不是不得以，绝对不会落到无法借空飞翔的台地，极少有可能会落到人身上。傍晚老在北京“前门楼子”前成群飞舞的普通楼燕（北京雨燕），甚至没法从地上起飞，如果某只楼燕不小心掉落到地上，人们就得帮他找一个“起飞台”，否则，必死无疑，很快就会被蚂蚁搬到入穴中。因此，燕足系书，从“科学”上说，不太可能。但中国是一个文学的国度，这个故事如此的迷人，以至于人们从不分辨。明代钟惺《名媛诗归》中说：“本不成诗，以其事之可传耳。”好像是认为郭绍兰这首诗不怎么样。郭绍兰的这首诗，好像平白如话，但中国自古的诗歌一直就“平白如话”，衡量诗歌重要能量的，是看它翅膀上的搭载之物。文学作品一方面是写出来的，一方面也是被读出来的。当一首诗负载了一个人、一类人的状态时，这首诗就会被“传阅成经典”。后来，“燕足”就成了典故，燕子就成了传情、传书的最佳依附体：“伤心燕足留红线，恼人鸾影闲团扇”（张可久《塞鸿秋·春情》），“泪眼倚楼频独语，双燕来时，陌上相逢否”（冯延巳《蝶恋花》）。

文学分析人士出于职业本能，燕子被附载上这种那种象征，可以说，人类生活中常遇的处境，都可以用燕子来模拟。我个人觉得，燕子大概是与普通人心灵最亲近的鸟类，它的凡常性、习见性、易忽略性、同处共生性、卑微性，让人类油然而生一种相知、共怜之感。因此，寻常百姓人家，毫不犹豫地让燕子进入日常生活。手绢上绣只燕子，屏风绘上“剪水图”；家里稍有富余地，一定会在墙壁上挂一幅“春江水暖”，画里面，如丝般飘拂于空气中的柳绦间，一定有三两只燕子掠过。很多家的女儿，都被称为燕子；高尔基的《海燕》一文，被中国人“过度阅读”“过度阐释”之后，几乎整理一代人都愿意把子女的名字取为“海燕”；而当燕子受到了伤害而亡故，人们会很有心地将它们埋葬。

“落花人独立，微雨燕双飞”（晏几道《临江仙》）。我想，最后还是要说一说燕窝问题。燕窝不是中国人常见的那几种燕子的窝。中国人习见的燕子，主要是金腰燕和家燕；它们经常会混杂有一起生活，有时候一家人的屋檐下，可以看到两种燕子都在筑巢。要分开它们也容易，金腰燕子的腰有一道金色，人们称它为“巧燕”，它们的巢有点像酒瓶，口小，下宽，体略长，做工相对精细一些；而家燕被称为“拙燕”，它们的巢像半只碗，敞开着口，做工粗放一些。鸟类的巢都是为了繁殖用的，燕窝采的是戈氏金丝燕的巢，这些巢是它们为繁殖后代费心筑作而成，有海藻，有它们自己的分泌物。它的巢虽然筑在悬崖峭壁上，也挡不住贪婪的人攀爬上来掏取。不知道从什么时候起，燕窝被中国人当成了“滋补圣品”。它与熊掌、鱼翅一样，支撑着中国残忍饮食文化的残梁败垣。更让环保主义者愤怒的是，食用这些“高档品”的人，多半都不怀好意，其主要的功用，不是被当成炫耀的粉墨，就是被用来作贿赂的“说明书”和疏通器。

有一首诗，写到了“燕窝”，却又不是“燕窝”，或者说，写的是真正的“燕窝”。辐射出来的寓意，在今天异常地贴切和稀缺。也许我们都该以诗人所写的那种“剔开红焰救飞蛾”的精神来拯救自己。这首诗是唐代与白居易参差同时的张佑写的，名叫《咏内人》：

禁门宫树月痕过，媚眼惟看宿燕窝；
斜拔玉钗灯影畔，剔开红焰救飞蛾。

（2008.4.11）

肮脏而贫困的小树林

说起来我们买房子的时候，小区道路边、两米多高的栅栏外围住的小树林帮助下了很大的决心。北京没有太多的水，但在北京树总是能够见到的，虽然除了杨树就是槐树，然而毕竟是树，而且在冬天最为好看；这些树的命运是无法肯定的，即使长到了一个人抱不过来那么粗，也仍旧会被园林工人轻易地挪走，然而，他们毕竟是树，毕竟是根抓大地，面迎阳光，身披风雨，叶托尘土，花舞飞虫的树。对于鸟来说，树和草都是它们最好的庇护所。

小区的居民们更喜欢称小树林为“苗圃”，因为这确实是某个园林局的“苗木基地”，虽然住了好几年，也很少见到有工人来挖走些什么，但我们心里很清楚，这些树随时可能被搬迁，这块地随时有可能被改作它用——或者，盖起与我们所住一样高的塔楼来。

小树林说起来占地面积不算小，不少居民很便溜地把它当成社区公园，全民健身运动的人，还砍空一片地，修了篮球场，安设了福利彩票捐赠的社区健身器材，年轻人在篮球场上活跃，老年人在健身器材上边扭动身体边闲聊，男人们为篮球而追逐得不可开交，女人们更多的时间也是在健身器材上玩乐。每天早上，不少老年人会深入树林，各占一块地，用自己发明的一些武术，在里面习练一番，所以从楼上往下看，很多树下都有一圈被牙齿咬过似的白印，或成圆或半方，那都是锻炼的人们长年累月踏压出来的。

岳母来的时候，我们经过小树林去买菜的时候就少了，更多的时候都是她在主持厨房，自然，买米择菜之事也就顺手交给了她，我们这些所谓的体力劳动者，过上了更加衣来伸手、饭来张口的生活。以前还想着去小树林里探查个究竟，看这片单调而贫困的人工纯林里面，除了麻雀、喜鹊和灰喜鹊之外，是不是还藏着些其他些什么鸟。由于林种较单一，种得又相对疏阔，而且从早至晚都有人横向搅扰，几年来我们总认为，这里面除了亲人鸟，什么也留存不住。

有一天晚上，岳母突然和我们形容起她在路边树上看到一小群小鸟，和麻雀混在一起找食，但身上有红有黑，叫声也不一样。我们迷上观鸟之后，常常也捎上她。实际上她自小在农村里长大，又由于是听话而老实的二女儿，七八岁时就在山里地头干活，野花野鸟野树野菜她是识得最多的，比起我们都来得强，惟一的不同就在于我们知道更多的学术名词，而她知道更多的是当地俗称，北京地方的鸟类与东北略有不同，我们常看到的她可能不太看到，而她习于亲近的我们也无法感知。当她随小区的老人们一起学太极拳之后，有一天早上她练习完回来，不好意思地说，刚刚摆开姿势，突然听到旁边树梢上落了一只鸟，我的心就不在学习上了，眼睛老想往树上看，心里只惦记着它。

岳母继续对我们描述她看到的那一小群鸟，拿出"鸟谱"来与她的所见对应，最后我们猜测那是一小群燕雀。这时候正是四月份，既然燕雀会经过这里，其他的鸟会不会也经过这里？有一天傍晚，回到家时早了一些，五点来钟，我拿起望远镜，决定到小树林里看个明白。

走不上几步就看到几只柳莺，又看到两三只黄腹山雀，陆续又看到了大斑啄木鸟、戴胜、灰头绿啄木鸟、珠颈斑鸠，也就是说，北京城里的留鸟、常见鸟，实际上小树林里多半也能见到，虽然要想见到他，光在他旁边张头仰望不行，还必须多多少少深入到树林里。我愿意今后一有机会就到小树林里张望，虽然我不太可能"风雨无阻"地每天都来，但一年四季，只要顺便，我就会有意识地腾出些时间，到里面访上一访，也好给小树林的鸟类，作个粗略的调查。想来这方圆几公里之内，大概也只有少数人，还会拿生物的眼光，来观察这片林子了。

可能是在城里待的时间稍长的缘故，我变得娇气起来。城市里的生态环境是最恶劣的，不管你如何建设，城市的人均受污染程度肯定比农村要高，而环境的降解、消纳能力明显要比农村差；而用生态文明的眼光来看，城市里的人未必比农村人文明，只是城市人占了知识上的便利，嘴上说得多，农村人占了自然界的宽广，所排泄之物会被消纳吸收。

说到这里又想起动物和植物的区别来。植物比动物要沉静，同时也要更高雅，因为植物只消纳污物，而不排放污物，植物不但合成了大量的物质和能量，而且通过吸收污物、二氧化碳而制造出大量的氧气；而动物呢，不但吞食植物，而且"随地大小便"，说得好听了是给植物送营养品，说得不好听，就

是排污和伤害；或者说，在适合的时候，可能正好成为植物的有机肥，但如果过度集中、放置的地方不对，显然就是自然界的祸害。而且，这些有机肥稍经发酵，就会排放另外一种其武功类似于二氧化碳的温室气体：甲烷——也就是沼气的主要成分。

小树林周边建有很多平房，不少都是侵犯力极强的违章建筑，人们可能都无法说清它们是怎么建起来的。有些平房的正面因为临街，就成了饭馆，而背面因为对着小树林，自然成为厨房和厕所。这些厕所是不与城市的管网相联通的，虽然联通了也没有用处，最多是污染转移，但对绝大多数人来说，联网之后会造成一种污染被消除的感觉。不少饭馆生意兴隆，自然，厕所的利用率也很高。因此，远远地，就能看到一些霸道的厕所流溢四处的“化粪液”，泡长着这些液体里的杨树和槐树，真的比其他的地方要长得浓茂一些。而你的眼力只要稍好一点，你就可以在黄昏正在暗淡下去的光线中，看到平房后面隆起的一大滩黄物，这显然是人类身体排污口的杰作。

这样的厕所可不是一家两家，几乎所有的房子后面都有这样的天然排放设

施，有意思的是，几乎所有饭馆的主厨也设在后面，所以时时有穿着脏污白大褂的厨师，在无客上门无菜可炒的时候，斜靠在一些旧沙发和破桌子边，三五个人一起，盯着前面肮脏的泔水桶，静静地抽着烟，闲着聊。

小树林里扔着许多破砖烂瓦，旧桌子，露出芯的沙发，一些人还把家里不用的旧家具或者盖房子用剩的预浇板堆放在里面，人们随意扔撒的塑料袋在这里也顽强地生存着，虽然时不时有风吹来，试图赶走它们。然而它们就像是人心上的芒刺，是永远拔除不净的。

岳母就不太喜欢小树林，她觉得太脏了，所以当我们第二次邀请她一起去观鸟的时候，她犹豫了许久。我们每人都带了一个望远镜，这次看得更多了，先是看到了树鹨，又看着了红尾伯劳，看到了许多只红喉姬鹟，看到了灰椋鸟、金翅雀、乌鸦、小鹀等，抬起头，还看到天上有那么一只猛禽：大概是越来越城市化的红隼；还看到一只鸟不太认识，不等我们辨看清楚就急急地飞跑了。同时也更加刺目刺心地看到了平房后面的那些黄汤黑水，有些人显然是为了让污物排放得更畅快些，还动过铁锹锄头，在挖出了一个导流沟，让这些肥水或者说脏水，漫延的地方更广泛，分享受用者更多。夜晚，我们听到四声杜鹃清亮的鸣声传来，心中百感交集，我们的小树林，真的是越来越像自然界了。

像“天然生态系统”有一个好处，就是会招引更多的鸟类来此落脚。以前我不太喜欢生物多样性差的小公园，觉得这样的公园对鸟很不友好，后来看迁徙的鸟看得多了，突然想，只要有树的地方就是好的，毕竟有那么多的鸟成年南来北往地飞，当它们展开小翅，经过宽阔无比的北京城，试图落下何处休憩一通的时候，当天空乌云滚滚、电闪雷鸣、风狂雨骤的时候，他们突然要“迫降”某地，那么，像我们小区边的小树林这样的地方，虽然成为不了上佳选择，至少也可以像驿站一般，替它们抵挡一阵。这么说起来，“聊胜于无”这句话真是有道理的，虽然，我们本来可以做得更好一些，只需要，在里面稍稍增添一些隐蔽性，增添一些物种多样性和层次多样性，增些杂草，增些灌木，增加更多的北京当地物种。

（2006）

黄河入海口观鸟记

2004年11月5号下午，记者刚刚从上海回来，就直接赶到北京八王坟长途汽车站，搭上了开往山东东营的大巴。

半夜十二点，到达了东营市垦利县的一家旅馆，与一起来观鸟的“大部队”汇合了，说是“大部队”，也就是十多个人。加上从济南赶来的两位，观鸟成员，一共才17人。领队是知名环保组织“北京绿家园志愿者”办公室的张玲老师。

这是半个月内记者第二次到东营，但上次是来采访，观鸟只是顺便的事，而这次，却是作为初学者，开始了我的辨认鸟、了解鸟、欣赏鸟，进而逐步理解鸟的过程。

从麻雀看起

“白头鹤，白头鹤”，就在堤的正前方，十几只鸟在盘旋。它们正要找地方落脚。单凯是黄河三角洲国家级自然保护区的工作人员，长年在做鸟类调查和湿地生态系统调查。他一眼就看出这些鸟的科属。

来自北师大教育系的雷靖宇网名叫“雷鸟”，车子还没有停稳，他就跳下来，调好单筒。正好有一只白头鹤落到地上休息，非常容易观看。在20倍的单筒望远镜里，它浑身上下每一个细节都看得很清楚。大家轻手轻脚地轮流上前观看，赞叹不已。单凯和雷靖宇都拿出笔记本，开始记录。

张玲老师注意到堤边的电线上，停着一只猛禽。她说：“我觉得那可能是红隼，但也可能是阿穆尔隼，你们谁对清楚两种鸟的区别，就过来帮助辨认一

海鸥

海鸥

下。”她把另一只单筒对准这只猛禽，旁边的某杂志的一个编辑着急地用手指前面着说：“看见没有看见没有？就在你的正前方。”张老师边慢慢地调着焦距，边说：“最好不用要手指，手往前一伸，与枪筒很像，鸟很容易误认为你要‘射击’它，就可能受惊飞走，尤其是猛禽，它们非常警觉的。你要学会用语言对这只鸟的方位进行准确的描述。”

好在离得足够远，在清晰的目镜里，大家都看到一只背部略显红色的猛禽，双足是黄色的。张老师这才明确地说，肯定是只红隼，因为阿穆尔隼的双脚是红的。

一群灰椋鸟轻扬着从我们头顶飞过，云雀在我们身边一窜一窜的钻向天空，它们的声音异常动听。几只麻雀也过来“凑热闹”，从草窠里涌出来，又慢慢地落在柽柳枝上。记者拿起双筒望远镜一对，说，不用看了，这是几只麻雀。

这是句多么“丢人”的话啊！“老观鸟人”高春荣老师一看就知我是初学者，远远算不上合格的爱鸟人。上车后，她对我说：“我开始的时候也是这样的不注意，脑子里只想看到珍稀种类，慢慢地慢慢地我修正了这种观点。因为一是很多你误以为是麻雀的鸟其实不是麻雀，他们可能是金翅雀，也可能是某种莺类；第二是麻雀本身也是很漂亮的，你看它颈部的那道白，多么的纯净；即使你觉得它太平常也与其他所有的鸟类一样值得尊敬和欣赏。因为麻雀和喜鹊是最贴近人类的鸟，它们对环境具有明显的指示作用。如果出来观鸟看不到

鸬鹚

鸬鹚

麻雀和喜鹊，也是很可怕的事。所以现在每次我都认真地观察和记录。我也经常对我的朋友们说，你要想观鸟，根本用不着去这去那，就在你家院子里看，就在你上班的路上看，就可能看得很好。只有从麻雀看起，只有每次都把麻雀看明白，才算得上入了门。”

远观近审皆相宜

一只黑尾鸥停在路上，有时候站着不动，有时候遛达上几步。好像存心让大家看个够似的，也可能是对大家提要求：“这回看清楚喽，别总把我与普通海鸥、红嘴鸥、银鸥混为一谈！”

就在芦花与浅水的交界处，一只青脚鹬正在用他尖长的嘴觅食。离他几米远的地方，一只全脚淡红的鹬也在觅食。开始时“雷鸟”肯定地说，这是只红脚鹬；他用单筒静静地审察了一阵后，“反悔”了，说：“我刚才说错了，这是只鹤鹬，不是红脚鹬。这两种鹬的脚都是红的，但是他们的背部的颜色深浅不同，尤其是翅膀展开之后，上面的白道不一样。”

环境是很美的，经过国家林业局两年多“生态恢复工程”的涵养，我们的面前是一片美丽而安静的芦花，大风吹来，芦花随着风的节奏悠扬起伏，而鸟，也按照各自的习性，或埋头冥想，随水飘荡；或抓紧时间充饥，紧张叼

啄。红脚鹬在风中结群嬉戏，苍鹭孤单站立水滨，白头鹞贴着芦面轻扇巨翅，东方白鹳在高空信意遨游。

有时候壮观的场面会突然出现。当我们正在讨论观鸟穿什么样的衣服最合适时，左侧突然有数百只豆雁在空中起舞。“这不是灰雁，也不是鸬鹚，不是斑嘴鸭，这是豆雁。”单凯轻声地嘟哝。此前我对豆雁一无所知，看到类似的鸟，统统地“大雁”称之。“雷鸟”用“团数法”迅速地计算这个群体的数量。而我们，或者用目测，或者用双筒，或者借别人的看，大家屏住呼吸，完全被它们的气势所震慑。

“雷鸟”突然又不说话了，他总有新发现。他慢慢地调转单筒，对着堤左侧的某个柽柳的枯枝，定好后，向我们每人轻轻地招一招手，说：“大家来看看，这是只红胁蓝尾鸲，非常漂亮。不过要小心，它很敏捷警惕的。”是的，一只如麻雀般大小的鸟出现在目镜里，它的胁部是杏黄色的，它的尾巴有着淡淡的蓝。颜色与纹理，羽毛与绒毛，头部与颈部，相互合作，构成一种杰出的美。这种美与成群的豆雁的美一样“壮观”，必须有足够的恭敬之心、仰慕之情，才可能欣赏到，领略到。

观鸟人的忧虑

中午的饭是大家自己带的，有的吃馒头夹咸菜有的吃饼干。大家草草吃完，赶往下一个观测点，接着观看和记录。就在大家惋惜来晚了几天，没有看到丹顶鹤与大天鹅之时，我们在黄河入海口，通过单筒，“扫描”到了一个较大的天鹅群。它们在滩涂上一字儿排开，头都插在翅膀里，修心养性。由于距离太远，单筒也只能模糊地看清。雷鸟执意地数一数它的数量，于是他拿出一个计数器，单筒慢慢地移动，他的左手快速地摁动。我们都不敢打搅他，十几分钟后，他抬起头，说：“三百二十只，不算多。”丹顶鹤也让我们等到了，虽然只有两只，但它的身边，我们又看到了四只白鹤和五只大白鹭。

晚上七点多，大家回到旅馆，总结一天的收获。张老师一一点出看到的鸟的种类和数量。山东社会科学信息中心市场总监韩宪平有些不解。“种类我们当然是要记的，可是记数量有意义吗？”张老师说：“意义可能不太大，但终究还是有用的。我们这样只能算得上群众性的观测，但也许我们的观测对于专家的观测能够形成补充。尤其随着观鸟人的增多，这种补充会越来越明显。”

总结之后，大家开始七嘴八舌谈感想。有的说，开始时我只是抱着“休

闲”之心来观鸟，可是观着观着我就爱上鸟了，爱上鸟之后就开始关注环境，关注环境就开始反思人类的行为，反思人类的行为就开始很注意自己的言行举止，因为有时候我们改变不了别人，但至少能够减少自己对于环境的伤害量。有的说，以后我要与我儿子一起观察世界，我从小都是“关在书本”里长大的，只要他在上学，他也有可能与我一样被“关在书本”里，现在我意识到这种闭塞的危险：他好像学到很多，但全都是死的，远没有从大自然学到的来得鲜活动人，而且观察自然中学到的东西，肯定精力投入最多、感情注入最多，这时候你就会爱惜这些真知识，爱惜这些难得的生灵。有的说，看到厚厚鸟类辞典，我就心怀畏惧，想，这可什么时候能够看全啊。现在我不担心了，每次出来都把当时观察到的详细记录下来，慢慢地琢磨，逐步地积累，我想十几年后，我能够成个“小专家”，能够带动更多的人观鸟。

第二天上午，我们改了策略，就在东营市附近观看林鸟，虽然杨树还只有一人多高，柳树也不成林，但是我们在农民的房顶上，在菜地边，在小渠旁，在水塘周围，在采摘过后的苹果园里，我们看到了斑鸫、金翅雀、灰头啄木鸟、大斑啄木鸟、云雀、棕头鸦雀、楔尾伯劳等十来种鸟。

两天下来，我们看到了将近七十种鸟。下午，我们坐长途车回到北京时，大家与来时一样的兴奋。同时，有很多人，开始陷入深深的忧虑之中。

由于黄河，黄河入海口湿地是年轻的，土地面积每年都会增加；它是充满生机的，因为全球鸟类八大迁徙路线，这里就占了两条，每年有将近二百九十种鸟在这里栖息、繁衍或短暂停留；但它也是充满危险的，随着人类开发的步步逼近，鸟类的隐私越来越少，它们的诸多行为不得不暴露于众目睽睽之下。而且，由于自然保护区对这片土地没有控制权，加之保护区的面积不够大，经费又紧张，所以，在很多时候，只能无奈地看着这些鸟远离人类而去。

（2005）

爱鸟者，你的巢筑好了吗?

每个城市都该有爱鸟者的“巢”

王光复在洛阳的中国航天科技集团十二所工作，几年前，他开始观鸟，“过去我种花，觉得植物非常好看，后来单位突然不让家里种花，于是我就改观鸟。但我不认识鸟啊，我就慢慢地摸索着看。现在我到网上一看，中国那么多城市都成立了观鸟会，我才发现，如果早建立组织，我可以进步得更快。”

王光复自己剖析说，他“进步缓慢”的原因，一是缺乏专家指导，二是缺少爱好者共同活动。“由于不知道洛阳还有什么人在观鸟，每次我都只能孤身一个人去；我的望远镜不好，个人的发现能力和判断能力也有限。所以，我一直希望有更多的人一起参预。大家共同向自然界学习。”

实际上，就在王光复“独自观鸟”的时候，河南孟津湿地自然保护区的工作人员马朝红与他的父亲也一直在密切地观察着当地的鸟类活动的情况。直到前不久，北京绿家园志原者组织的观鸟团来到洛阳，他们才算真正的“会师”。马朝红说：“洛阳鸟类很丰富，洛阳也不乏爱好者，洛阳也有熟悉当地情况的专家，但是，就是因为没有成立观鸟会，大家分头行动，一盘散沙。我想，是到了成立观鸟会的时候了，大家共同制订章程，共同购买设备，有针对性地组织观鸟活动，我想不远的将来，会在洛阳形成观鸟爱鸟护鸟的高潮。”

“北京观鸟会”也正筹办之中。筹备小组召集人、人民日报高级编辑钟嘉说：“北京业余观鸟活动始于1997年，是中国内地业余观鸟起步最早、人数最多的城市。最近两三年，中国大陆各地逐渐开始观鸟活动的推广，十几个城市有了业余观鸟者队伍，陆续有一批城市成立了当地的观鸟者组织，开展观鸟与

鸟类保护的推广工作。在互联网作用的帮助下，全国各地的观鸟者有了密切的联系，举办了全国性的观鸟大赛和鸟类摄影年会，参加了大规模的鸟类调查工作，并因此受到国际关注。”

“筑巢”后带动效果明显

2004年8月，厦门观鸟会在福建海滨发现2只黑嘴端凤头燕鸥。黑嘴端凤头燕鸥是目前世界上最濒危的鸟种之一，是鸥科鸟类中最稀少的一种，据估计，全球数量不超过100只，一直被视为极危物种。这种鸟因为非常难以见到，被称作“神话之鸟”。厦门观鸟会的发现，不仅扩大了黑嘴端凤头燕鸥的分布范围，而且还是首次观察到黑嘴端凤头燕鸥在大陆海滨地区觅食、栖息，是极为珍贵的资料。厦门观鸟会此次“黑嘴端凤头燕鸥调查项目”起始于2003年10月，得到国际最权威鸟类协会——英国皇家鸟类学会小额基金的资助。该调查是有史以来第一次对福建沿海的岛屿及洋面的鸟类资源进行系统调查，调查结果填补了福建海岛鸟类记录的空白，具有重要的学术价值，其中黄嘴白鹭繁殖点的发现，为该鸟种目前已知的最南部的繁殖地点，具有重要的研究和保护价值。

据记者了解，我国知名的观鸟组织还有香港观鸟会、浙江野鸟会、福建观鸟会、深圳观鸟会等，上海、成都等地发展也较为健康。他们坚持经常性开展野外观鸟活动，各地的观鸟爱好者也经常进行交流。山东东营市黄河三角洲自然保护区工作人员单凯说：“我们也刚刚成立了观鸟会。这样以后联络起来就方便了，更多的人能够由此走近自然。”另据记者了解，除了这些观鸟组织创办的网页外，世界自然基金会中国分会网页上辟有专门的“观鸟专区”，新近办起的“中国观鸟论坛”也开始有了明显的人气；而“北京观鸟会”办的《中国观鸟通讯》第一期已经出版。

让专家发挥更大的威力

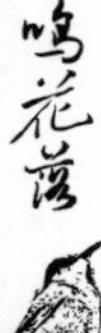

厦门观鸟会成立于2002年3月，除了配合专业组织进行鸟类调查之外，他们把更多的精力放在普及鸟类知识上。记者在他们的网页上读到他们准备在爱鸟周里散发的一些知识小册子，以自问自答的形式，编辑了“关心鸟类的7个问题”，比如一个问题是：“厦门的鸟真的很多吗？我怎么除了麻雀，其他的都没有看到！”回答是：“厦门有记录的鸟种有近300种，在候鸟的迁徙季节，外出一天至少能看到50种以上的各种鸟。但是，现在大型鸟比较少，小型的鸟需要借助望远镜才能看得清楚，你看到的‘麻雀’，很可能是各种小型鸟。借助望远镜，并经常观察，你就会发现身边的小区、公园就有很多种鸟。”另一个问题是：“我爷爷养了几十年画眉，为什么说不能养鸟？”答：“我们说不能养鸟，是指不能养野生鸟。养鸟是对鸟的私人占有，剥夺了鸟类自主选择生存环境的权利，与养狗、养猫有着本质的区别。画眉本来是一种非常害羞的鸟，喜欢躲在浓密的灌木丛下面，鸣叫的时候才站到枝头上，被人抓去以后，不得不近距离面对人的观察，一定非常害怕。养鸟的人有没有想过画眉的感受？何况，资料统计，每一只被人买走的鸟的背后，平均有数十只到100只同样的鸟在捕捉、运输、贩卖的过程中死亡。”

“北京观鸟会”虽然在筹备中，但多年来，他们一直在坚持一个名为“周三课堂”的鸟类知识普及活动。每周三的晚上，在北京师范大学的课堂里，都会有一位通过长期观鸟而成长起来“土专家”或者长期从事鸟类研究的专家向公众讲解鸟类观察中的各种细节知识。而在“北京观鸟会”制订的“现阶段的主要任务”中，有一条就是：“联系全国各地观鸟者，有计划地逐渐向中国大陆尚未有观鸟活动开展的地区拓展，发展队伍与收集数据双管齐下；联系全国各地观鸟者，与中国鸟类学会合作，收集整理各地鸟类观察数据，编辑出版中国大陆的鸟类年报。”

另据记者了解，2004年开始，在世界自然基金会的支持下，长江中下游5省1市展开同步水鸟调查。鸟类专家、当地向导、政府官员和志愿者组成了调查队，进行科学规范的鸟类调查。而志愿者，往往都是在观鸟会中成长起来的新型专家。

（2005.4）

天坛有人公然张网捕鸟

每年的秋季，是候鸟南飞的季节。北京是幸运的，因为她也在全球候鸟飞行“主干道”上。天坛在北京城区内绿化面积较大，有些地方相对隐蔽，不少候鸟临时停留时喜欢选其作为“驿站”，不想这一停留却给它们招来了灭顶之灾。9月30日下午5点左右，有游客在天坛游览时，发现天坛公园“北京电大园林工作站教学苗圃”南侧，有两人用粘网捕鸟。

这位游客描述当时的情景说：“竖起的粘网高三米，长七到八米，绿色的网丝很细，又顺着一排大树的方向布开，若不仔细看，不容易发现。当时已有一只鸟落入网中，正拼命挣扎，好像是一只芦莺。当时更奇怪的是，其中一位身穿白色T恤、年纪较大的男子在下午5点52分堂而皇之地通过苗圃东边的正门，随手把门锁上后离开。我怀疑这是苗圃的工作人员。”

记者随即采访了知名环保组织“自然之友”观鸟组的召集人李强。李强也听说了这个情况，在“国庆节”期

间，他组织的志愿者连续在2号和8号，对天坛的捕鸟情况进行了调查，拍了不少照片，作了大量访问，发现情况比游客所描述的要更加严重。天坛北边围墙一带，多年来一直就有人用“诱子”（繇子）捕鸟，所谓的“诱子”是把一只鸟放在地上，用绳拴住，用它来引诱同类或者猛禽，伺机用拍网抓捕。捕来的鸟，是合用的，就流入鸟市；不合用的，就任其伤亡。

因为迁徙的原因，春季和秋季是鸟类最多的时节，而“苗圃”是天坛鸟类最富集的地区之一。苗圃本来是封闭的，只能从东门进出，四周有竹篱笆围着，但这几天明显被人踹出了五六处大洞，“钻进去一个班的人都没问题”；他们猖狂地在苗圃内肆意张网捕鸟，只是由于鸟“晚归早出”，他们晚上张网，一早就收，不留心很难发现。苗圃的西侧，一直有几个老人，用“诱子”捕鸟，每次质问他们，他们都口口声声说这样捕鸟不会对鸟类的种群形成危害。

作为“自然之友”观鸟组的志愿者，李强组织的调查队自2003年起在天坛公园进行鸟类调查，一方面对天坛的野生鸟类进行统计摸底，了解鸟类活动区域及数量；目前他们在天坛已经统计到110多种鸟。另一方面，他们也大力进行环保宣传，宣传鸟能吃虫，能保护树木，人类应当爱护它们。李强说：“鸟非常美丽，不少鸟鸣唱得非常动听，但如果要欣赏它，最好不要采用种种恶劣手段将其抓捕后关在笼中，或者当作‘口中美食’；而是要走进大自然，欣赏鸟在自由状态中的各种美。根据国家《野生动物保护条例》，抓捕野鸟是非法的，必将受到严惩。”

（2006）

观鸟：绝不仅仅为了“享受”鸟

热爱鸟就要观察鸟

早上七点，大客车从北京公主坟缓缓启动之后，著名环保教育组织“自然之友”观鸟组野鸭湖观鸟活动召集人李强拿起话筒，开始宣讲注意事项。他说：“在座的有些朋友可能是第一次出来观鸟。我这里讲一讲观鸟的注意事项。首先，观鸟不要穿太鲜艳的衣服，更不要大声喧哗，否则容易惊吓鸟类；很多朋友可能设备不够好，这没有关系，我们现在已经有了一定量的高倍双筒望远镜和单筒望远镜，足够大家一起使用；观鸟所在地多半是农村和野外，所以不要乱采乱摘，乱掐乱拔，更不要踩坏农作物；不要乱扔垃圾。每次观鸟，我们都会请一个技术顾问作指导，下面，请首都师范大学生物系教授高武老师给我们讲一讲野鸭湖的鸟类情况。”

高武教授是鸟类专家、北京市野生动物保护协会理事。他站起来，接过话筒，给全车的人讲了一下北京鸟类的基本情况。然后他说：“理论上这次我们能够看到一百多种鸟，但是，受各种因素影响，每次观鸟，能看到三四十种就已经很好了。大家不要贪多，重要的是看仔细；不少朋友都买了观鸟方面的图册，有《野外观鸟手册》、《北京野鸟图鉴》这样的书的帮助，看到一种鸟，就争取全面了解这种鸟，时间长了，积累就出来了，感情就深了。我们都是这样过来的。”

这是十月份的一天，是记者第三次参加观鸟活动。头一次记者没有设备，是个纯粹的“鸟盲”；第二次手头有了个花三千块钱买来的8倍双筒望远镜，手头也多了一本砖头般厚的《中国鸟类野外手册》，对一些常规的鸟类也有了初步认识。至少开始慢慢了解候鸟与留鸟、水鸟与林鸟、涉禽与水禽等之间的分野；逐步分得清喜鹊与灰喜鹊、苍鹭与夜鹭、珠颈斑鸠与灰斑鸠、灰头绿啄木鸟与大斑啄木鸟的区别；也学习到仅仅是猛禽，在北京地区就有隼、鹰、鹞、鵟等十多种；野鸭，也有绿头鸭、斑嘴鸭、赤膀鸭、赤麻鸭、红头潜鸭、普通秋沙鸭等的区别；鹭鸟也分为白鹭、小白鹭、灰鹭、苍鹭、夜鹭等多种。但这些拿出来“卖弄”的知识，连鸟类的皮毛都还没摸到；越出去观鸟，越感觉到知识的苍白；越欣赏到鸟身上的各种美，越“反诸己身”地看到人类行为的许多不尽科学、不尽人道之处。

就是在这次活动结束之际，李强问一对第一次参加的年轻夫妇：“今天的活动怎么样？有收获吗？”这对夫妇说：“很好。可惜就是太不了解鸟了，以前看到飞到眼前的，统统以鸟来概称之，根本没有去想它们之间有多大的差别，也体味不到它们细微的美，更不会去想它们的生命与人类之间到底有什么样的关系。今天的活动引发了我们很多思考，对我们的震撼很大。刚才大家为看到的是银鸥还是红嘴鸥就争论不休，你们专家之间尚且不易分辨，我们门外汉就更要抓紧研习了。以后，我要经常参加这样的活动。”

观察鸟不仅仅是为了欣赏鸟

为了顺应潮流，世界自然基金会中国网站（www.wwfchina.org）设立了“观鸟专区”和“观鸟论坛”；自然之友、绿家园等环保组织也时常有各类的观鸟活动；北京、上海、深圳、厦门各地的观鸟爱好者纷纷为正在筹备的“北京观鸟会”出谋划策；一些大学开始举办“大学生观鸟比赛”；由国家林业局野生动植物保护司、中国野生动物保护协会、湖南省林业厅、岳阳市人民政府等举办的国际性的“洞庭湖观鸟大赛”到今年已经是第三届。在北京师范大学，每周三的晚上，还有一个公益的“周三课堂”，请专家传授鸟类知识和环保理念。自然之友理事、中华书局编辑侯笑如刚刚去福建武夷山保护区进行过一次生态考察，考察结束后她做了一次报告。她说，正是因为观鸟，一批又一批的初学者被培养成了“小专家”，一批批的“看鸟旅游者”改变了理念，得到了改善和成长的机会。

自然之友观鸟组另一活动召集人付建平介绍说：“中国目前较集中的观鸟区，有河南的董寨，河北的北戴河，辽宁的盘锦、大连，山东的东营，湖南的洞庭湖等地，其中各大江河的入海口、保护得较好的湿地保护区、秋冬季的森林区等，是观鸟较理想的场所。至于北京周边，像野鸭湖保护区、汉石桥、苇

沟等算得上湿地的地方，也是我们常去之处。”

据了解，“自然之友”等组织的观鸟活动，也不是为观鸟而观鸟，除了环保教育之外，也进行一些基本的鸟类调查。每周六一大早，李强都要赶到天坛公园，用科学的方法进行鸟类观测和记录。而付建平，则负责调查圆明园的鸟类。他们的工作是这两个公园生物多样性调查的一部分。

李强是自然之友的志愿者，他的本职工作是中国制浆造纸研究院的一名技术员工。他说：“鸟类调查是长期的行为，至少要坚持几年。由于某些原因，天坛公园一度想中止鸟类调查。但即使是职业性的调查停止了，群众性的调查活动也会持续下去。”付建平是某杂志社的编辑，她说：“我们不能仅仅为了‘享受鸟’而去观察鸟，我们要从环保的高度来认识鸟存在的意义。鸟是我们生存环境中最多姿多彩、活泼灵巧且最容易找到的动物。近十几年来中国各地观鸟活动蓬勃发展，观鸟人数不断增加，是一群关心鸟类的人们努力的结果。观鸟是一种充满乐趣、有益健康、怡情养性的知识性活动，可以让我们更加了解鸟类的生活习性，从而找到保护鸟类的最好的方法。”

让“爱鸟之心”改善决策

因为观鸟，许多人的理念发生了改变。李强说：“我第一次观鸟时也是不太懂。观鸟的深入引发我思考良多，也对人类的许多行为颇为不安。比如，北京周边的湿地正在萎缩，就拿野鸭湖来说，它的水量正越来越低，去年还是水的地方，今年就种上了玉米；去年还有鱼的地方，今年只看到破碎的蚌壳；去年的空地今年正在盖上高楼。公园建设也让我着急，为了吸引游客，他们想出了很多招数。但是，人活动频繁的地方，肯定鸟就少了。其实有一些办法，可以既保护生态，又不影响经济的发展需求。”

山东东营，黄河的入海口，黄河挟带的大量泥沙和水分给这里制造出了一片湿地。按道理这也是鸟类的天堂。但20世纪90年代，由于黄河多次断流，造成了河口生物多样性的严重危机。2001年，东营提出了发展“高效生态农业”，加强了对黄河入海口生态的保护；同时由于水利部黄河水利委员会对黄河水统一调度的努力，连续几年黄河都没有断流，给山东黄河三角洲国家级自然保护区带来了新的生机。国家林业局趁机在这里实施了“五万亩湿地恢复工程”，保护区又设立了“鸟类救助中心”，这些举措让上百万只鸟类有了“食堂和医院”。保护区总工程师刘月良说：“十月、十一月是鸟类最多的时节。我们这里准备像野鸭湖一样发展观鸟旅游。这是一个新型的旅游项目，既能让更多的人由此认识鸟，热爱鸟，也不会对保护区形成过重的压力，只要我们决策科学，相信会逐步形成良性循环。”

（2004）

像鸟那样伸缩自如

考古学家在“无法得出合理解释”的时候，经常把目光指向蓝天，认为很多“古代奇观”绝非人力所能为，而是来自于外星球。甚至有人瞎想说，人类也是“借助外力”才得以发育进化，在地球上胡作非为。

但现在不同了，人类已经学会了本事，取得了真经，修得了正果，要向星际扩张，要把人类文明，传播到地球之外，最好，能够在其他的星球生根发芽。

古代的人还有一个非常好的发明，那就是神仙。中国的神仙最合适的形象是敦煌的飞天，多半居无定所，“长袖善飞”，飘飘然没有人间烟火气。欧洲的神仙相对“人性化”一些，他们有山，有宫殿，有互相间的情仇恩爱。

想像是“最伟大的生产力”，“神仙日子”至今我们依旧没法达到，所以，可能是人类登天的终极未来。因为神仙一是速度快，声速光速，根本算不了什么；而且随心所欲，这点现在万万无法达到。神仙变化和飞行的动力来自于意念和自身，不需要借助燃料和外力，也不需要借助太阳能电池、储氢电池；“御风而行”只是休闲，不是没有办法才为之。神仙不考虑热冷温寒，也不害怕失重超重，不需要氧气呼吸；神仙中的美女也不必在意大气层的保护“以免被紫外线灼伤”。神仙根本不在乎气压的变化，是真空还是“黑洞”般巨大引力，对神仙一点都不产生影响。

因为能够坐着航天飞机上天了，因为能够靠着火箭的力和地心引力而跃起和转动了，就算会飞了吗？当然不算。没有一个坐在飞机上的人敢胆大到自比为小鸟，也没有一个跳伞者会恬不知耻地说自己是一只天鹅。

因为会“飞”，升空望远了，就是神仙吗？就君临天下了吗？不，对宇航员来说，其实日子非常的艰苦，狭小的空间，浑身上下、四周左右比珠宝玉石珍贵得多的科学仪器和科学试验品，失重，单调的进餐，不成形的睡眠，孤单的个体，复杂的任务，不可确定的下一秒，等等等等。显然，对于肉体来说，这是一次极其痛苦的经历，而且结果不可预测。

太空探索，在小范围内进行，或者说在极端的范围内进行，是不难办到的。失败了，可能人类要丢失一些宝贵的生命，可能要损失一些“财产”和先进的科研设备，但是没有关系，我们有能力抹平伤口，续造新品，从头再来。假如太空建有“城市”，假如不是用火箭推动宇宙飞船而是用“太空电梯”运送物体，假如人类只需要在运送途中施以特殊的保护而到达目的地后就可以自由地呼吸和生活的话，那么太空探险算是达到了“普及推广”“造福万民”的阶段。

假如人类完全可以凭借一己之力，“海、陆、空、地底”四栖，身体进化到如鸟，再如“敦煌飞天”一般，既可要吃要喝，爱劳动爱歌唱，爱偷懒爱发明；也可不吃不喝不呼吸不上厕所，随物赋形，随机应变，那么，神仙日子就算来到了。此时，想要多少能量就制造多少能量，想适应多大压力就适应多大压力，想飞到哪就飞到哪，想在哪耕种就在哪耕种，想在哪繁殖定居就在哪繁殖定居，想在哪留下“文明”就在哪留下“文明”，想“把地球的种子”撒播在什么地方就撒播地什么地方。当然，这种侵略性质的“改造”和“征服”也是分“神仙”的“种源”的：如果全是中国人去，会是一番样子，如果全是美国人去，会是另一番样子；如果是纳粹主义者去，是一番样子，如果全是佛教徒去，又是另一番样子；如果是讲英语的人去，是一番样子，如果是讲什么语的人都去，那么又是另外一番样子。

不过，如果神仙日子真的过上了，那么，今天我们对于太空的梦想，也就不再让人新奇。

（2006）

世界文化遗产里的“天然凤凰”

天坛是世界著名的文化遗产，许多人来这里，盼望看到的是中国传统文化中“天”文化的主要呈现方式。

天坛是广大空旷的，生态条件较好。南来北往的鸟类，选择这里作为它们漫漫生命征途中的驿站，作为它们嬉戏的园地。有一些鸟类，干脆选择这块风水宝地定居。

对于中国人来说，所有的鸟类都是“天然凤凰”。它代表自由、开放、灵动、神奇和吉祥；它集成着中国人对美好自然、对美好社会的诸多寄托。

1996年，中国有了第一批有意识的、自发的、民间鸟类观察者；到现在，全国至少有几千双眼睛时刻关注着自然界的精灵。中国十几个城市都成立了观鸟会，不少观鸟爱好者已经成为鸟类专家和鸟类摄影大师。

定点观察是自然观察中最常用的手段，能有效地帮助鸟类观察者进步。由于天坛的“鸟类储量”丰富，几年前，在天坛公园管理处的支持下，北京观鸟爱好者选择了天坛作为“定点观察”的重要基地。这项名为“天坛鸟类调查”的项目，每周末都吸引大量的观鸟爱好者参加。

培养出了一批人，摸清了天坛的“鸟类家底”，推动了北京自然保护事业。

今天，我们把几年来小小的成果展示给大家。可能有人会惊呼，有人会赞叹。更多的人，能心领神会，体悟到自然保护的基本出发点，是亲自去看，是亲自去想，是就地观察，是本地人关注本地环境。

是的，在北京的市中心，在上千万市民的身边，有许多自然的精灵在悄悄地生活；延续着自然界的美好基因，呈现着自然界的奇妙造化。如果你看到它们，你会发现它们是如此的美好；如果你暂时没有关注到它们，那也没关系，它们同样如此美好。

（2008.2.28）

老人与鸟

这是我开了三年的题目，到今天才算正式着笔。我一直在矛盾，到底该怎么讨论我眼前的景象。

25个笼子，褪下了蓝色的罩布，挂在树枝上，25个老人，分成几堆，在树下抽烟，说着话，他们紧紧地聚成一团，他们把时光紧紧握住。

在成都，我走进杜甫草堂，与我在北京的公园、在南京的路边看到的一样。到处都是笼子，到处都是老人。有时候，我看到每只笼子里都是沼泽山雀，有时候，我看到每个笼子里都是蒙古百灵。鸟以群分，大概养同类鸟的老人会聚在一起。每只笼子里都装着一只画眉，画眉是中国最常见的笼中野鸟。因为据鸟类学家的调查，画眉是必须在野外长到成鸟，学会各种唱口之后，才有被捕捉的价值。从南到北，中国的鸟市上，卖得最多的鸟，大概就是画眉了。

画眉多半是为老人准备的。中国的老年人，如果是城市户口的，说起来也可怜，过去由于被工作紧箍，一直没时间自由，老了，自由了，身体却已经不灵便。老了就寂寞，老了就担心面临的死亡，因此，老年人，要么变极度的开朗，要么，就多多少少有些自私。

贪图健康和长寿，是自私的主要根基。因此，自私型的老人，往往占有着很大的一部分。而自私的方法，却又很奇怪，要么是拼命地购买各种延寿良方和良器，要么就是成天在道路边，在自然的阳光下，消磨时光。

消磨时光是一定要有个倚仗的，要么靠有个熟人圈，要么，就得抽烟，要么，就得养鸟，或者练气功，写书法，谈佛经，下围棋；有一些心气高的，还写古诗，徒步走遍城郊的山水——北京似乎有个“夕阳红队”，他们的在每个路边的石头都刷上了自己的“LOGO”，让一些徒步族望石兴叹：他们又比我们早到了。

城市里的老人，侍弄得最多的，大概就是鸟。

2007年4月初，我在成都的时候，正好是春天来了，像杜甫草堂、武侯祠这样的“城间空地”，由于多年精心的园林照顾，其生态条件算是好的，也因此成为许多天然鸟类的乐园。我第一次看到红胸啄花鸟，就是在武侯祠，第一次看到四川柳莺，也是在武侯祠。成都是有个观鸟会的，据说他们正在绘制成都市内的观鸟地图，但愿他们的地图能够早日让成都市民共享。2007年4月1日，成都国际观鸟赛在都江堰举行，各支队伍一共看到了96种鸟。成都比岳阳好多了，湖南的岳阳举行了多年的“东洞庭湖国际观鸟赛”，但岳阳市却很少有人观鸟；去当地观鸟的人，多半是外地人；但岳阳和成都一样，也有很多人养笼中鸟。

由于一直在参预中国的民间环保组织活动，我时时感受到民间环保人士散发出来的火热情感和强烈信息，环保人士对发展方式有着准确的判断，他们声嘶力竭地传播，希望社会能够有所警觉。因为自然之友，我得以开始观鸟，开始缓缓进入自然界；因为北京地球村环境教育中心，我得以由能源记者，逐步升级为生态记者。

在受益之余，就经常在想一个问题：中国人到底是不是个热爱自然的民族？为什么中国的许多城市，没有观鸟会？没有植物组？为什么自然之友的观鸟活动，不能够每周都举行，而是按照领队者的心意，想组织时才组织，想出发时才出发？

因为发起“自然大学”项目，号召更多的社会中坚走出屋宇，走出冥想，“向大自然学习，在大自然中学习”。一步步地，跟着卷入了许多环保思考。终于有一天，我稍微有些明白了，中国民间环保组织事业发展不畅的一个原因，是因为缺乏良好的公众基础。而公众基础是依靠环保产品来维护的。许多环保组织一开始就把自己定义为“环境教育机构”，然而，其设计出来的环境教育产品，却常常让本地市民难以“消费”。假如每个城市的环保组织，都能设计出一种常规的、易消费的环保产品，环保组织作为“公众环保服务提供商”的角色，才可能成功。

环保组织也是一种“组织体”，与政府、企业、联合会、协会等人类的各种组织体本质上是一样的，都是给社会提供产品或者服务。环保组织的可贵之处，在于他能够先于公众的共识，提出许多先见的可持续发展理念，这叫知识价值。同时，环保组织的工作方式，比如友好、平等、对话、和谐、对物质的蔑视，可能要优于一些让人讨厌的组织体，这叫辐射价值。

但不管怎么样，如果用企业来比喻，环保组织首先必须有“常规产品”，来吸引公众的持久关注。在此基础上，才有可能把一些临时的、创新的、应急的产品发布出来，接受市场的检验。

环保组织的常规产品是什么？在中国，我想，就是各地的环保组织，以关注本区域环保改善的“有限公益”，以采有中国特色的“低成本运作”思维，制度性地、持续地、友好地，发动本地的专家，撞击、带领本地的志愿者，观察本地的自然界的变化。这变化包括自然界的美好一面，也包括自然界的苦难一面。包括水，包括山，包括垃圾的去向，也包括空气的动荡。

每个人都有周末，每个人都需要健康的团体生活，每个人都想关注环保却无从下手。因此，越“物美价廉”的环保产品，越容易受到消费者的接纳。而观察自然的活动，由于门坎低，每个人都容易进入；参与方式“乐活”，每个人都会留恋；由于滚动方式快捷，能够迅速推广。

然而中国人真的很少有时间花在热爱自然、关心自然上。有许多人害怕自然，害怕太阳，害怕风，害怕沙，害怕泥，害怕流动的水，害怕藤，害怕树，害怕虫子，害怕蚊蚋，害怕蛇蝎，害怕野猪和老鼠，害怕长距离的行走，害怕长时间的自然活动。而自然界所隐藏的所有神秘性，更是让许多人害怕。自然界的每一个细节，花的名字，草的模样，树的生长规律，鸟类的繁殖方法，大象的迁徙路线，由于太繁杂，太苛细，太单调，让许多人从来不敢涉足。几乎所有的中国人，都希望有一所安逸的房子，从小躲在里面，一直到老。有时候我想，这是中国人迷恋课堂教育、应试教育的主要原因，这是中国人迷恋论文文化、教材文化的主要原因。

奢望每一个人都关注环保是不可能的，奢望让每一个原本不太理解环保的人，深度参与“减少碳排放”之类的活动，更只是虚妄而已。要想让最多的人，以最自愿的方式，慢慢地参与到环保关注中来，只有一个办法，就是持续地带领志愿者观察，让其有了感性接触的同时，伴以随同的专家讲解。同时，依照不同人的喜好，设计出“城市乐鸟行”“城市乐花行”“城市乐草行”“城市乐树行”“城市乐水行”“城市乐山行”“城市乐虫行”“城市乐星行”等“城市自然行”系列活动，让大家像进入超市一样，自由选择，同时又万变不离其宗。

这样，城市自然行乐上一段时间之后，让他再吞食其他的环保知识，就会相对便利。有了心灵上的震动，有了知识上的补给，又有了团队友好愉快健康爽朗的户外活动方式，环保组织的常规产品才可能成为居民的日常消费品。

一个产品一旦成为日常品牌，就像一份报纸建立起了他的让公众信任的“发行渠道”，再适当搭载其他的产品才可能畅通。但搭载的产品也不能过多，而且一定要优质可信，否则，你的渠道再好，也会遭到拒绝。

现在回到我的原文上来：到底是该让老人们坐听画眉鸣唱，还是把他们领到自然界中，教他们听各种天籁之音?

就在这些老人的上方，四川柳莺正欢快地歌唱，白颊噪鹛时不时发出沙哑的伴奏。而在树梢之上，白头鹎正呼朋唤友，在更高的天空上，家燕与金腰燕比翼齐飞。

众鸟随机的合唱，远胜过一两种鸟的独鸣。画眉再多，也不过都只是画眉的声口。而十几种鸟类在你身边“自私而无我”的彼此唱和，当然比一两种鸟类要来得丰厚。

我在老人旁边的石头上静静地坐着，抬起我的望远镜，伸直我的耳朵，我在半个小时之内，看到了十几种可爱的鸣禽，听到它们每一只发出的让人情绪极为愉快的欢唱。暗绿绣眼鸟过来了，它们虽然敏捷而无声，但白眼眶和黄后背总是让人难忘，而黄腹山雀、栗背鹟莺、灰眶雀鹛、方尾鹟、四川柳莺、红头长尾山雀像是故意来探望我似的，在我眼前的石块上停留，或者在我面前的树枝上悬空展示。白鹡鸰和珠颈斑鸠是中国常见鸟，它们几乎从未离开我的视线。一只乌鸫若有所思地停在杉树枝上，发出玻璃摩擦般的声音；鹊鸲也时常跳过来，从林下低低地飞过。

这一切，老人们难道都没看见吗？中年人没有看见吗？青年人没有看见吗？大家的心都用在了什么地方呢？大家出来春游，难道图的只是一路狂走？难道图的只是朋友之间的嬉闹?

这让我想起一周前，在北京的什刹海，满满的湖面上，有几十只绿头鸭在那浮动。醇亲王府边，一只北红尾鸲的雄鸟，在杏树枝上闪耀它美丽的红色腹部和白色翼斑。一只雄鸳鸯在“野鸭岛”上骄傲地炫耀它的帆状羽翼。而一只鸿雁，小心地把身体藏在冬青后面，在阳光下酣眠。当时我就想，难道除了我们这些观鸟者，没有一个人留心到城市里路过的、停留的、贪恋的这些自然精灵吗?

因此，每当我看到老人与鸟，我都发出一声悲叹：中国人，你到底是真的热爱自然吗？都会发出一点疑问：中国人，仅仅有了身体健康，有了性命的长久，你就足够了吗?

（2007.4）

繁殖期的西藏

印度东方的孔雀，
工布谷底的鹦鹉，
生地各各不同，
聚处在法轮拉萨。

——仓央嘉措情诗

在中国，你带着望远镜东瞄西望是奇怪的，有人以为你带的是照相机，有人以为你带的是摄像机。

你拿起望远镜看鸟，人们会更加的奇怪。肃然起敬之余，是莫名的不解：鸟有什么好看的？比起人外形的曼妙和丑陋来，比起幽暗难明的人心来，鸟，动物，植物，自然界，有什么好看的？

你说你喜欢自然，我很理解。你说你好野外，我也明白。每个人都好野外，每个人都爱自然。北京的臭水河边，上海的臭水河边，广州的臭水河边，总有人在那坐着钓鱼，排除掉所有的原因，你发现，只有一个原因能够解释，那就是人需要自然的滋养，亲近不了自然，人就活不下去。为了亲近自然，人能够忍受阵阵袭来的恶臭。

然而，要说你观鸟，那就是不可理解的。到拉萨旅游的人，都不观鸟，光是藏族风情，光是高原风光，就足以让每个人吃惊不尽的了。每个人都带着相机，虽然很少有真正的摄影师。每个人都在拍照，虽然很少有创作出现。风光奇特，就足以压服一切了。而创作，与外界本身，却并一定是要关联的。就跟鸟，不一定家门口就没有，也不一定在某个绝高处，就能看到最好的珍奇。

2007年5月，第三次去西藏，这一次，我看她的主眼光，是生态和环保，因此，我看到的处处，都是繁殖。我甚至看到人类的各种活动，积极得也类似于在繁殖，是的，鸟在忙于繁殖后代，人类在忙于繁殖金钱。看金钱的眼，是很少有闲暇和能力来看繁殖的自然的。

从机场到拉萨，要过两条江，先是雅鲁藏布，再是它的支流拉萨河。河都开阔平坦，种着新嫩的杨树。在浅滩和沙洲边，棕头鸥有时候顺水漂流，有时候集对嬉戏；雄鸥耐不住，腾飞起来，在天上展示；个体小些的雌鸥，害羞地紧缩着，与姐妹们结伴而行。但你看它们的嘴就什么都明白了，嘴本来是黄的，此时却带着滴滴的红，阳光下，异常闪耀。繁殖时的鸟，就这样倾心动力，它们恨不得把身上所有的能量，都抽调到这几天来使用。

凤头鸊鷉头上的那撮毛，本来长得像是刚进城的“进取型青年”。而在此时，突然风化成了两部分，远看去，像是头上长了两个小角。这两个小角像青蛙的鳃泡似的，时不时会鼓起来。这时你细看它们，往往是一对一对地搅在一起。鸊鷉善于潜水，一个猛子扎下去，好几分钟才出来。它们的巢就飘在水上，因此，它们往往需要寻找一片静水回洼之地。这样的地方，在河道里，还真有不少。

拉萨河长着不少“左旋柳”，年龄少说也在五十岁以上，树在春天发叶的时候，其色彩的纷繁，与开花真没有什么不同。生命的美，想来不仅不在于花和叶，不在于开和落，不在于杨和柳，不在于树和鸟，不在于沙和石，不在于云和心。一切都在那呈现和流动着，只是你是不是看得见，会不会欣赏得了。

崖沙燕还像我2005年来的时候那样翻飞。有几只鸥，我甚至怀疑它们是渔鸥。突然间，一只橙红色腹部的小鸟在柳丛中一闪。是北红尾鸲还是赭红尾鸲？汽车开得很快，我一时无法调焦。

当大家都去参观大昭寺的时候，我独自来到了布达拉宫广场。比诸十年前，我在拉萨工作的时候，广场又有了新气象。龙王宫修整得更干净了，广场上也布局了一些绿地。绿地间，还间有小片的水面。虽然像所有的城市水一样，池底作了硬化，但毕竟有活水一直在补给，所以水还保持着清澈。就在这样十几平方米的水面上，一对绿头鸭在埋头觅食，偶尔，起身互相对视一番。

草地上，一只雄乌鸫正努力与雌乌鸫睇盼交流。它们虽然隔着十几米，但显然，对方的一一举一动都尽在它们的眼底收藏。鸟类此时关心的就是同类。用海子的诗来说，就是“姐姐，今夜我不关心人类，我只想你”（《日记》）。

赭红尾鸲出现了，它们与北红尾鸲的区别就在于两翅上有没有一个三角形

的白翼斑。北红尾鸲是我所喜欢的鸟，无论我在哪里都能看到它。这一次，也许是分布的关系，赭红尾鸲把它取代了。雄鸟活跃也就罢了，雌鸟也活跃着，从桃枝跳到柳枝，从紫李跳到灌丛。繁殖期的鸟不仅会鸣，而且会唱，你看，红尾鸲就在那唱起来了，一连串高丽的哨音，能够唱上几分钟。有时候，会引来异性的呼和，有时候，异性也在那静静地听，忘记了附和，忘记了反馈。

在拉鲁湿地，我看到的白骨顶似乎仍旧孤身特立，但红脚鹬已经在玩着雌雄追逐的古老游戏；在湿地旁边的村庄，朱雀们似乎仍旧不好意思迅速过上"男女合伙"的生活，仍旧顽固而偏执地忠诚着性别的单一，尚未为了繁殖后代，为了爱情，而从同性伙伴中出走。

布宫后面的宗角禄康，也更加的整洁和开放了，里面有几十只斑头雁，安静地在树荫下睡眠，树上，一群山麻雀不知疲倦地勾着枝条。

按照道理，到了斑头雁飞到藏北去欢渡繁殖期的时候了，为何仍旧不起飞？也许它们在等待机会。它们旁边，有几只长得很怪的鸭子，细辨了一下，才知道是绿头鸭与北京鸭的杂交，这些鸭子大概是飞不动了，它们有没有繁殖力，都很难说。有一两只，我甚至怀疑是斑头雁与北京鸭的杂交种。

没有看到黑颈鹤，想来已经上藏北去了。在全世界将近10000只黑颈鹤中，西藏的雅鲁藏布两岸的湿地，大概养育着7000只左右，是种群最大的。也正因为如此，西藏自治区给他们建立了一个沿着雅江两岸的雅江中游河谷自然保护区——保护黑颈鹤的越冬地；还在藏北建立了色林错湿地自然保护区和纳木错自然保护区——保护黑颈鹤的繁殖地。

藏族有句俗语，叫"鸟石相遇"，有点类似于汉语的"萍水相逢"。一只鸟与一块石头，有多少大的概率可能在时间的序列里遇上？这里面充满了机缘与巧合，完全可用佛家的眼理来看视。而一个人在一生中，又能够遇上多少种鸟？有哪只鸟在你遇上时，还能将其认出来？

这一次，与我"相遇"得最频繁的，大概是戴胜。

是的，戴胜，这一次的戴胜表现出了许多奇怪的特性，都是我过去所未注意的。每一种鸟都不可能看够，因为即使是常见鸟，在不同的时间和地带，也会有不同的表现。平凡人会做出不平凡的行为，普通鸟会有不普通的表达。

戴胜看得太多了，在北京的路边，在家乡的地头，在我走过的所有的城市和乡野，都能够看到戴胜。戴胜的羽纹长得很像道士的法服，因此在很早的时候，古人就形象地称他为"道士鸟"。中国古代的人取鸟名，多半是采用"轮廓法"加"特征法"。戴胜头上有个冠羽，平常的时候直直地竖着，紧张的时候或者高兴的时候，就会舒张开。戴，在古代应当是头顶的意思，胜，是漂亮、出彩的意思。戴胜，实际上就是“头顶很漂亮的鸟”。头顶很漂亮的鸟多了，而戴胜大概是离人最近的、最常见的鸟类，因此，这个名字就被它所占用。戴胜的嘴像个直直的锥锄，老是插入地表、草丛，翻找小虫和草籽。而此时见到的戴胜，却都在显眼高处蹲踞着。不是在墙头，就是在树梢。除在绝大多数时间在沉默，戴胜偶尔也会发出许多种声音，有时候是吱吱像尖叫，有时候则嘶嘶像在放气，这一次，它们全发出“咕咕咕咕”的轻喉音。可无论你如何仔细地辨别定位，你也不知道声音发出的具体方位。

太平鸟

繁殖期的鸟类既大胆又精细。它们要向同类表态，要引起同类的爱情。它们又怕如此的招摇引来其他嫉妒者、迫害者的注意。它们就得在佻达时仍旧谨慎，在鲜艳时仍旧暗淡，在赤裸裸时还要声东击西。在拉萨的大昭寺，在日喀则的札什伦布寺，在拉鲁湿地，在德吉颇章，任何人只要一抬眼，都可以看到戴胜，只是，要理解它此时的机心和聪明，就需要费上一番工夫了。

雪雀此时大概繁殖期尚未到来，在我们停下来的每一个山口，在扎西宗小学，在胁格尔的住处边，在绒布寺，在珠峰大本营，雪雀都在我身边欢跳。雪雀当然也分好多种，我先看到的是棕颈雪雀，有那么一只，就在我面前的石块上，突然抬头唱起来。随后，又引来一个小群，跳到它发现的雪堆中，一起使劲地吞着雪粒。游人们在路上撒下面包渣，它们也很快就附集在这美味周围。后来，又陆续看到了白斑翅雪雀、褐翅雪雀、白腰雪雀和棕背雪雀。

一路上还有一只鸟唱得最动情，它的声音急速而发颤，像是一个小铁铃在快速地叮呤呤摇响。由于没带“鸟谱”，一切都靠经验去判断。开始时我以为是棕眉山岩鹨，其他方面都像，只有那道眉好像是白色的，一直不敢下定论。它们经常一对对站在珠峰大本营的绿帐篷顶上，互相间唱得甚欢。帐篷上落下

了它们不少的粪，显然，这种地方很合它们的意。后来才知道，这是褐岩鹨。有时候，棕胸岩鹨、胸口有道红围巾的领岩鹨、头部全灰的栗背岩鹨，也和他们一起混，在我眼前闪来闪去，在看不到它们的时候，也能听到它们的歌声。

在珠峰大本营，我发现红嘴山鸦变成了黄嘴山鸦，大概是海拔高度变化的缘故，红嘴山鸦能够到达的海拔，不如黄嘴山鸦的高些。但是显然，它们也马上要进入繁殖期了，因为它们也是结伴在一起，有的在人类遗弃物——垃圾、泔水边，愉快地吃食；有的则在高高的风中，俯冲，起伏，翻滚，时而紧缩翅膀，时而发出警告的嘶叫。

但无论在任何地方，人类都在忙着繁殖他们的金钱。控制眼睛的芯片，都是人事芯片和斗争芯片。

在布达拉宫广场前，几只大山雀在高高的树上呼和唱引。这时候，一只摇着转经桶的藏族人，来到小水面边。他摇着转经桶，强壮的身子盯着水面上的绿头鸭，他的眼睛是慈祥的，他带着满腹的喜悦，像是看着自己的亲人。然而，我一路上都在担心，因为我看到许多四川人经营的饭馆，在努力向游客售卖“雅江野生鱼”、“珠峰野生鱼”。我所担心的，就是内地这种资源攫取型经营方式对西藏的影响。一个族群是不是“认识自然”没有关系，是不是热爱自然也没有关系，只要他不拼命“利用自然”，某种程度上就是对自然的保护。而汉族人，虽然在自然面前一片盲然，但是，一看到飞鸟，就想关入笼子；一看到游鱼，就想抓入缸中，煮在锅里；一看到走兽，就想看到其倒毙流血的模样；一看到大树良材，就想将其放倒了做棺材梁木；一看到冬虫夏草，就想着拿想来壮阳养身。这种既不了解自然，又不尊重自然的缺乏罪恶型谋生利用，想来是大自然最大的隐患和明火。

拉萨在变化，在长高，长壮，长得坚硬和结实。其他的城市也在如此，一所房子会发展成一个集镇，一个集镇会发展成一个大城。只是这些大城，目前都没有污水处理厂，垃圾也只是用最简单的方法填埋。至于观鸟的人，想来除了生物多样性的研究者，自然保护者的坚守者之外，似乎都是没有的。每一个人都希望拥有知识，但是，我们希望知识能够从书本上得到，能够从教室里得到，能够从老师的板书中得到。而所有的知识，其实每时每刻都露布在大自然中，只要你有心，你就可以获取，这知识如此生动，如此美丽，不仅让你充实，而且让你心生愉悦，不仅让你美好，而且让你高尚。

仓央嘉措的诗歌里，用鸟来入诗的不少，这里，我从仓央嘉措的情诗里，又找到了一首与鸟有关的诗：

柳树爱上了小鸟，
小鸟爱上了柳树，
只要双双同心，
鹞鹰无隙可乘！

猛禽其实不可怕，再猛的猛禽也不是人类的对手。今后的文学作品中，用“猛禽”来比喻“恶势力”的时代，将会远去，就像用老虎来比喻坏人的时代也将过去一样。因为这样的比喻充满了过时性，充满了原始时代的特征，与今天的时代已经极不相符。对于西藏的鸟类、对于全世界的生灵来说，最可怕的“猛禽”只有一种，那就是人类。人类最大的侵犯力，大概也是来自于我们的繁殖。因为我们要繁殖，就压抑、夺取了其他生命的繁殖权。

繁殖期的鸟类，总究是让人愉快的，“杜鹃来自门隅，把好的地气带来，我和姑娘见了面，愉快也涌上心来”。于此，我再用仓央嘉措更有名的一首诗作为结尾，希望人类的恶作恶行，也是“去去就回”，“只到理塘那里”：

洁白的仙鹤，
请借我凌空的双羽，
并不远走高飞，
只到理塘那里。

（2007.5）

每个城市都能有“观鸟会”吗?

最近这几年，迷上了观鸟之后，每出差到一个城市，都会向当地人打听：你们这有观鸟会吗？当地人先是迷茫，不知道我问话是什么意思；热心一点的，绞尽脑汁，也想不出个所以然来。

或者事先我会到网上查询，一般城市如果有观鸟会，往往有网站，或者有活动公告，或者有一些著名鸟友的事迹陈列。因此，像厦门观鸟会、广州野鸟会、成都观鸟会，我多少都有所闻名。

1996年，“自然之友”在首都师范大学生物系教授高武老师的指导下，到北京的鹫峰观看猛禽迁徙。这似乎是中国内地有意识的观鸟活动的开端。后来，北京师范大学生物系老师赵欣如等，又争取了一间教室，固定了周三晚上6点半左右开讲，名为“周三课堂”。“周三课堂”不知道让多少观鸟者从无知逐步入门，2006年底，“周三课堂”还试图在“观鸟网”上进行讲座直播。

北京等地的观鸟会、野鸟会，在国内的观鸟界颇为知名，互相之间也交往频密。然而有许多城市仍旧没有观鸟的爱好者组织。观察自然当然不仅仅局限于观鸟，还可以观天观地观风观雨观星观水观动物植物生物，观花观草观昆虫观猛兽；甚至还可以组织“污染旅游”，让本地人认识本地的污染源——最后人们会发现，污染自然界的，往往就是每个个体。那条发臭的污水河，有一条小小的支流，源于自家的下水道；那垃圾车上恶臭的垃圾，有一小部分，就是自己随手抛出。

爱好者组织是不可强行组建的，它需要诸多条件，首先需要有“知识富集体”，如果城市有几所大学，大学有那么一些生物系或者生物研究所；如果一个城市有林业系统，林业系统里有“资源调查大队”，那么这个城市里一定会有那么几个熟悉当地鸟类的专家。平常专家们习惯于把知识用来与本知识系统内的专家交流。因此，要想办法让这些专家产生“研究员的社会责任感”，鼓励他们乐于利用周末时间，把知识奉献给普通大众。国外流行的“自然引导员”，想来是让专家变得更加受尊重的最好办法。

普通大众无法以相对规范的方法来观鸟，有一个原因就是他们一旦没获准涉足生物学专业的机会，他们就以知识不足、培训不够为由，丧失或者自动放弃了观察自然的才能和动力。很多人天性不喜好观察自然，尤其不喜好把自然掰碎切细了逐一进行了解，这样既费时间又耗精力。不少人喜好赖在“山清水秀”的“世外桃源”中打牌、睡觉、苦聊，不愿意再更多地走向自然界一步。这时候，有个组织频繁地在当地发布公告，引诱一些人“为了孩子”，心花怒放地参加。慢慢地慢慢地，就会有一些人，逐步从“旁观者”，成为“痴迷者”，从被组织者，成为组织者。

民间散落着丰厚的时间、财富和智慧，观鸟是撬动这些“民间能量”较好着力点。自然之友观鸟组的经验表明，观鸟是非专业人士的自愿行为，是所有的投入都由爱好者自己承担的行为，是从门外汉变成鸟类专家的最便捷行为。观鸟很容易让一个心地荒凉的人，慢慢扭转为敬畏生态的环保人士。观鸟也不仅仅是光“远观”，他们中间涌现了很多拍摄野鸟的高手，爱鸟护鸟的勇士，写作观鸟散文的名家，日益闻名的“观鸟教授”和进行“全国鸟类同步调查”的专业志愿者。

其实很多城市都有些零星的“观鸟个体户”，只需要一根红线，大家就很容易团聚到一起。融入爱好者团体中，是学习自然、享受自然的最美好的方式，但愿每个城市都有观鸟会。因为观鸟的人多了，护鸟的人，才不会那么孤单。

现在，我相信自然大学鸟学院能起到这个作用。

（2006.10初稿，2008.2修订）

后记：鸟鸣花落

四点半，从迷雾中醒来，又想在迷雾中沉沉睡去。

劳累的人啊，既然你如此需要，为什么不推开窗呢？看着外面的微亮，偶尔有值班的灯光飘落。

果然，鸟鸣声辟空而入，一块玻璃阻挡了它们，你看到的世界，并不是真实的世界。你听到的世界，也许仍旧不是真实的世界。

西湖边盖这些房子的人，他们相信自己知书达理，信赖自然。因此，他们留住了天然的树，也留住了天然的鸟鸣。

鸟鸣声就是这样的好，你不需要听懂，你也知道这部交响乐的诗情画意。你不需要追踪那些节奏，那偶尔的独唱与共鸣。你更不需要知道，窗户外面杂乱的林子里，有多少声音在隐藏，有多少声音随时混入，又有多少声音不眠不休。

“落花人独立，微雨燕双飞”。鸟鸣声就是这样的好，如果你能够听懂，你不妨尽情地听懂。观鸟多年的人，完全可用耳朵分辨出白头鹎、黑鹎、沼泽山雀、暗绿绣眼鸟、山斑鸠、灰胸竹鸡、雀鹛、穗鹛、棕头鸦雀、四声杜鹃、大杜鹃，它们各有分工又似乎毫无章法，它们率性而鸣又似乎默契有加。你虽然知道了这些鸟鸣，但离你听懂，是不是也还差很多步呢？

是啊，在这样的月份，在北京，也是可以听到四声杜鹃的。天色亮起来的时候，它们的声音反而沉降了下去，裹进了浓密的林阴中。没有人知道它们去了哪里，没有人知道接下来的晚上，它们是不是还会继续飘动。

有些鸟类似乎只允许自己在晚上断续地吹奏。夜晚的鸟鸣远比清晨更不堪听，所有在夜晚发声的鸟似乎都满怀绝望和悲愤。没有一个旅途寂寞的人能够忍受四声杜鹃清亮而忧郁的连奏；没有一个思念青春的人能够忍受东方角鸮“王刚哥”的步步紧逼；没有一个枯坐空屋的人能够放开心胸，接收“达哥儿，达哥儿”，这母亲唤失儿般的凄凉之声——我至今不知道这种鸟叫什么名字，但如果你在南方，身边稍微有人提醒，你一定会为这声音所惑。在你谈得正高兴的时候，在你准备放弃清醒酣然入睡的时候；而如果没有人捅捅你，你的夜晚完全可以平静一片，它们如此强烈而普遍的存在，于我们的天线，完全是不可感应的音频。

现在正是槐花飘落的时节。槐花也是分哪一种的，五六月份香得让人心碎的那种槐花，似乎是国槐，而七八月份偶尔零星碎落在地的，则似乎是刺槐或者说洋槐。洋槐的香味没有那么强的穿透力和引诱力，因此你得俯下身子，捡起那些地面的金黄，掀开它们披巾似的花帽，从藏得极紧的花蕊中，抽吸出一点疏淡的香。你甚至怀疑它是无声无味的，那些香味，不过是我们的附会和想像。

栾树其实也在开花和落英，栾树之前的合欢，合欢之前的紫花地丁和二月兰，我们的大地，不管是人类干预之后还是人类之手戏弄之前，随时都有鲜花在释放。它们像鸟鸣一样，在你周围频密起落，你看见，你听见，你闻取，你吸入，你接收，你感应了，你就是它们的一部分。而你拒绝，你屏蔽，你推挡，你漠然，你毫无知觉，你也是它们的一部分。

随身带着望远镜的人，所在的每一个地方，都是观鸟最好的去处。而把身体和自然接通的人，根本不需要劳师远征，他脚下的每一缕土地都玄机无限，足够欣赏和阅读一辈子。如果推得更远些，我们既可以博学也可以博物，无论你是在夜半醒来，还是在白日做梦，没有人能绊住你发现和通感的喜悦。

迷雾仍旧没有散去，而我文字的脚印似乎已经终结。我的每一天都很难过，我可以把这难过压在心底，毫不觉察，但也可能在迷雾消褪之际，百鸟乱鸣之时，暗香浮动之晨，悄然抓取我的身心。

信步走到慧音高丽寺，正好这华严第一道场的门口，挂着明朝董其昌撰写的一副楹联：“只因寺有驮经马，勾引林多听法禽。”天生众物都能听法，草木鸟兽都是法源。

（2010.7.17）